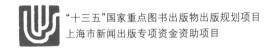"十三五"国家重点图书出版物出版规划项目
上海市新闻出版专项资金资助项目

上海乡村人居环境

陆希刚　著

同济大学出版社·上海

图书在版编目(CIP)数据

上海乡村人居环境 / 陆希刚著. —上海：同济大学出版社，2021.12
(中国乡村人居环境研究丛书 / 张立主编)
ISBN 978-7-5765-0085-1

Ⅰ. ①上… Ⅱ. ①陆… Ⅲ. ①乡村－居住环境－研究－上海 Ⅳ. ①X21

中国版本图书馆 CIP 数据核字(2021)第 277148 号

"十三五"国家重点图书出版物出版规划项目
上海市新闻出版专项资金资助项目
国家自然科学基金项目"我国乡村人居空间的差异性特征和形成机理研究(51878454)"；
住建部课题及上海市高峰学科计划资助

中国乡村人居环境研究丛书
上海乡村人居环境
陆希刚　著
丛书策划　华春荣　　高晓辉　　翁　晗
责任编辑　翁　晗　　尚来彬
责任校对　徐春莲
封面设计　唐思雯

出版发行　　同济大学出版社　www.tongjipress.com.cn
　　　　　　(地址:上海市四平路 1239 号　邮编:200092　电话:021-65985622)
经　　销　　全国各地新华书店、建筑书店、网络书店
排版制作　　南京文脉图文设计制作有限公司
印　　刷　　上海安枫印务有限公司
开　　本　　710mm×1000mm　1/16
印　　张　　18.25
字　　数　　365 000
版　　次　　2021 年 12 月第 1 版
印　　次　　2021 年 12 月第 1 次印刷
书　　号　　ISBN 978-7-5765-0085-1
定　　价　　158.00 元

地图审图号：沪 S(2021)146 号

内 容 提 要

本书及其所属的丛书是同济大学等高校团队多年来的社会调查和分析研究成果展现,并与所承担的住房和城乡建设部课题"我国农村人口流动与安居性研究"密切相关;本丛书被纳入"十三五"国家重点图书出版物出版规划项目。

丛书的撰写以党的十九大提出的乡村振兴战略为指引,以对我国 13 个省(自治区、直辖市)、480 个村的大量一手调查资料和城乡统计数据分析为基础。书稿借鉴了本领域国内外的相关理论和研究方法,建构了本土乡村人居环境分析的理论框架;具体的研究工作涉及乡村人口流动与安居、公共服务设施、基础设施、生态环境保护,以及乡村治理和运作机理等诸多方面。这些内容均关系到对社会主义新农村建设的现实状况的认知,以及对我国城乡关系的历史性变革和转型的深刻把握。

本书对上海乡村人居环境进行了尝试探讨,全书内容共七章,各章内容安排如下:第一章"绪论",简述了乡村人居环境的概念内涵、研究范式和理论方法,从而做出本书结构安排。第二章"上海都市区地域特征和类型",从都市区和半城市化视角阐述了上海乡村的特殊性,运用"地人口学"的聚类分析方法和"六普"村(居)委会人口数据,从都市区整体角度对上海市乡村地域的类型进行鉴别,并介绍了案例村庄和居民样本的调查状况。第三章"上海乡村人居环境特征"和第四章"上海乡村人居环境评价"为分析研究,从空间组织、社会经济和建成环境三个方面阐述了上海乡村人居环境的特征,从客观指标、居民认识和居民迁移行为意愿三个视角对上海乡村人居环境进行评价,并重点分析了其中适居性和经济机会之间的关系。第五章"上海农业乡村人居环境"和第六章"上海半城市化乡村人居环境"为分区研究,从历时性和共时性相结合的历史地理时空视角,对上海农业乡村和半城市化乡村的特征和形成演变过程进行深入探讨。第七章"上海乡村人居环境的形成机制解析和展望"为理论归纳总结部分,重点探讨了生态环境变化、社会经济自组织和国家政权干预对上海乡村人居环境形成的影响机制,并从"生态与发展""管控与自治""适居与就业"三对主要矛盾视角对上海乡村尤其是半城市化乡村的未来发展进行展望。

　　本书可供各级政府制定乡村振兴政策、措施时参考使用，可作为政府农业农村、规划、建设等部门及"三农"问题研究者的参考书，也可供高校相关专业师生延伸阅读。

序　一

　　我欣喜地得知,"中国乡村人居环境研究丛书"即将问世,并有幸阅读了部分书稿。这是乡村研究领域的大好事、一件盛事,是对乡村振兴战略的一次重要学术响应,具有重要的现实意义。

　　乡村是社会结构(经济、社会、空间)的重要组成部分。在很长的历史时期,乡村一直是社会发展的主体,即使在城市已经兴起的中世纪欧洲,政治经济主体仍在乡村,商人只是地主和贵族的代言人。只是在工业革命以后,随着工业化和城市化进程的推进,乡村才逐渐失去了主体的光环,沦落为依附的地位。然而,乡村对城市的发展起到了十分重要的作用。乡村孕育了城市,以自己的资源、劳力、空间支撑了城市,为社会、为城市发展作出了重大的奉献和牺牲。

　　中国自古以来以农立国,是一个农业大国,有着丰富的乡土文化和独特的经济社会结构。对乡村的研究历来有之,20世纪30年代费孝通的"江村经济"是这个时期的代表。中国的乡村也受到国外学者的关注,大批的外国人以各种角色(包括传教士)进入乡村开展各种调查。1949年以来,国家的经济和城市得到迅速发展,人口、资源、生产要素向城市流动,乡村逐渐走向衰败,沦为落后、贫困、低下的代名词。但是乡村作为国家重要的社会结构具有无可替代的价值,是永远不会消失的。中央审时度势,综览全局,及时对乡村问题发出多项指令,从"三农"到乡村振兴,大大改变了乡村面貌,乡村的价值(文化、生态、景观、经济)逐步为人们所认识。城乡统筹、城乡一体,更使乡村走向健康、协调发展之路。乡村兴,国家才能兴;乡村美,国土才能美。但是,总体而言,学界、业界乃至政界对乡村的关注、了解和研究是远远不够的。今天中国进入一个新的历史时期,无论从国家的整体发展还是从圆百年之梦而言,乡村必须走向现代化,乡村研究必须快步追上。中国的乡村是非常复杂的,在广袤的乡村土地上,由于自然地形、历史进程、经济水平、人口分布、民族构成等方面的不同,千万个乡村呈现出巨大的差异,要研究乡村、了解乡村还是相当困难和艰苦的。同济大学团队借承担住房和城乡建设部乡村人居环境研究的课题,利用在国内各地多个规划项目的积累,联合国内多所高校和研究设计机构,开展了全国性的乡村田野调查,总结撰写了一套共 10 个分册的"中国乡村人居环境研究丛书",适逢其时,为乡村的研究提供了丰富的基础性资料和研究经验,为当代的乡村研究起到示范借鉴作用,为乡村振兴作出了有价值的贡献!

纵观本套丛书,具有以下特点和价值。

(1) 研究基础扎实,科学依据充分。由 100 多名教师和 500 多名学生组成的调查团队,在 13 个省(自治区、直辖市)、85 个县区、234 个乡镇、480 个村开展了多地区、多类型、多样本的全国性的乡村田野调查,行程 10 万余公里,撰写了 100 万字的调研报告,在此基础上总结提炼,撰写成书,对我国主要区域、不同类型的乡村人居环境特点、面貌、建设状况及其差异作了系统的解析和描述,绘就了一幅微缩的、跃然纸上的乡居画卷。而其深入村落,与 7 578 位村民面对面的访谈,更反映了村庄实际和村民心声,反映了乡村振兴"为人民"的初心和"为满足美好生活需要"而研究的历史使命。近几年来,全国开展村庄调查的乡村研究已渐成风气。江苏省开展全省性乡村调查,出版了《2012 江苏乡村调查》和《百年历程百村变迁:江苏乡村的百年巨变》等科研成果,其他多地也有相当多的成果。但对全国的乡村调查且以乡村人居环境为中心,在国内尚属首次。

(2) 构建了一个由理论支撑、方法统一、组织有机、运行有效的多团体的科研协作模式。作为团队核心的同济大学,首先构建了阐释乡村人居环境特征的理论框架,举办了培训班,统一了研究方法、调研方式、调查内容、调查对象。同时,同济大学团队成员还参与了协作高校和规划设计机构的调研队伍,以保证传导内容的一致性。同时,整个研究工作采用统分结合的方式——调研工作讲究统一要求,而书稿写作强调发挥各学校的能动性和积极性,根据各区域实际,因地制宜反映地方特色(如章节设置、乡村类型划分、历史演进、问题剖析、未来思考),使丛书丰富多样,具有新鲜感。我曾在 20 世纪 90 年代组织过一次中美两国十多所高校和研究设计机构共同开展的"中国自下而上的城镇化发展研究",以小城镇为中心进行了覆盖全国十多个省区、几十个小城镇的多类型调研,深知团队合作的不易。因此,从调研到出版的组织合作经验是难能可贵的。

(3) 提出了一些乡村人居环境研究领域颇具见地的观点和看法。例如,总结提出了国内外乡村人居环境研究的"乡村—乡村发展—乡村转型"三阶段,乡村人居环境特征构成的三要素（住房建设、设施供给、环卫景观）；构建了乡村人居环境、村民满意度评价指标体系；提出了宜居性的概念和评价指标，探析了乡村人居环境的运行机理等。这些对乡村研究和人居环境研究都有很大的启示和借鉴意义。

丛书主题突出、思路清晰、内容全面、特色鲜明，是一次系统性、综合性的对中国乡村人居环境的全面探索。丛书的出版有重要的现实意义和开创价值，对乡村研究和人居环境研究都具有基础性、启示性、引领性的作用。

崔功豪

南京大学

2021 年 12 月

序　二

这是一套旨在帮助我们进一步认识中国乡村的丛书。

我们为什么要"进一步认识乡村"?

第一,最直接的原因,是因为我们对乡村缺乏基本的了解。"我们"是谁,是"城里人"还是"乡下人"? 我想主要是城里人——长期居住在城市里的居民。

我们对于乡村的认识可以说是一鳞半爪,而我们的这些少得可怜的知识,可能是一些基于亲戚朋友的感性认知、文学作品里的生动描述,或者是来自节假日休闲时浮光掠影的印象。而这些表象的、浅层的了解,难以触及乡村发展中最本质的问题,当然不足以作为决策的科学支撑。所以,我们才不得不用城市规划的方式规划村庄,以管理城市的方式管理乡村。

这样的认知水平,不是很多普通市民的"专利",即便是一些著名的科学家,对于乡村的理解也远比不上对城市来得深刻。笔者曾参加过一个顶级的科学会议,专门讨论乡村问题,会上我求教于各位院士专家,"什么是乡村规划建设的科学问题?",并没有得到完美的解答。

基本科学问题不明确,恰恰反映了学术界对于乡村问题的把握,尚未进入"自由王国"的境界,甚至可以说,乡村问题的学术研究在一定程度上仍然处在迷茫和不清晰的境地。

第二,我们对于乡村的理解尚不全面不系统,有时甚至是片面的。比如,从事规划建设的专家,多关注农房、厕所、供水等;从事土地资源管理的专家,多关注耕地保护、用途管制;从事农学的专家,多关注育种、种植;从事环境问题的专家,多关注秸秆燃烧和化肥带来的污染;等等。

但是,乡村和城市一样,是一个生命体,虽然其功能不及城市那样复杂,规模也不像城市那么庞大,但所谓"麻雀虽小,五脏俱全",其系统性特征非常明显。仅从部门或行业视角观察,往往容易带来机械主义的偏差,缺乏总揽全局、面向长远的能力,因而容易产生片面的甚至是功利主义的政策产出。

如果说现代主义背景的《雅典宪章》提出居住、工作、休憩、交通是城市的四大基本活动,由此奠定了现代城市规划的基础和功能分区的意识,那么,迄今为止还没有出现一个能与之媲美的系统认知乡村的科学模型。

农业、农村、农民这三个维度构成的"三农",为我们认识乡村提供了重要的政策视角,并且孕育了乡村振兴战略、连续十多年以"三农"为主题的中央一号文件,以及机构设置上的高配方案。不过,政策视角不能替代学术研究,目前不少乡村研究仍然停留在政策解读或实证研究层面,没有达到规范性研究的水平。反过来,这种基于经验性理论研究成果拟定的政策行动,难免采取"头痛医头,脚痛医脚"的策略,甚至出现政策之间彼此矛盾、相互掣肘的局面。

第三,我们对于乡村的理解缺乏必要的深度,一般认为乡村具有很强的同质性。姑且不去考虑地形地貌的因素,全国 200 多万个自然村中,除去那些当代"批量""任务式""运动式"的规划所"打造"的村庄,很难找到两个完全相同的。形态如此,风貌如此,人口和产业构成更表现出很大的差异。

如果把乡村作为一种文化现象考察,全国层面表现出来的丰富多彩,足以抵消一定地域内部的同质性。况且,作为人居环境体系的起源,乡村承载了更加丰富多元的中华文明,蕴含着农业文明的空间基因,它们与基于工业文明的城市具有同等重要的文化价值。

从这一点来说,研究乡村离不开城市。问题是不能拿研究城市的理论生搬硬套。事实上,我国传统的城乡关系,从来就不是对立的,而是相互依存的"国—野"关系。只是工业化的到来,导致了人们对资源的争夺,特别是近代租界的强势嵌入和西方自治市制度的引入,才使得城乡之间逐步走向某种程度的抗争和对立。

在建设生态文明的今天,重新审视新型城乡关系,乡村因为其与自然环境天然的依存关系,生产、生活和生态空间的融合,成为城市规划建设竞相仿效的范式。在国际上,联合国近年来采用的城乡连续体(rural-urban continuum)的概念,可以说也是对于乡村地位与作用的重新认知。乡村人居环境不改善,城市问题无法很好地解决;"城市病"的治理,离不开我们对乡村地位的重新认识。

显而易见,乡村从来就不只是居民点,乡村不是简单、弱势的代名词,它所承载的信息是十分丰富的,它对于中华民族伟大复兴的宏伟目标非常重要。党的十九大报告提出乡村振兴战略,以此作为决战全面建成小康社会、全面建设社会主义现代化国家的重大历史任务。在"全面建成了小康社会,历史性地解决了绝对贫困问题"之际,"十四五"规划更提出了"全面推进乡村振兴"的战略部署,这是一个涵盖农业发展、农村治理和农民生活的系统性战略,以实现缩小城乡差别、城乡生活品质趋同的目标,成为城乡人居体系中稳住农民、吸引市民的重要环节。

实现这些目标的基础,首先必须以更宽广的视角、更系统的调查、更深入的解剖,去深刻认识乡村。"中国乡村人居环境研究丛书"试图在这方面做一些尝试。比如,借助组织优势,作者们对于全国不同地区的乡村进行了广泛覆盖,形成具有一定代表性的时代"快照";不只是对于农房和耕地等基本要素的调查,也涉及产业发展、收入水平、生态环境、历史文化等多个侧面的内容,使得这一"快照"更加丰满、立体。为了数据的准确、可靠,同济大学等团队坚持采取入户调查的方法,调查甚至涉及对于各类设施的满意度、邻里关系、进城意愿等诸多情感领域问题,使得这套丛书的内容十分丰富、信息可信度高,但仍有不少进一步挖掘的空间。

眼下我国正进入城镇化高速增长与高质量发展并行的阶段,农村地区人口减少、老龄化的趋势依然明显,随着乡村振兴战略的实施,农业生产的现代化程度和农村公共服务水平不断提高,乡村生活方式的吸引力也开始显现出来。

乡村不仅不是弱势的,不仅是有吸引力的,而且在政策、技术和学术研究的层面,是与城市有着同等重要性的人居形态,是迫切需要展开深入学术研究的领域。

作为一种空间形态,乡村空间不只存在着资源价值、生产价值、生态价值,正如哈维所说,也存在着心灵价值和情感价值,这或许会成为破解乡村科学问题的一把钥匙。乡村研究其实是一种文化空间的问题,是一种认同感的培养。

对于一个有着五千多年历史、百分之六七十的人口已经居住在城市的大国而言,城市显然是影响整个国家发展的决定性因素之一,而乡村人居环境问题,也是名副其实的重中之重。这套丛书的作者们正是胸怀乡村发展这个"国之大者",从乡村人居环境的理论与方法、乡村人居环境的评价、运行机理与治理策略等多个维度,对 13 个省(自治区、直辖市)、480 个村的田野调查数据进行了系统的梳理、分析与挖掘,其中揭示了不少值得关注的学术话题,使得本书在数据与资料价值的基础上,增添了不少理论色彩。

　　"三农"问题,特别是乡村问题需要全面系统深入的学术研究,前提是科学可靠的调查与数据,是对其科学问题的界定与挖掘,而这显然不仅仅是单一学科的研究,起码应该涵盖公共管理学、城乡规划学、农学、经济学、社会学等诸多学科。正是出于对乡村人居环境问题的兴趣,笔者推动中国城市规划学会这个专注于城市和规划研究的学术团体,成立了乡村规划与建设学术委员会。出于同样的原因,应中国城市规划学会小城镇规划学术委员会张立秘书长之邀为本书作序。

石　楠

中国城市规划学会常务副理事长兼秘书长

2021 年 12 月

序　三

　　历时 5 年有余编写完成的"中国乡村人居环境研究丛书"近期即将出版,这是对我国乡村人居环境进行系统性研究的一项基础性工作,也是我国乡村研究领域的一项最新成果。

　　我国是名副其实的农业大国。根据住房和城乡建设部 2020 年村镇统计数据,我国共有 51.52 万个行政村、252.2 万个自然村。根据第七次全国人口普查,居住在乡村的人口约为 5.1 亿,占全国人口的 36.11%。协调城乡发展、建设现代化乡村对于中国这样一个有着广大乡村地区和庞大乡村人口基数的发展中国家而言,意义尤为重大。但是,我国长期以来的城乡二元政策使得乡村人居环境建设严重滞后,直到进入 21 世纪,城乡统筹、新农村建设被提到国家战略高度,系统性的乡村建设工作在全国范围内陆续展开,乡村人居环境才得以逐步改善。

　　纵观开展新农村建设以来的近 20 年,我国乡村人居环境在住房建设、农村基础设施和公共服务补短板、村容村貌提升等方面取得了巨大的成就。根据 2021 年 8 月国务院新闻发布会,目前我国已经历史性地解决了农村贫困群众的住房安全问题。全面实施脱贫攻坚农村危房改造以来,790 万户农村贫困家庭危房得到改造,惠及 2 568 万人;行政村供水普及率达 80% 以上,对农村生活垃圾进行收运处理的行政村比例超过 90%,农村居民生活条件显著改善,乡村面貌发生了翻天覆地的变化。

　　虽然我国的乡村建设政策与时俱进,但乡村建设面临的问题众多,情况复杂。我国各区域发展很不平衡,东部沿海发达地区部分乡村乘着改革开放的春风走出了"乡村城镇化"的特色发展道路,农民收入、乡村建设水平都实现了质的飞跃。而在 2020 年全面建成小康社会之前,我国仍有十四片集中连片特困地区,广泛分布着量大面广的贫困乡村。发达地区的乡村建设需求与落后地区有很大不同,国家要短时间内实现乡村人居环境水平的全面提升,必然面临着诸多现实问题与困难。

　　从 2005 年党的十六届五中全会通过的《中共中央关于制定国民经济和社会

发展第十一个五年规划的建议》提出"扎实推进社会主义新农村建设",到2015年同济大学承担住房和城乡建设部"我国农村人口流动与安居性研究"课题并组织开展全国乡村田野调研工作,我国的新农村建设工作已开展了十年,正值一个很好的对乡村人居环境建设工作进行全面的阶段性观察、总结和提炼的时机。从即将出版的"中国乡村人居环境研究丛书"成果来看,同济大学带领的研究团队很好地抓住了这个时机并克服了既往乡村统计数据匮乏、难以开展全国性研究、乡村地区长期得不到足够重视等难题,进而为乡村研究领域贡献了这样一套系统性、综合性兼具,较为全面、客观反映全国乡村人居环境建设情况的研究成果。

本套丛书共由10种单本组成,1本《中国乡村人居环境总貌》为"总述",其余9本分别为江浙地区、江淮地区、上海地区、长江中游地区、黄河下游地区、东北地区、内蒙古地区、四川地区和西南地区等9个不同地域乡村人居环境研究的"分述",10种单本能够汇集而面世,实属不易。我想,这首先得益于同济大学研究团队长期以来在全国各地区开展的村镇研究工作经验积累,从而能够在明确课题开展目的的基础上快速形成有针对性、可高效执行的调研工作计划。其次,通过实施系统性的乡村调研培训,向各地高校/设计单位清晰传达了工作开展方法和材料汇集方式,确保多家单位、多个地区可以在同一套行动框架中开展工作,进而保证调研行为的统一性和成果的可汇总性。这一工作方式无疑为乡村调研提供了方法借鉴。而最核心的支撑工作,当数各调研团队深入各地开展的村庄调研活动,与当地干部、村主任、村民面对面的访谈和对村庄物质建设第一手素材的采集,能够向读者生动地展示当时当地某个村的真实建设水平或某类村民的真实生活面貌。

我曾参与了课题"我国农村人口流动与安居性研究"的研究设计,也多次参加了关于本套丛书写作的研讨,特别认同研究团队对我国乡村样本多样性的坚持。10所高校共600余名师生历时128天行程超过10万公里完成了面向全国13个省(自治区、直辖市)、480个村、28 593个农村家庭的乡村田野调查,一路不畏辛劳,不畏艰险——甚至在偏远山区,还曾遭遇过汽车抛锚、山体滑坡等危险状况。也正因有了这些艰难的经历,才能让读者看到滇西边境山区、大凉山地区等在当时尚属集中连片特殊困难地区的乡村真实面貌,也更能体会以国家战略推行的乡村扶贫和人居环境提升是一项多么艰巨且意义重大的世界性工程。最后，得益于研究团队的不懈坚持与有效组织，以及他们对于多年乡村田野调查工作的不舍与热情，这套丛书最终能够在课题研究丰硕成果的基础上与广大读者见面。

纵观本套丛书，其价值与意义在于能够直面我国巨大的地域差异和乡村聚落个体差异，通过量大面广的乡村调研为读者勾勒出全国层面的乡村人居环境建设画卷，较为系统地识别并描述了我国宏大的、广泛的乡村人居环境建设工程呈现出的差异性特征，对于一直缺位的我国乡村人居环境基础性研究工作具有引领、开创的意义，并为这次调研尚未涉及的地域留下了求索的想象空间。而本次全国乡村调研的方法设计、组织模式和成果展示也为乡村研究领域提供了有益借鉴。对于本套丛书各位作者的不懈努力和辛勤付出，为我国乡村人居环境研究领域留下了重要一笔，表以敬意。当然，也必须指出，时值我国城乡关系从城乡统筹走向城乡融合，乡村人居环境建设亦在持续推进，面临的形势与需求更加复杂，对乡村人居环境的研究必然需要学界秉持辩证的态度持续关注，不断更新、探索、提升。由此，也特别期待本套丛书的作者团队能够持续建立起历时性的乡村田野跟踪调查，这将对推动我国乡村人居环境研究具有不可估量的意义。

彭震伟

同济大学党委副书记

中国城市规划学会常务理事

2021 年 12 月

序　　四

改革开放 40 余年来,中国的城镇化和现代化建设取得了巨大成就,但城乡发展矛盾也逐步加深,特别是进入 21 世纪以来,"三农"问题得到国家层面前所未有的重视。党的十九大报告将实施乡村振兴上升到国家战略高度,指出农业、农村、农民问题是关系国计民生的根本性问题,是全党工作重中之重。

解决好"三农"问题是中国迈向现代化的关键,这是国情背景和所处的发展阶段决定的。我国是人口大国,也是农业大国,从目前的发展状况来看,农业产值比重已经只有 7%,但农业就业比重仍然超过 23%,农村人口占 36%,达到 5.1 亿人,同时有一至两亿进城务工人员游离在城乡之间。我国城镇化具有时空压缩的特点,并且规模大、速度快。20 世纪 90 年代的乡村尚呈现繁荣景象,但 20 多年后的今天,不少乡村已呈凋敝状。第二代进城务工的群体已经形成,农业劳动力面临代际转换。可以讲,中国现代化建设成败的关键之一将取决于能否有效化解城乡发展矛盾,特别是在当前的转折时期,能否从城乡发展失衡转向城乡融合发展。

乡村振兴离不开规划引领,城乡规划作为面向社会实践的应用性学科,在国家实施乡村振兴战略中有所作为,是新时代学科发展必须担负起的历史责任。开展乡村规划离不开对"三农"问题的理解和认识,不可否认,对乡村发展规律和"三农"问题的认识不足是城乡规划学科的薄弱环节。我国的乡村发展地域差异大,既需要对基本面有所认识,也需要对具体地区进一步认知和理解。乡村地区的调查研究,关乎社会学、农学、人类学、生态学等学科领域,这些学科的积累为其提供了认识基础,但从城乡规划学科视角出发的系统性的调查研究工作不可或缺。

"中国乡村人居环境研究丛书"依托于住房和城乡建设部课题,围绕乡村人居环境开展了全国性乡村田野调查。本次调研工作的价值有三个方面:

(1)这是城乡规划学科首次围绕乡村人居环境开展大规模调研,运用了田野调查方法,从一个历史断面记录了这些地区乡村发展状态,具有重要学术意义;

（2）调研工作经过周密的前期设计，调研结果有助于认识不同地区间的发展差异，对于建立我国不同地区整体的认知框架具有重要价值，有助于推动我国的乡村规划研究工作；

（3）调研团队结合各自长期的研究积累，所开展的地域性研究工作对于支撑乡村规划实践具有积极的意义。

本套丛书的出版凝聚了调研团队辛勤的努力和汗水，在此表达敬意，也希望这些成果对于各地开展更加广泛深入、长期持续的乡村调查和乡村规划研究工作起到助推的作用。

张尚武

同济大学建筑与城市规划学院副院长

中国城市规划学会乡村规划与建设学术委员会主任委员

2021 年 12 月

总 前 言

只有联系实际才能出真知,实事求是才能懂得什么是中国的特点。

——费孝通

自 21 世纪初期国家提出城乡统筹、新农村建设、美丽乡村等政策以来,乡村人居环境建设取得了很大成就。全国各地都在积极推进乡村规划工作,着力解决乡村建设的无序问题。与此同时,我国乡村人居环境的基础性研究却一直较为缺位。虽然大家都认为全国各地的乡村聚落的本底状况和发展条件各不相同,但是如何识别差异、如何描述差异以及如何应对差异化的发展诉求,则是一个难度很大而少有触及的课题。

2010 年前后,同济大学相关学科团队在承担地方规划实践项目的基础上,深入村镇地区开展田野调查,试图从乡村视角去理解城乡人口等要素流动的内在机理。多年的村镇调查使我们积累了较多的深切认识。此后的 2015 年,住房和城乡建设部启动了一系列乡村人居环境研究课题,同济大学团队有幸受委托承担了"我国农村人口流动与安居性研究"课题。该课题的研究目标明确,即探寻乡村人居环境改善和乡村人口流动之间的关系,以辨析乡村人居环境优化的逻辑起点。面对这一次难得的学术研究机遇,在国家和地方有关部门的支持下,同济大学课题组牵头组织开展了较大地域范围的中国乡村调查研究。考虑到我国乡村基础资料匮乏、乡村居民的文化水平不高、运作的难度较大等现实情况,课题组确定以田野调查为主要工作方法来推进本项工作;同时也扩展了既定的研究内容,即不局限于受委托课题的目标,而是着眼于对乡村人居环境实情的把握和围绕对"乡村人"的认知而展开更加全面的基础性调研工作。

本次田野调查主要由同济大学和各合作高校的师生所组成的团队完成,这项工作得到了诸多部门和同行的支持。具体工作包括下乡踏勘、访谈、发放调查问卷等环节;不仅访谈乡村居民,还访谈了城镇的进城务工人员,形成了双向同步的乡村人口流动的意愿验证。为确保调查质量,课题组对参与调研的全体成员进行了培训。2015 年 5 月,项目调研开始筹备;7 月 1 日,正式开始调研培训;

7月5日,华中科技大学团队率先启程赴乡村调查;11月5日,随着内蒙古工业大学团队返回呼和浩特,调研的主体工作顺利完成。整个调研工作历时128天,100多名教师(含西宁市规划院工作人员)和500多名学生参与其中,撰写原始调查报告100余万字。本次调查合计访谈了7 578名乡村居民,涉及13个省(自治区、直辖市)的85个县区、234个乡镇、480个行政村和28 593个家庭成员。此外,还完成了524份进城务工人员问卷调查,丰富了对城乡人口等要素流动的认识。

　　本次调研工作可谓量大面广,为深化认知和研究我国乡村人居环境及乡村居民的状况提供了大量有价值的基础数据。然而,这么丰富的研究素材,如果仅是作为一项委托课题的成果提交后就结项,不免令人意犹未尽,或有所缺憾。因而经过与参与调查工作的各高校课题组商讨,团队决定以此次调查的资料为基础,以乡村居民点为主要研究对象,进一步开展我国乡村人居环境总貌及地域研究工作。这一想法得到了住房和城乡建设部村镇司的热忱支持。各课题组很快就研究的地域范畴划分达成了共识,即按照江浙地区、上海地区、江淮地区、长江中游地区、黄河下游地区、东北地区、内蒙古地区、四川地区和西南地区等为地域单元深化分析研究和撰写书稿,以期编撰一套"中国乡村人居环境研究丛书"。为提高丛书的学术质量,同济大学课题组将所有调研数据和分析数据共享给各合作单位,并要求全部书稿最终展现为学术专著。这项延伸工程具有很大的挑战性,在一定程度上乡村人居环境研究仍是一个新的领域,没有系统的理论框架和学术传承。为了创新、求实、探索,丛书的编写没有事先拟定共同的写作框架,而是让各课题组自主探索,以图形成契合本地域特征的写作框架和主体内容。

　　丛书的撰写自2016年年底启动,在各方的支持下,我们组织了4次集体研讨和多次个别沟通。在各课题组不懈努力和有关专家学者的悉心指导和把关下,书稿得以逐步完成和付梓,最终完整地呈现给各地的读者。丛书入选"十三五"国家重点图书出版物出版规划项目,获得国家出版基金以及上海市新闻出版专项资金资助。

　　中国地域辽阔,我们的调研工作客观上难以覆盖全国的乡村地域,因而丛书的内涵覆盖亦存在一定局限性。然而万事开头难,希望既有的探索性工作能够激发更多、更深入的相关研究;希望通过对各地域乡村的系统调研和分析,在不远的将来可以更为完整地勾勒出中国乡村人居环境的整体图景。在研究的地域方面，除了本丛书已经涉及的地域范畴，在东部和中西部地区都还有诸多省级政区的乡村有待系统调研。在研究范式方面，尽管"解剖麻雀"式的乡村案例调研方法是乡村人居环境研究的起点和必由之路，但乡村之外的发展协同也绝不可忽视，这也是国家倡导的"城乡融合发展"的题中之义；在相关的研究中，尤其要注意纵向的历史路径依赖、横向的空间地域组织和系统的国家制度政策。尽管丛书在不同程度上涉及了这些内容，但如何将其纳入研究并实现对案例研究范式的超越仍待进一步探索。

本丛书的撰写和出版得到了住房和城乡建设部村镇司、同济大学建筑与城市规划学院、上海同济城市规划设计研究院和同济大学出版社的大力支持，在此深表谢意。还要感谢住房和城乡建设部赵晖、张学勤、白正盛、邢海峰、张雁、郭志伟、胡建坤等领导和同事们的支持。来自各方面的支持和帮助始终是激励各课题组和调研团队坚持前行的强劲动力。

最后，希冀本丛书的出版将有助于学界和业界增进对我国乡村人居环境的认知，并进而引发更多、更深入的相关研究，在此基础上，逐步建立起中国乡村人居环境研究的科学体系，并为实现乡村振兴和第二个百年奋斗目标作出学界的应有贡献。

赵 民 张 立
同济大学城市规划系
2021 年 12 月

前　言

大凡著书,目的无非两个:外在功利性和内在好奇心。外在功利性在作者而言为学术业绩,在资助方而言希望解决实际发展问题;内在好奇心则希望弄清事物的原委,在满足自己好奇心的同时与同好者分享,用较高尚的说法是探索精神。鉴于两者实难截然分开,本书的写作目的虽则兼而有之,更主要的是满足自己(或许还包括部分读者)的好奇心。

上海常使人联想到摩登都市,似与乡村风马牛不相及。但事实上,"上海本是个小渔村"或许不尽正确,但上海是在乡村基础上发展而来的结论却大致无误。即使在当代,乡村地区依然占据上海市地理空间的大部分,尽管这些乡村已经在很大程度上发生了变异。

尽管直至最近中国城市人口才略超过乡村人口,但与城市在学术研究上受到的高度关注相比,乡村所受到的关注甚为寂寥。20 世纪 30 年代的乡村建设派[1]掀起了一阵乡村调查热潮,但不久即归于沉寂;本世纪初多个中央一号文件强调"三农"问题,对新农村建设也进行了大量投入,但乡村依然难以摆脱"被遗忘的大多数"的尴尬地位。

本书内容基于 2015 年开展的住房和城乡建设部"我国农村人口流动与安居性研究"课题。以本次乡村调查为基础,至 2017 年,住房和城乡建设部、同济大学出版社拟合作出版"中国乡村人居环境研究丛书"。因我负责主持组织上海和广东两地的调查,因此有幸承担撰写上海乡村人居环境的任务。

乡村调查是否足以支撑乡村人居环境专著的撰写,我对此是深感疑惑的。法国年鉴学派领军人物布罗代尔(F. Braudal)曾有过如下论断:"今日世界的百分之九十是由过去造成的,人们只在一个极小的范围内摆动,还自以为是自由的、负责的。"[2]对于具有悠久历史的中国乡村而言,此言尤为确当。乡村研究多基于社会人类学的经典样本社区调查研究方法,样本调查虽能够深入了解乡村的现状特征,但由于缺乏地理的空间广度和历史的时间厚度,往往不足以解释现状特征的成因、过程和趋势。但鉴于样本调查又是乡村研究的基本手段,因此本书采取的补救措施是将样本乡村置于历史、地理的时空背景下进行考察分析,如此尚有可能满足对其特征、过程、趋势甚至机制的深入理解。为此,本书写作期间的大部分时间用于爬梳整理《上海府县旧志丛书》和《中国乡镇地方志集成》中的各种府、县、市镇、村乡志,以期为上海乡村的发展演变建立一个相对清晰的时空脉络。

上海乡村,既是江南文化下的传统乡村,更是曾经或正在经历现代化冲击的都市区乡村,是研究乡村现代变迁这一重大课题的理想区域。但由于乡村研究领域的多元性和时间过程的多阶段性,关于乡村变迁出现了层出不穷的理论诠释,从传统时期的原工业化、过密(内卷)化、地域社会、乡村共同体到近现代的国家政权建设、郊区化、半城市化等,如何梳理整合这些令人眼花缭乱的理论诠释,也是颇为棘手的问题。为此,本书采取以时间进程为经、空间类型为纬的组织方式,探讨乡村空间在历史变迁中的类型分化,并针对不同时空类型采取模块化的理论诠释,摒弃用以贯穿全部时空过程的理论探讨范式。

此处需要强调隐含在研究中的三个主题,以便于增进读者的理解。一是生态文化适应过程,书中对上海自然生态的变化给予较多关注,并围绕过密化商品生产等探讨文化如何适应自然生态变化的过程。二是空间地域组织或地域社会主题,关注乡村地域社会的形成以及通过何种方式形成更大范围的乡村地域组织,尤其是近代以来"乡政村治"形成的空间过程。三是关注对乡村发展具有深远影响的国家政权,在传统乡村的现代化转型过程中,中间阶层(乡绅、地方精英)和组织的消失,使乡村居民直面国家,重现了"大国小民"的传统偏好,并对当下乡村一直具有深远的影响。

在研究过程中,笔者深感乡村研究之艰辛:为理解现在必须了解过去,为诠释历史必须了解地理;乡村人居环境研究又涉及社会、经济、政治、文化等多个领域,长时段、多领域的研究面临着庞杂的理论诠释,更关键的是,这些不同领域、不同时段的乡村研究呈现出错综复杂的交织状态,任何理论诠释都是不完全的,故曾有观点认为地理、历史是特殊的,无规律、理论可循,置于特定时空背景下的乡村研究追求的是澄清现实以进行理解性诠释而非理论性解释。因此,拙著呈现的仅是对事实状况的初步探讨，而对理论、规律之探索，则留待后来之能者。因能力、精力和时间所限，空疏支离，在所难免，祈请读者指正。

最后照例是要致谢，但需要感谢的人太多，一时间竟有负债累累之感。第一需要感谢的是丛书主编张立，正是在他锲而不舍的催讨下，本书才得以如期完成。二是同济大学的赵民教授、李京生教授、王德教授、彭震伟教授等前辈同仁。赵民教授针对书稿中对当代变化的忽略，提出增强乡村拆并方面的内容；李京生教授无私提供了在圩田、村镇聚落变化等方面调查的第一手资料，以用于充实完善本书内容；王德教授提供的上海市"六普"分村居资料，为更好地从整体上理解上海特征提供了坚实基础；彭震伟教授对本书研究主旨立意方面提出了宝贵的建设性意见。三是同济大学出版社对丛书的组织出版付出了大量努力，编辑对书稿进行了细致的审校。四是支持调查的上海市规划局村镇处和各村镇地方相关人员，包括书中涉及的南翔、朱家角、廊下、大团、三星等5镇及其下所辖27个村居委会的镇村干部和大量接受访谈的村民，他们在状况介绍、组织、接受访谈等方面付出了大量努力，调研成果构成了本书了解现状的重要基础支撑，但很遗憾在此无法一一列举其姓名。五是参与调查的研究生和本科生，包括邵琳、方辰昊、何莲、王丽娟、林楚阳、承晨、宝一力、李雯骐、白郁欣、牛苗、王启轩、王之晗、何睿、居一帆、居玥辰、张敏等同学。承晨、宝一力、白郁欣进行了部分数据整理、图表制作和材料撰写工作；马超群、贺飞翔、殷海晴同学帮助进行了图纸完善和书稿校对。最后需要感谢我的家人，感谢妻子刘丽萍和儿子陆浥尘在生活上的陪伴、支持以及初稿文字校对。在此对上述帮助者一并表示感谢！当然，文责概由作者本人自负。

陆希刚

于上海杨浦辽源三村陋室

2021 年 3 月 21 日

目 录

第1章 绪 论

1.1 研究背景

1947年,法国学者格拉维埃(J. F. Gravier)在《巴黎与法兰西荒漠》中将法国分为繁荣的巴黎和荒凉的外省[①]。然而,法国现象绝非特例,在世界范围内现代化过程中的空间极化,使大城市逐步支配了国家社会经济发展,而乡村地区则不断边缘化。

但与普遍衰退的乡村地区相比,都市区乡村似乎成为一种另类。2010年的"六普"[②]调查表明,2005—2010年间,在全国乡村地区人口普遍流失的大背景下,上海、北京两个直辖市的乡村却获得了净迁移人口,体现了大都市乡村的吸引力。

都市区乡村这一异常表现的根本原因并不在于乡村自身,而应归因于所属的大都市。当代中国以至世界城镇化的一大特征是都市区的兴起,市场支配的规模效益和政府主导的资源行政化配置,都使大都市具有领先优势。大都市的溢出效应及其广域空间拓展,使大都市郊区乡村成为城镇化发展最为迅速的地区,同时也导致了乡村社会、经济、文化、景观等各方面的急剧变迁。

因此,较之典型乡村地区,都市区乡村要复杂得多,是多种势力交锋的场所。仅就主导乡村变迁过程的城镇化而言,至少包括了郊迁化(suburbanization)、异地城镇化和就地城镇化(in situ urbanization)三种类型。

郊迁化指城市人口或职能由中心城区向郊区的扩散,这是郊区化的初始含义[③]。随着我国土地市场化改革的深化,土地价值在空间利用中的作用逐步凸显,由此产生了中心城区的企业用地功能置换、旧住区改造拆迁安置以及新兴中

[①] A. 弗雷蒙,文云朝. 法国区域整治的实践与概念[J]地理科学进展,1983(2):1-5.

[②] 指全国第六次人口普查,以下简称"六普"。"五普"同理。

[③] 郊区化(suburbanization)本质上指人口、产业由城区迁往郊区的过程,在其后演变中发展成为由多种过程导致的郊区增长超越城区的现象,与初始含义产生区别,因此将其初始含义称为郊迁化。

产阶层的高端住宅项目,郊区农村以其低廉的地价、优越的生态环境成为外迁企业、人口和高端房产的理想目的地。

异地城镇化,指因长距离迁移①导致的城镇化,以"外来人口""农民工"为指称的长距离移民大量集聚已成为我国都市区城镇化的显著特征。改革开放以来的户籍制度松动、城乡差异和地域差异,诱发了世界有史以来最大的人口迁移。1982—2010 年,我国流动人口规模从 657 万人迅速增长到 2.2 亿人。发达地区大城市因其充足的就业机会和发展机遇成为人口流动尤其是长距离流动的首选地。2010 年,省际流动人口最多的 1‰城市拥有 45.5‰的移民份额[3]。在大都市地区内,农村因其便捷的区位和较低的生活成本日益成为主要的外来人口定居地。2000—2010 年,上海郊区、城区外来人口之比由 0.32 上升为 1.75,郊区取代城区成为外来人口的主要承载地。

就地城镇化,亦称在地城镇化,即本地乡村居民向本地城镇的集聚。与传统乡村地区不同,大都市乡村因其邻近中心城市的优越区位条件常成为产业项目的理想投资地,交通基础设施的改善、国内外资本的进入、地方政府的经济发展诉求使得都市郊区具有较强的工业化、城镇化动力。此外,大都市区乡村外来人口的大量涌入和生态、社会环境的恶化也"倒逼"了本地农村居民的就地城镇化。

都市区乡村也面临着不同于典型乡村地区的挑战。尽管享受大都市带来的溢出效应,但同时也由此面临着更为严峻的冲击和挑战:市场化理性社会对传统乡土社会的侵蚀,城市建设用地对农业、生态空间的侵蚀,外来人口对当地乡村社会的消解,乡村地域社会稳定性和独立性的丧失等,这些都与典型乡村地区具有显著差异。

1.2 研究意义

上海市是我国最早进入现代化的地区和最发达的现代化都市区。研究上海乡村,为考察我国现代化进程中的乡村变迁提供了最完整的系列谱系,不仅能够

---

① 我国的人口迁移包括伴随户籍变化的人口迁移和没有户籍变更的人口流动。为行文方便,本书中的"迁移"除非特别注明,均指包含狭义迁移和流动的广义概念。长距离指离开家乡,本文中以跨省为判断标准。

为新型城镇化背景下的城乡统筹、乡村振兴提供研究基础,也能对全国其他地区乡村的未来发展提供借鉴意义。在某种意义上可以说,上海乡村的今日代表了其他大城市乡村的未来。

上海乡村相对完整的序列谱系为乡村变迁提供了理想的案例区域,以便探讨乡村人居环境如何适应自然条件并随着社会经济制度变迁而进行适应性调整,从而应对现代化过程中的城镇化、工业化冲击。此外,上海乡村作为都市区乡村的典型,与传统乡村面临的现代化转型挑战是否存在共性特征,也值得深入检验。

在当前快速城镇化、工业化的浪潮中,上海乡村发生了高度分化,既有人口流失的农业乡村,也有经济迅速发展的工业化乡村,还有受城市空间拓展影响而发生质变的都市化乡村[4]。但作为我国现代化过程中城与乡、传统与现代、生态与发展角逐最激烈的地区,无论哪种类型,上海乡村都面临空间破碎、生态退化、社会消解、独立性丧失等亟须解决的问题。上海乡村人居环境研究,有助于甄别乡村人居环境的类型和特征、问题和动因,总结评价乡村问题应对策略。研究成果不仅能够为上海都市区空间优化、实现城乡协调发展提供研究基础,也可为其他地区乡村的未来发展提供借鉴。

1.3　乡村人居环境

1) 乡村内涵

"乡村"概念一直缺乏明晰的学术界定,并常与农村、乡下等名称混淆。在最宽泛的意义上,乡村是相对于城市而言的地域概念,可以泛指除城市以外的地区。在此意义上,乡村构成了城市的补集。由于城市可以从空间集聚、非农经济和社会异质等特征方面进行界定,因而乡村相对地具有空间分散、农业经济和社会同质等特征。

但这种定义也有其问题。首先,城市以外的地区并不全是乡村。最新的国土空间规划将地域分为城镇发展空间、农业空间和生态空间,其中的森林、草原、荒漠等生态空间通常不被视为乡村,城市和乡村并不构成互补关系。其次,农业空间与乡村也并非完全对应关系,中国的国有农场、美国的大农场地区可以说是农业空间,但很难被认为是乡村。一个常与乡村混用的概念是农村,但后者更强调以农业为主,无法纳入渔村等并非以农业为主的乡村地区,遑论历史上以采集、狩猎为主的乡村。

因此,乡村的内核并不是产业而是聚落(Settlement)。城乡划分是在聚落的基础上进行的区分,将城市以外地区视为乡村具有一个前提,即城市、乡村本质上是基于聚落的划分,在没有聚落的前提下谈论城乡划分没有意义。

2) 乡村外延

在排除了无聚落的生态空间之后,人类定居地区按照聚落特征分为城市和乡村两种类型。但城乡梯度上的聚落构成连续分布序列:小村(Hamlet)—村庄(Village)—集镇(Market Town)—镇(Town)—城市(City)—都市(Metropolis)。由于相邻梯度序列之间的差异很小,因此城乡聚落划分和相应的城乡地区划分必定具有主观性。

其中尤为麻烦的是介于城市和村庄之间的集镇和镇的归属。我国传统意义上将城乡分界界定在集镇和镇之间,镇的人口计入城镇人口并以此计算城镇化率,而在农村经济统计中又将县下大量镇的统计计入农村部分。尽管县级以下行政区均按城乡类型在名称上进行了划分,如城镇型政区分别称街道、镇和居委会,乡村型政区分别称乡和村委会。但由于地区发展水平差异,行政认定的相同政区类型之间的实际发展状况差异很大,其中以扁平化的都市区乡村地区更为明显。

因此,尽管可以将县级及以上政区驻地聚落(县城和城市)排除在乡村范畴之外,但在县级政区以下难以根据政区名称进行判断,在研究中需根据实际情况进行判断,而不论其行政区名称为城镇型还是乡村型。

3) 乡村地域

聚落具有"附着于土""沉降""定居"等意思,指人类定居在土地上的过程或形成的生活空间。然而,尽管乡村本质是围绕聚落进行定义的,但并非仅限于聚落,聚落连同维系其发展的周边环境共同组成了生境(Habitat),诸如村庄聚落周边的农田、林地、河流等空间。因此,乡村的概念大于村庄,后者仅指聚落,但前者包括了聚落依存的环境,因此世界人居环境的英文表述也逐渐由仅关注建成环境的"Settlement"转向更为广泛的"Habitat"。

　　综上,可将乡村定义为围绕城市以外聚落形成的人类生活空间,包括乡村聚落和围绕聚落的农业、生态空间等部分。在此意义上,对具体的特定乡村而言,乡村是具有边界的,但这个边界是弹性的,因周边生产空间的生产能力而异,如牧区聚落所需的草场面积大于农耕地区所需耕地面积,而在农耕地区集约农业所需土地又小于粗放农业。

　　值得注意的是,人地关系层面的乡村范围可因社会因素而不断变化,孤立的乡村可以通过联合成为更大的乡村地区,也可以通过建制形成具有明确边界的行政管理单元,如中华人民共和国成立后普遍设置的行政村和乡镇。为行文方便,本文将乡村聚落称为村庄,将聚落连同周边依托的弹性地域称为自然村或村,而将社会管理单元地域称为行政村。三者基本对应于从聚落范畴向区域范畴延伸中的三个范围:建成区、功能区和管理区(图 1-1)。

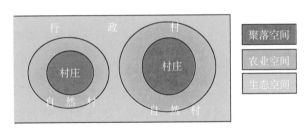

图 1-1　村庄、自然村、行政村关系示意图

4) 人居环境

　　人居环境(Human Settlement;Human Habitat)的概念源于人类聚居学(Ekistics)[5],道萨迪亚斯(C. A. Doxiadis)建议从人类生活场所的角度对人居聚落进行整体研究,并提出了人居聚落的五个基本元素——人、自然、建筑、社会、网络,学科范畴涉及地理学、文化、社会学、生态学、建筑学、心理学甚至美学,追求人与自然、社会环境的和谐。不难预料,因对象差异过大、涉及学科过多,人类聚居学仅停留在理念层面,但其主张的多学科综合研究、协同演变、注重关系网络、关注人类福祉等思想对人居环境研究具有指导意义。此后,随着人本主义的兴起、生态意识的加强,人居环境日益受到广泛关注,联合国人居署、联合国人

居大会等国际组织也随之成立。

人居环境指人类生活场所，但中文语境下仍有细微语义差别。当指人类生活场所本体（Entity）时，相当于村、镇、城市等人类聚落或生境。当侧重人类生活场所的属性（Attribution）价值评判时，在某种意义上接近于适居性（Habitatability，Livability）。结合上述语境分析，本书的人居环境指其本体含义，即乡村聚落生境，而含有价值评判的人居环境属性则以适居性表示。

1.4 乡村人居环境研究回顾

尽管人居环境的概念出现较晚，但对乡村聚落生境的记载却出现得很早。如《汉书·严助传》记载越人"非有城郭邑里也，处溪谷之间，篁竹之中……夹以深林丛竹，水道上下击石，林中多蝮蛇、猛兽"，生动描述了当时越人的居住环境。

19世纪末以来，随着社会学、地理学、人类学等学科的兴起，西方以历史视角为主的乡村研究关注点逐步由宏大叙事转向日常生活，注重日常生活的历史回溯和地理综合，使乡村研究从法律典章历史记载的抽象分析拓展到景观、居住方式、农业生产、社会关系、文化心态等"现实条件"，布洛赫（M. Bloch）、布罗代尔（F. Braudal）等法国年鉴学派历史学家强调历史现象背后深层次、长周期的地理结构分析。研究主题包括乡村聚落分布影响因素、乡村类型和形态结构、乡村生态景观、乡村聚落演变、乡村社会变迁等内容。20世纪中期，道萨迪亚斯的人类聚居学提出人居环境的概念，要求从多学科角度加强对城乡人居环境的研究。20世纪70年代以后的行为革命和文化转向促使乡村研究更加关注结合空间行为、社会制度、网络联系等方面的多角度研究，并致力于解决在现代化冲击下乡村急剧变化带来的乡村重构问题。

国内对乡村的系统研究始于20世纪初，民国时期的乡村研究主要包括乡村聚落地理研究和乡村社会人类学研究。受法国人生地理学[6]的影响，乡村聚落地理研究多以各区域乡村聚落分布及其解释分析为主，注重宏观空间格局特征、趋势的地理学解释，该传统从20世纪30年代一直延续到当代，产生了大量分区乡村聚落分布及演变的研究文献[7]。社会人类学研究采用典型村庄田野调查方法进行功能主义解读，出现了诸如《华南的乡村生活》[8]、《义序的宗族研究》[9]、《江村经济》[10]、《金翼》[11]、《一个中国村庄:山东台头》[12]等基于案例的经典研究著作。

　　1949 年后至改革开放前,国内的社会学、人类学研究中断,但国外学者的中国乡村研究仍在继续。除关注中国乡村的宗族、宗教信仰等传统议题之外,还对中国乡村的当代事件如人民公社等进行了研究,如《中国乡村,社会主义国家》[13]《公社:中国农村的生活》[14]关注国家在乡村变迁中的主导作用,填补了集体化时期的乡村研究空白。延续民国时期开启的国家-社会分析框架[15],杜赞奇(P. Duara)[16]、白凯(K. Bennhandt)[17]等关注国家、士绅和农民在乡村社会运行中的作用和地位变迁。在调查研究方法上具有突破的是弗里德曼(M. Freedman)[18]和施坚雅(G. W. Skinner)[19],弗里德曼通过对中国宗族的研究,提出源于简单社会的人类学方法不适用于具有悠久传统的中国乡村,施坚雅从区域市场网络的视角研究乡村地域组织,认为将中国村庄作为孤立样本进行研究扭曲了中国乡村高度组织化的实际,并指出了中国具有国家社会统一而非对立的特点。同样关注乡村地域组织的还包括以森正夫、滨岛敦俊等为代表的地域社会研究者[20],其关注焦点为村庄共同体。

　　改革开放以后,国内关于中国乡村人居环境的研究发展迅速,出现了以下趋势:①田野调查研究方法的回归;②新的理论和研究范式的引入,如结构—功能主义、冲击—回应、结构—行为理论等,从客观描述分析转向空间—行为分析;③历史、地理视野的强化,以往的研究多为基于现状的孤立研究分析,忽视了乡村发展变化的历史路径依赖以及乡村广泛的外部联系,当前研究对结构性制度因素和区域因素的重视,促进了地理学、社会学、历史学等多学科方法的交叉;④更加注重当前问题及应用研究,针对当前村庄空间破碎、社会消解、生态退化等问题进行研究。

　　20 世纪 90 年代,吴良镛借鉴人类聚居学提出了人居环境学[21],但人居环境学面临着巨大的挑战:且不论不同层级的人居环境存在着巨大的差异——从小村庄到大都市可以说除范畴相同以外差异极大;更重要的是,乡村人居环境研究需要综合地理、历史、社会、经济、生态、建筑、景观等多学科,社会学的结构—功能、冲击—回应、结构—行为、国家—社会等研究范式和理论诠释仅能在某一领域起到引领作用。可以说,作为一项多学科交叉研究,乡村人居环境研究必然是多模块、多领域的研究,试图将其纳入任何一种理论框架或研究范式都是不现实的。

1.5 乡村人居环境研究范式与理论诠释

尽管已有的研究范式和理论框架只强调了乡村人居环境研究的某一侧面，但深入了解乡村人居环境的这些方面，对于全面认识乡村人居环境不可或缺。

1.5.1 研究范式

1) 孤立的样本社区范式

样本社区范式又称典型村庄范式，即通常所谓的"解剖麻雀"，通过详尽而深入的案例村庄调查分析进行研究。始于民国时期的我国社会人类学研究主要采取这种范式，如马林诺夫斯基（B. K. Malinowski）所言："通过熟悉一个村庄的生活，我们犹如在显微镜下了解整个中国的缩影。"①但是，尽管麻雀可能都是相似的，但村庄明显不是都相似的。费孝通先生后来也认识到该研究范式的不足，提出通过增加扩展案例类型来进行补充，但仍无法解决社区层面与更大范围区域内其他村庄的组织关系，以及与国家宏观社会经济制度的关系。超越样本社区的结构化研究因此出现。邓大才[22]将这些研究归纳为具有代表性的四种范式，即施坚雅的市场关系、弗里德曼的宗族关系、黄宗智的经济关系和杜赞奇的权力关系，其中黄宗智的研究方式仍为基于样本的类型学研究，而其余三种范式则代表了两种不同的维度：市场关系、宗族关系侧重小传统视角的横向组织关系，权力关系则侧重大传统视角下的国家社会纵向控制—适应关系。

2) 水平的空间组织范式

空间组织范式认为样本村庄固然重要，但完整的乡村研究也需要从地域乡村聚落群体组织的角度进行分析。实现该范式突破的是施坚雅，其研究借鉴中心地理论将村庄纳入不同层级的市场网络体系，从而将微观的村庄社区与宏观的外部区域市场和社会联系起来，实现了微观和宏观的对接。施坚雅同时认为，

---

① 马林诺夫斯基.《江村经济》序［M］//费孝通. 江村经济［M］. 北京：商务印书馆，1997：16.

市场空间也是基本的社会活动空间,基本市场区而非村庄才是自给自足的基本地域单元。与施坚雅的市场组织相似,弗里德曼的宗族网络也遵循了同样的思路,只不过其关注的组织力量由市场关系变为宗族关系。

3) 垂直的国家—社会范式

施坚雅的市场组织范式尽管跳出了孤立村庄范式,将研究视角水平拓展到相对较大的地方社会,但对村庄与国家垂直关系的解释十分薄弱,忽视了中国语境下对乡村具有深远影响的国家力量。

国家—社会这一西方研究范式如何用于中国乡村的分析一直存在很大争议。马克思(K. Max)、韦伯(M. Webb)[23]等认为中国社会附属于国家;日本部分学者认为乡村是自治的共同体;张仲礼[24]、瞿同祖[25]认为国家、乡村之间并无直接作用关系,二者通过乡绅进行调和。

杜赞奇从文化权力网络视角解释了近代国家权力下沉的运作模式,随着乡绅阶层"城居化",以地方豪强为主的营利型经纪人取代了以乡绅为主的保护型经纪人,加剧了国家和乡村之间的冲突。杜赞奇的文化权力网络解释了国家和乡村的关系,但缺点在于其文化权力概念过于笼统抽象,难以与具体乡村的实际情况相结合,限制了其研究应用。白凯则认为国家—地主—农民构成的合作博弈具有多种复杂组合关系:国家、农民合作增强社会动员能力,反对地主武断乡曲;国家、地主合作确保租赋征收,防范农民抗租、叛乱;地主、农民合作维护地方利益,反对政府横征暴敛。

1.5.2　理论诠释

1) 地理环境决定论:分布规律

早期聚落分布及演变研究多采取环境决定论的解释框架,认为乡村人居环境的特征主要由其所处的自然地理条件决定。尽管地理环境决定论遭到批判,但不可否认的是,地理环境确实对乡村人居环境具有极其重要的影响,区域乡村聚落分布及其原因的研究文献大多依然隐含着强烈的地理环境决定论色彩。

现代普遍认为,尽管地理环境约束了乡村人居环境的发展,但其约束条件具有较大的波动幅度,约束的上下界限也会随着科技的进步而不断变化,而在其界限之内的发展变化状况取决于系统或其中个体的行动,由此产生了一系列关于村庄人居环境发展演化的动态理论解释框架。

2）结构功能理论:自组织规律

结构功能理论认为,环境状态和社会规范是影响行动的两个同等重要的因素。在行动过程中,人们在确定目标和手段时有一定的选择自由,但这种自由受两方面的制约,社会文化中的价值规范对这种选择进行指导和调节,环境状态则为行动提供机会或障碍。

结构功能主义创始者帕森斯(T. Parsons)[26]强调条件约束和能动性的统一,批评了两种主要倾向:实证主义者仅仅把行动与特定环境状态相联系,并假定环境状态对行动具有决定作用;理想主义者则单纯强调规范价值的作用,而忽略了环境状态的制约作用。

结构—功能主义的体现是将系统作为一个整体研究其行为,在乡村人居环境中可体现为"自组织"模式,认为村庄或村庄聚落群体的发展演变具有内生规律。

3）结构—能动理论:他组织机制

结构—能动理论源于冲突论,强调了行为主体的作用,否认社会作为一个整体而行动,认为导致社会变化的原因在于社会内部不同行为主体在社会结构约束下进行的竞争、冲突等行为,竞争博弈是社会的常态,也是促进社会变迁的主要动力。如吉登斯(A. Giddens)的结构化理论[27]强调了结构—能动的二重性,规则和行为相互依赖,规则既塑造了行为,也是行为的结果。

结构—能动理论在乡村研究中的意义在于:否认乡村作为一个整体而发展,认为乡村变迁是由于其间的大量行为主体活动的结果,奠定了乡村变迁"他组织"的理论基础。就乡村变迁而言,整体视角下看到的乡村演变"内生"规律实际上是乡村不同行为主体活动的结果,当然这种活动受到村庄结构条件的约束。例如人口迁移对乡村聚落具有重大的影响,人口的空间流动不断塑造聚落格局,同时也受到乡村聚落环境的影响。乡村人居环境对行为设置了结构性约束,而人的行为又缓慢塑造人居环境,由此形成"结构—能动"的理论框架。

1.6　研究思路与方法

1.6.1　研究思路

1) 多学科的时空框架

　　"麻雀虽小、五脏俱全"十分适合对村庄进行描述,尽管村庄规模不大,但涉及的范畴众多,乡村人居环境难以纳入单一的研究范式和理论框架,需要采取多学科交叉的研究方法。因此,本书决定采取将乡村及其聚落置于时空框架下进行分析,以时间为经、空间类型为纬,通过时空组合分别阐述不同阶段乡村人居环境的演变、人居环境分化及其类型、人居环境的特征、人居环境评价以及人居环境的形成机制。

2) 多维度的研究视角

　　乡村人居环境的形成发展和现状特征受多方面因素影响,不仅涉及村庄人居环境自身,同时也在多个维度上受外部力量影响,约而言之,包括以下方面:①水平维度的外部影响,包括区域整体自然环境、社会经济发展以及村庄与周边村庄、镇、城市的空间组织关系。②垂直维度的国家制度政策影响,乡村人居环境的形成发展受国家政策制度影响巨大,不同的政策制度影响到乡村相关利益方的行为模式,从而塑造了不同的乡村人居环境。③纵向的历史变迁,现状是各种因素历史发展的一个横截面,各种因素协同发展的前后步调未必一致,但均在现状截面上展现出来。因此仅从现状因素的相关性分析,未必能够深入掌握乡村人居环境的本质特征,必须拥有足够深的历史视角。

3) 模块化的多理论诠释

　　乡村人居环境研究的复杂性导致的模块化研究,客观上要求多种研究范式和理论框架的综合应用。在研究对象上将田野调查的典型村庄研究与基于方志文献、统计数据的整体发展趋势相结合。在不同的研究模块采用相应的理论框架进行诠释,除常用的聚落自组织、空间—行为理论框架之外,还包括了一些更富地方针对性的理论诠释,例如乡村人居环境历史变迁有"生态缓冲""过密化""前工业化"等诠释理论框架,现代乡村人居环境变迁有"半城市化""社区变迁"等理论框架。

1.6.2 研究方法

1) 文献研究与理论诠释

当前能够掌握的人口普查、统计数据不足以支持乡村人居环境的深入研究时,需要通过案例村庄的调研获取第一手田野调查资料,以满足研究的在地性要求。但是,为提高调研的针对性和效率,必须首先明确研究的主旨、统计数据能够提供的信息、分析处理方法和预期结果,而这些必须建立在文献研究和定性研究的基础上。尤其在历史演变方面,文献研究具有不可替代的价值。文献研究与定性分析的主要内容集中于乡村人居环境及其区域背景的历史演变,乡村人居环境的形成机制解释等。

案例村庄调查和居民社会调查可以实现社会经济属性、乡村人居环境因素与个体或家庭行为的严格匹配,从而为通过理论诠释探讨乡村人居环境形成的行为机制提供依据。理论诠释主要用于上海乡村人居环境的特征、机制研究,主要集中在人居环境与生态环境的关系、人居环境与国家政策的关系以及人居环境的空间组织方面。

2) 统计数据与空间分析

尽管普查统计数据不足以在村庄或个体层面提供深入的信息和解释,但却有利于从总体上判断乡村人居环境特征及其类型差异。普查、统计数据具有数量大、覆盖面广的特征,如人口普查、经济普查、特定目的的抽样调查、村镇建设年报、人口统计年报等,使得针对村庄全样本的空间分析、时间趋势分析成为可能,不仅有利于对空间格局、时间趋势的总体判断,更为重要的是,通过空间统计分析能够初步鉴别要素之间的相关性,为理论诠释的预设和检验提供工具手段。

统计数据及其空间分析可用于以下研究：人居环境类型分析、人居环境特征要素的空间分布及各要素间的相关分析。

3) 田野调查与行为分析

基于田野调查的案例研究一直是村庄研究的传统方法，能够在以下方面弥补文献资料和统计数据的不足。

一是建成环境特征及其景观调查研究。统计数据侧重社会经济指标，而建成环境质量等指标严重不足，如居住、公共服务、环境状况等，更为重要的是，并非所有人居环境因素均可通过数据指标来体现，如村庄风貌景观、环境质量等，这些必须对案例村庄进行田野调查并将其指标化。

二是居民行为调查研究。统计通常将村庄人口视为一个整体进行处理，缺乏个体或家庭层面的行为信息，因此必须进行居民问卷调研，为探讨乡村人居环境的形成机制提供资料基础。

1.7　内容与结构

本书从时空视角探讨上海都市区乡村人居环境的发展变迁、现状特征和类型分化，从客观指标、居民认知和居民行为角度对乡村人居环境进行评价，分别探讨农业乡村和半城市地区乡村人居环境的形成变迁过程、特征，总结乡村人居环境的形成变化机制，并对上海乡村的未来发展和相关政策议题进行展望。

本书共包括七个章节，大致可分为基础研究、特征评价研究、分区类型研究和理论总结四个板块。

第1—2章为基础研究。第1章绪论阐述了研究背景和意义，梳理乡村人居环境研究的理论文献，介绍研究思路和设计。第2章在介绍都市区村庄总体状况的基础上，鉴别上海村庄的类型，并介绍案例村庄及田野调查内容。

第3—4章为特征评价研究。第3章结合案例村庄的田野调查和区域村庄的统计数据，从空间分布、社会经济、建成环境等方面阐述上海村庄人居环境特征。第4章从客观指标、居民认知和居民行为等角度对上海市乡村人居环境进行评价。

第5—6章为分区类型研究。第5章、第6章分别详细阐述农业乡村地区、半城市化乡村地区乡村的区域背景、空间分布、社会经济、建成环境等内容。

第7章为理论总结。结合文献理论对上海乡村人居环境的形成变迁机制进行理论总结,探讨上海村庄主要问题和未来的发展趋势。

最后一部分为附录。为减轻读者阅读负担,同时考虑便于感兴趣的读者作更详尽深入的了解,附录部分提供了必要的数据分析结果。

第 2 章 上海都市区地域特征和类型

2.1 都市区和半城市化

2.1.1 都市区

改革开放以来,沿海都市区迅速崛起。作为城市化发展到一定阶段的产物,都市区表现出城乡地域边界和社会边界的逐渐模糊消解、郊区乡村发展质变等特征。大都市像一个高能磁场,对外围原乡村地区产生巨大影响并使其发生质变,这种由大都市以及转变中的外围半城市乡村地区组成的区域即都市区。在西方国家,都市区主要伴随着郊迁化和人口通勤而形成,但在我国则与城市广域拓展、郊区地方政府的工业化城镇化诉求、外国投资以及长距离乡城移民迁入等多种因素密切相关。

一定规模的中心城市、发生质变的外围乡村地区以及中心城市与外围乡村地区一定程度的联系,构成都市区的三个不可或缺的因素。例如,美国的都市区(Metropolitan Area,MA)界定中以 5 万人以上城市化地区(Urbanized Area,UA)所在县为中心县,与中心县毗连的外围县应满足以下标准:县域非农就业比例达到 75%以上;人口密度大于 50 人/平方英里(1 平方英里≈2.59 平方千米)且近 10 年人口增长率不低于 15%;至少 15%的就业人口向中心县通勤或双向通勤率不低于 20%。

2.1.2 半城市化

半城市化通常指乡村和城市之间的过渡(Transitional)状态,其隐含观点强调时间(Temporal)过程,就具体地域而言,半城市化现象是临时的并最终会落入城市或乡村范畴中,因此对半城市化现象的态度多为负面。生态恶化、社会隔离、景观破碎等都被视为半城市化的典型现象,半城市化地区被视为需要调整改造的对象,其隐含目的是消灭半城市地区。然而另一方面,过渡状态也可以视为空间范畴层面的,即城乡特征混合的地区或状态,因此半城市地区可以被视为一种地域类型。都市区化作为城市化的高级阶段而广受赞誉,而作为都市区重要组成部分的半城市地区却饱受诟病,显示了知识话语相对于发展现实的滞后性。

2.1.3 地域界定

就都市郊区而言,都市区和半城市地区在很大程度上可视为同一现象的不同视角:都市区侧重都市外围地区与中心城市的联系强度,而半城市地区侧重都市外围地区的质变程度。两者之间存在较强的正相关性,即半城市化程度越高,与中心城区联系越密切,反之亦然。由此产生的关注点是:都市区或半城市地区如何界定,都市区和非都市区的边界如何界定? 都市区内城市地区和半城市地区如何区分?

当前关于都市区或半城市地区的界定远未形成共识,且与"城市圈""城市群""城市连绵区""城乡一体化地区"等概念混杂。作为构成这些概念的基石,都市区及其主要构成的半城市地区亟须明确界定。

都市区外边界即都市区与非都市区界线的界定,按照度量方法具有以下三种界定思路:①距离度量。如日本的一小时生活圈,又如 Webster[28] 将以 50 km 为界的杭州半城市地区分为城市影响为主的内圈和地方工业化为主的外圈。②联系度量。大部分国家都市区联系度量主要基于中心与外围之间的通勤联系,尽管也有一些文献对中国都市区界定进行了经验研究[29],但由于我国就业空间更为零散,就业中心性不如西方国家显著,城市外围地区所受影响未必来自中心城市,例如浙东、闽南等地半城市地区的形成更多是与邻近沿海的宏观区位和特殊社会文化氛围有关,而非中心城市的影响。③属性度量。属性度量回归到都市区或半城市地区的本质上,即受中心城市影响或其他因素影响而发生质变的地区,体现了城乡过渡、混合的特征,更能够反映出都市区或半城市地区的本质特征和多元动因影响。迄今为止,基于属性度量的都市区或半城市地区鉴别研究仍处于探讨阶段,远未达成共识[30-31]。

与都市区相比,半城市地区的界定更为模糊,原因在于都市区的界定指标多为单向性指标,而半城市化特征体现的是一种介于城乡之间的过渡或混合状态,指标的指向性更为模糊。

早期属性度量为单指标度量,利用初始指标[32-33]或诸如城市性(Urbanity)/乡村性(Rurality)等建构指标进行度量,在此基础上通过突变点法确定指标梯度上的"自然"断点[34]。另外一种思路是通过多指标的聚类分析方法[35-36],为避免尺度效应和区划效应,要求聚类单元尽可能足够小而均质,鉴于村、居委会是较小统计单元且具有较高均质性,是较为理想的聚类单元[4]。

都市区外部边界范围通常在县级尺度上进行界定,都市区内的城市地区和半城市地区边界要求在更小的尺度(如村居、乡镇)上界定。鉴于上海乡村发生了较高程度的质变,无论从指标还是距离上看,上海郊区属于都市区范围应该没有疑义,其中略显不足的是带有较强农村特征的崇明区(表 2-1)。都市区内的地域细分将在后面通过聚类分析进行。

表 2-1　上海郊区各区面积、人口与经济概况(2018 年)

区	闵行	嘉定	宝山	浦东	奉贤	金山	松江	青浦	崇明	合计
面积(km²)	372	459	300	1 210	687	586	605	676	1 185	6 080
人口(万人)	254	159	204	555	115	81	176	121	69	1 454
GDP(万元)	2 014	2 363	1 392	10 465	842	760	1 580	1 074	351	20 840
一产(%)	0.1	0.1	0.1	0.2	1.2	1.2	0.4	0.8	6.2	0.4
二产(%)	44.2	68.1	40.1	24.0	53.8	53.7	50.8	43.6	39.9	37.6
三产(%)	55.7	31.8	59.8	75.8	45.0	45.1	48.8	55.6	53.9	62.0

资料来源:2019 年《上海统计年鉴》。

2.2　都市区乡村的特征

2.2.1　非农化

半城市地区的过渡性主要体现为经济产业、社会就业和地域空间的非农化。

受上海城市的辐射,上海郊区乡村的工业化起步较早。如民国初年川沙出现了花边厂和毛巾厂,嘉定县三次产业比例由 1949 年的 55.8∶26.5∶17.7 发展为人民公社前夕(1958 年)的 38.5∶49.8∶11.7,改革开放前夕的 1978 年达到 32.3∶52.4∶15.3①。改革开放以后,随着乡镇工业的发展,各郊县开始了迅速的工业化进程,至 2000 年除崇明以外,郊区各区县第一产业比例均下降到 10%以下,非农产业居于绝对主导地位(表 2-2)。

表 2-2　上海郊区各区县非农产业产值比例变化(%)

年	产业	闵行	嘉定	宝山	浦东	奉贤	金山	松江	青浦	崇明	合计	全市
2018	一产	0.1	0.1	0.1	0.2	1.2	1.2	0.4	0.8	6.2	0.4	0.3
	二产	44.2	68.1	40.1	24.0	53.8	53.7	50.8	43.6	39.9	37.6	29.8
	三产	55.7	31.8	59.8	75.8	45.0	45.1	48.8	55.6	53.9	62.0	69.9
2010	一产	0.1	0.5	0.3	0.7	3.2	0.9	3.1	1.5	9.7	0.9	0.7
	二产	34.9	65	44.7	43.2	65	68.1	61.1	60.5	55.7	51.8	42.5
	三产	65	34.5	55	56.1	31.8	31	35.8	38	34.6	47.4	53.6
2000	一产	2.2	2.1	2.7	1.7	8.9	6.7	9.2	6.1	23.9	3.7	1.8
	二产	56.3	67.2	48.4	53.1	57.4	61.1	49	60.8	38.2	55.0	50.2
	三产	41.5	30.7	48.9	45.2	33.7	32.2	41.8	33.1	37.9	41.3	48.0

资料来源:根据上海统计年鉴及各区县统计年鉴整理。

与产业结构变化相比,更为重要的是体现社会身份的就业结构变化。据嘉定县志,1919 年,嘉定县就业人口中农业占 75%;1947 年,农业就业仍占 74%,工业和商业服务各占 13%左右。到计划经济末期的 1978 年,农业就业比例上升到 86%,城乡二元结构下乡村农业的内卷化进一步加深。改革开放后,农业就业比例迅速下降到 1982 年的 49.1%,二、三产业就业上升至 37.8% 和 13.1%。此后随着乡镇工业的兴起,农业就业比例迅速下降,2000 年降至 10%,工业就业比例达到 60%。2000 年后随着外部投资的兴旺,外来人口大量涌入,2000—2010 年,嘉定从业人口从 43 万人增至 94.2 万人,农业就业份额下降到微不足道的 2.3%,二、三产就业分别达到 60.9%和 36.8%(图 2-1)。需要强调的是,嘉定就业变化并非特例,就传统的 10 个郊区(包括今属浦东新区的南汇区)而言,2000—2010 年其劳动力由 517.6 万人增至 927.5 万人,农业就业由 18%下降到 3.9%。

① 上海市嘉定县县志编纂委员会.嘉定县志[M].上海:上海人民出版社,1992.

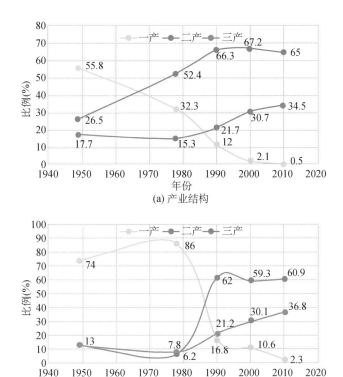

图 2-1 嘉定 1949—2010 年产业和就业结构
资料来源：根据嘉定县志、嘉定统计年鉴、嘉定区人口普查资料绘制。

产业结构和就业结构表明，在就业、户籍管控放松的情况下，个体出于理性选择会转向劳动相对收益较高的非农行业。利用就业结构和产业结构可以计算出不同时期的产业相对生产力，也就是从事不同行业的相对收入报酬。对嘉定的数据分析结果表明，第一产业的相对生产率始终最低，工业最高，商业介于两者之间。农业相对生产力最高的时期为 1949 年（0.8）和 1990 年（0.7），最低的为 1978 年（0.4）和 2000 年（0.2）。二、三产业的相对生产力最高时期为 1978 年，分别为 8.5 和 2.0，改革开放后随着非农产业份额的提高，相对生产率逐步下降到 0.9～1.2 之间（图 2-2）。表明非农产业尤其是工业的较高劳动生产率主要是制度政策的产物，改革开放后的相对劳动生产力差异的迅速缩小表明乡村居民相对较高的适应性，能够根据利益权衡有针对性地对制度政策变化迅速响应或抵制。

随着非农化的发展和城市向郊区乡村的拓展，以乡村聚落和农业用地为主的用地特征发生了变化，大量的土地被用于建设工厂、城市住区和休闲娱乐、公共服

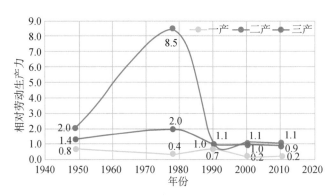

图2-2　嘉定三次产业相对劳动生产力
资料来源：根据嘉定县志相关年份产业结构、就业结构计算绘制。

务设施。上海主要半城市化地区（面积4 495 km²，不含浦东新区和崇明区）的建设用地份额由1990年的5.9％增至2000年的7.2％和2009年的23.4％[37]，2000年以后随着外部投资、城市疏散和外来人口的大量涌入，地域空间非农化速度加快。从建设用地构成看，2000年以前的建设用地扩张以工业用地为主，1997年建设用地中七成以上为工业用地。2000年以后生活居住用地份额逐渐上升，2009年生活居住用地由24％上升到42％，工业用地比例下降到58％，表明以20世纪90年代中期实行分税制为标志，郊区空间开发的主导动力由工业化转为城市化。

就业、产业和用地的非农化表明农业在都市区中的地位大大下降，其经济活动和人口就业均以非农产业为主，农业产值和就业占比逐步降到微不足道的地步。但作为半城市化地区的都市区乡村，依然具有较为明显的乡村特征，保留较大比例的农业用地和一定程度的农业活动。尤其是在我国，农民或农业活动很少的都市区乡村依然被视作乡村，其原因在于中国本身的制度设计，如农业户籍人口和农村集体土地权属制度等。尽管改革开放以来上海郊区已经实现了产业和就业的非农化，但上海依然具有较多数量的行政村村民和农村集体土地。2010年上海市有行政村1 682个，尽管在村居地域单元（5 432个）中的数量占比仅为31.0％，但面积却达到4 625 km²，占上海总面积的72.9％。农村集体所有制将村集体土地、农村人口和集体权益结合在一起，形成了相对排他性的单位组织。尽管改革开放以来随着城市的拓张，农业人口逐步从计划经济末期的41.3％下降到2014年的9.7％（表2-3），2017年以后更取消了农业、非农业人口的区别，但是由于农村集体所有制依然存在，与农村集体及集体土地具有关联的村属户籍常住(即居住地和户籍地都在本村者)人口 2010 年约有 200 万人,本区县户籍人口为 302 万人,分别占同期上海市户籍人口的 14.2％和21.4％。可见,仍有较多的非农人口实际为村庄户籍人口,将村属户籍人口转为非农人口或取消农业非农业户口并未改变村集体所有制特征。

图 2-3　上海村居政区类型分布(2010 年)
来源:根据上海市"六普"村居属性绘制。

表 2-3　上海若干年份农业人口

年份	户籍人口(万人)	农业人口(万人)	农业人口份额(％)	外来人口(万人)	外来人口份额(％)
1978	1 098	453	41.3	6	0.5
1990	1 283	419	32.6	51	3.8
2000	1 322	335	25.3	387	23.6
2010	1 412	157	11.1	898	38.6
2014	1 439	139	9.7	987	40.7
2018	1 455	—	—	963	39.8

注:2017 年后取消农业户口和非农业户口,统称居民户口。
资料来源:1949—2010 年上海历年统计年鉴,2015 年和 2019 年上海统计年鉴。

2.2.2　人口流动性

　　尽管沿聚落层级向上迁移为我国人口流动的常态,但都市区乡村因邻近大都市的区位交通优势,成为吸引国内外产业投资的理想地区,同时因集体土地上的住房有效降低了规划建设的许可成本,能够为外来劳动力提供廉价的可负担住房,大都市乡村无论对资本还是劳动力而言均具有较高的吸引力,是我国各省份乡村中为数不多的人口净流入地。"六普"乡村地区净迁移率数据表明,与全国范围内乡村的普遍净流出相比,上海、北京乡村为仅有的两个净迁移率为正的乡村地区,上海乡村不仅吸引了全国范围的乡村人口,同时也能够吸引大部分省区的镇乃至城市的人口,说明了地处大都市区的区位优势能够弥补乡村聚落的梯度层级劣势。

随着郊区半城市化程度的加深,人口流动性也在不断增强。首先是大量外来人口的迅速增长,1990年以后上海外来人口增长迅速,绝对量从1990年的56万人增至2000年的387万人和2010年的898万人,在常住人口中的占比也从3.8%分别增至23.6%和39.0%,外来人口对常住人口增长的贡献率达到80%以上。在此过程中郊区乡村地区承载的外来人口份额也在不断提升。2000—2010年,尽管郊区村委会数量由2 721个下降为1 625个,份额从43.5%下降到30.9%,但其承载的外来人口却由171万人上升到432万人,份额也由44.3%提升到48.1%(表2-4)。这意味着近一半外来人口分布于村委会,如考虑构成郊区城镇和城市边缘区的郊区居委会即城镇,郊区承载了80%以上的外来人口。与外来人口涌入的趋势相反,乡村地区沪籍人口①迅速减少。城市的拓展导致了原有村庄改为居委会,以及村民因外来人口涌入所导致的社会治安和环境恶化等而逃离村庄,两种因素均导致了村委会沪籍人口的减少,2000—2010年村委会沪籍人口数量由340万人下降到257万人,在全市户籍常住人口中的份额也由27.1%下降到18.3%。乡村地区人口的高度流动性导致了典型的人口侵入与接替过程。

表2-4　上海不同户籍状态人口2000年与2010年分布状况

时期		常住人口			沪籍常住人口			外来常住人口		
		城区	城镇	乡村	城区	城镇	乡村	城区	城镇	乡村
2010	数量(万人)	699	914	689	524	623	257	175	291	432
	份额	30.4%	39.7%	29.9%	37.3%	44.4%	18.3%	19.5%	32.4%	48.1%

---

① 上海人口普查的本地、外来人口区分在各政区层级上均以有无上海市户口区分,因此称为沪籍人口,以区别于户籍在相应政区的户籍人口。当然,对大部分政区而言,其沪籍人口主要为户籍人口,市内流动的非户籍人口较少。

(续表)

时期		常住人口			沪籍常住人口			外来常住人口		
		城区	城镇	乡村	城区	城镇	乡村	城区	城镇	乡村
2000	数量(万人)	693	437	511	563	351	340	130	86	171
	份额	42.2%	26.6%	31.2%	44.9%	28.0%	27.1%	33.5%	22.2%	44.3%

注:表中第二栏"沪籍常住人口"指拥有上海市户籍的人口,并不限于本村户籍人口。
资料来源:根据"五普""六普"村居数据计算。

2.2.3　空间拼贴

《拼贴城市》(Collage City)[38]一书将城市视为不同时期多种风格建筑的拼贴。与城市相比,都市区乡村具有更强的拼贴特征,郊迁化、异地城镇化和就地城镇化等多重动力在都市区乡村地区上演,形成了不同于相对均质传统农村地区的多种功能地域混合拼贴,复杂多样的用地类型常常比邻而居。大都市郊区乡村的空间拼贴表现为用地类型多样化、空间结构扁平化和空间景观破碎化。

一是类型多样化。传统乡村地区中,除相对均衡分布的城镇中心地以外,多为同质性程度较高的均质地域。但在大都市乡村地区,空间的使用者从本地居民为主转向兼有本地居民和来自中心城市、都市区以外的"他者",对原乡村空间的不同使用需求导致了土地用途的多样化。在传统的城镇、村庄建设用地和农用地之外产生了新型用地空间,诸如产业园区、大学园区、主题乐园、赛车场、远郊别墅区、大型居住区、郊野公园等新型功能地域,城镇型产业空间、居住空间、休闲空间与传统农村空间呈错综拼贴之势。

二是结构扁平化。传统农村地区具有明显的聚落层级系统,各层级聚落具有明显的腹地范围,中心—腹地结构特征显著。随着都市区乡村用地多样化和城乡职能的混杂,从传统乡村到大都市各种过渡形态被"空间压缩",导致了空间结构的扁平化,原有的层级化聚落系统被"压扁"至相同或狭窄的层级内。其主要特征表现为:原有均衡布局的中心地层级系统变为中心城市距离衰减规律主导的圈层结构;城市政府的强势主导权,使得城市功能在外围地区的疏解、植入可以无视原有聚落格局的限制,从而导致了都市区乡村空间格局的随机性和不确定性;聚落中心地与腹地之间的界限模糊,差异缩小,尽管原有城镇聚落依然存在,但乡村腹地出现了产业园区、休闲游憩区、大型居住区等城市性功能区。

三是景观破碎化。半城市化的后果为整体连续的乡村景观和农田生境遭到破坏,城市景观和乡村景观的交织混杂导致用地景观的破碎化,主要表现为景观斑块数量增长、平均斑块面积减少和用地破碎化程度的增长。田莉、戈壁青[39]的研究表明,1990—2005年以来上海半城市地区景观破碎度逐步增长,2005年以后趋势逐步扭转,主要原因在于政府大型项目的导入和规划干预的强化(表2-5)。

表2-5 上海主要半城市化地区1990—2009年景观破碎度变化

年份	1990	1995	2000	2005	2009
斑块数量(NP)	99	106	155	449	358
斑块平均面积(km²)	2.66	2.79	2.11	1.11	2.95
景观破碎度(LFD)	0.37	0.35	0.47	0.90	0.34

注:其主要半城市地区为扣除原浦东新区和崇明的各郊区区县,面积4 495 km²。
资料来源:田莉,戈壁青.转型经济中的半城市化地区土地利用特征和形成机制研究[J].城市规划学刊,2011(3):66-73.

2.3 上海都市区地域类型

2.3.1 空间类型鉴别方法

上海郊区乡村的地域分化意味着原有同质性较强的村庄发生了变化,如何鉴别上海乡村地域类型成为理解上海乡村的前提。类型研究是一种重要的基础研究,通常取决于研究目标和相应的鉴别标准,如何建立"综合"的类型划分一直是探讨的难题,研究范围、空间精度、依据指标等都会对类型划分产生影响。

1) 空间精度

空间精度即用于分析的基本地域单元尺度与层级,由于空间研究中的可塑性面积单元问题(MAUP),基本分析单元的空间尺度和空间划分均会对空间结果产生影响,因此确定合理的基本分析单元尤为重要。基本分析单元选择的原则为:较高的内部一致性和外部差异性,由此可得到较为理想的均质单元。鉴于村(居)委会(下文简称"村居")尤其是村委会作为长期稳定的地域,形成了较为稳固的集体组织和空间认同,故选择村居作为地域类型划分的基本单元。从村居实际大小看,70%的村居面积在 0.5 km² 以下,少数面积较大的村居多数为原农场改设,面积很少超过 5 km²,村居系统能够较好兼顾地域的均质性和混合性特征(图 2-4)。

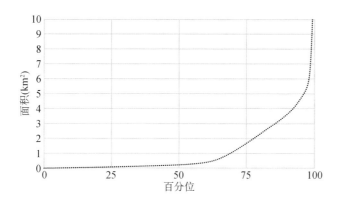

图 2-4　上海市村居面积分布图(2010)
注:为更好地反映大部分村居面积,图上截除了面积 10 km² 以上的少数村居。
图片来源:根据"六普"数据绘制。

2) 类型鉴别指标

乡村地域的"综合"分类,在原则上要求尽可能纳入较多的地域相关特征属性,例如人口、社会经济、土地使用、生态环境、公共设施等,但鉴于村居数量较多、统计数据不完善,需选择有意义、易获得的指标数据。考虑到半城市化的主要动因为社会经济变化,都市区内的城市、乡村聚落本质上是人们生活居住的地方,因此以居住于其间的人口属性及其生活状态数据进行聚落类型划分,无疑更能够反映聚落的本质特征。因此,本研究在借鉴地人口学(Geo-demography)的基础上,利用人口普查数据的属性指标进行地域类型鉴别。

借鉴地人口学方法的指标选择,研究从村(居)委会层级"六普"数据挑选16 个指标作为聚类分析指标,这些指标涉及人口学特征、社会经济特征和居住特征三个方面。

表 2-6　聚落聚类分析指标

因子	指标	意义
人口学特征	人口密度（人/km²）	空间集聚程度
	非农业人口比例（%）	社会保障水平
	非沪籍人口比例（%）	社会异质性
	年轻成人比例（%）	年龄结构
社会经济特征	初中及以下学历人口比例（%）	人力资本
	工资收入者比例（%）	收入构成
	农业生产人员比例（%）	就业结构
	第二产业从业人员比例（%）	
	商业服务业从业比例（%）	
居住特征	小住房（<60 m²）居住者比例（%）	居住水平
	中型住宅（60~120 m²）居住者比例（%）	
	平房居住者比例（%）	开发强度
	私租房者比例（%）	住宅保障程度
	自建房居住者比例（%）	
	月租 500 元以上住宅居住者比例（%）	住房价格
	2000 年以后新建住宅居住者比例（%）	住房质量

3）鉴别方法

地域类型鉴别主要包括分类（Classification）和聚类（Clustering）两种方法（图 2-5）。分类是在类型已知的情况下根据特定指标标准将研究客体纳入已有类型范畴，例如聚落可以根据建构的城市性、乡村性指标分为村庄、镇和城市。分类的优势在于分类目标和指标明确直观，但缺点在于分析视角和指标数量有限，限制了对研究对象的整体把握，难以处理属性指标较多的对象。聚类的主导思想为"物以类聚"，在类型不明确的情况下根据对象的属性特征相近性将其分为不同的类，原则是类内样本的相似性最高而类间差异性最大。与分类相比，其所分析属性的数量不受限制，因此更能从整体上把握对象样本的所属类群（cluster）。聚类分析的缺点对应着分类的优点，即所得到的簇的特征不够直观，需结合属性值组合状况进行分析。聚类方法因为可以更方便、更全面反映样本间的内在相似和差异程度，故而已成为目前类型划分研究的主要方法。本研究采取聚类方法。

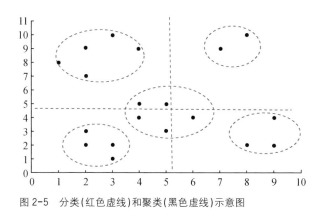

图 2-5　分类(红色虚线)和聚类(黑色虚线)示意图

聚类方法很多,常见为 K-means 聚类和系统聚类。鉴于系统聚类容易受到异常值的影响而出现较多的单样本类型,研究采取 K 均值的方法。为解决 K 均值聚类需要事先设定聚类簇数量的问题,采取逐步二分聚类的方法,即对全体样本首先分为两类,然后对感兴趣的类再分为两类,以此类推,结合样本现状特征的认知和属性考察,细分直至不再具有意义为止。

2.3.2　都市区地域类型

1) 城市地区和乡村地区

全部 5 432 个村(居)委会的初步二分聚类结果表明,聚落最明显的分类特征是按照城乡属性分类的城市地区和乡村地区。尽管属于乡村地区的村居数量仅占 34.6%,但面积却占市域的 85.6%,2010 年承载的常住人口近 810 万人,份额达到 35.2%(表 2-7)。

城市地区、乡村地区二分聚落与居委会、村委会的区分匹配很好,93.65% 的居委会属于城市地区,97.6% 的行政村属于乡村地区。少量差异表现在两个方面,40 个村委会被鉴别为城市地区,包括城中村和国有农场,两者居民的社会经济属性更接近于城市(图 2-6)。更多的(238 个)居委会被鉴别为乡村:第一种情况是不发达乡镇镇区和开发飞地上的新设居委会,尽管行政上属于城市类型,但居民的乡村特征仍较为明显;第二种情况是城市内部的外来乡村人口集聚区,行政上为居委会,属城市型政区,但因具有较多的外来乡村移民,在研究中被误判为乡村地区。严格说来需要根据实际情况进行更正,但由于此类情况较少且不影响研究主要结论,因此在统计上未予更正。

表 2-7　城市地区和乡村地区

类型及合计	数量、面积及人口	城市地区	乡村地区	合计
居委会	数量	3 512	238	3 750
	面积(km²)	870	846	1 716
	常住人口(万人)	1 474	130	1 604
行政村	数量	40	1 642	1 682
	面积(km²)	107	4 518	4 625
	常住人口(力人)	19	680	699
合计	数量	3 552	1 880	5 432
	面积(km²)	977	5 364	6 341
	常住人口(万人)	1 493	810	2 303

■城市　　□乡村

图 2-6　上海的城市地区和乡村地区分布

2) 半城市化乡村和农业乡村

　　鉴于研究焦点为乡村地区,进一步对其进行二分聚类,可得到半城市化乡村和农业乡村。半城市化乡村与农业乡村面积范围基本相当,其比例为 57∶43,但由于半城市化乡村包含了绝大部分(94.1%)面积较小的乡村型居委会,因此半城市化乡村和农业乡村的村居政区数量比例为 61:39,约六成的乡村型村居发生了半城市化(表 2-8、图 2-7)。同时,由于半城市化乡村地区具有较强的城市性,人口密度高于农业乡村,是外来人口的主要承接地,其承载人口要远多于农业乡村,两者的人口比例高达 78:22。

表 2-8　半城市化乡村和农业乡村

类型及合计	数量、面积及人口	半城市化乡村	农业乡村	乡村合计
居委会	数量	224	14	238
	面积(km²)	781	65	846
	人口(万人)	128	2	130
行政村	数量	918	724	1 642
	面积(km²)	2 285	2 243	4 518
	人口(万人)	506	174	680
村居合计	数量	1 142	738	1 880
	面积(km²)	3 065	2 298	5 364
	人口(万人)	634	176	810

图 2-7　上海半城市化乡村和农业乡村分布

3) 半城市化乡村:开发导入型和市场驱动型

半城市化乡村进一步聚类可鉴别出开发导入型半城市化乡村和市场驱动型半城市化乡村。开发导入型半城市化乡村主要体现了政府力支配下的城市空间拓展,通常将重大开发项目以飞地形式置入半城市化乡村地区,诸如产业园区

（张江、金桥、漕河泾、临港、长兴岛等）、大学城（松江大学城、海湾大学城、同济嘉定校区）、重大交通基础设施（浦东机场、临港新城）、大型居住区以及大型文体休闲设施（F1赛车场、东滩、东平森林公园、东方绿舟）等。市场驱动型半城市化乡村主要在市场力影响下自发形成，外来投资、地方政府的开发动机和外来人口的就业动机相互契合，共同促进了以非正式经济为主导的半城市化。尽管其中不乏大型跨国企业和正式的工业园区，但更多的是建立在集体土地租用基础上的小型民营企业和租赁农村房屋的众多个体工商业。

从基本单元数量、面积和人口比例看，市场驱动型半城市化乡村居于主导地位，呈连片蔓延趋势，开发导入型则呈孤岛状散布于重点开发地区。尽管开发导入型半城市化乡村的村居单元数远小于市场驱动型（约为3∶7），但开发导入型半城市化乡村地区拥有的居委会数量远多于市场驱动型（约为8∶2），体现了开发导入型半城市化乡村的高度政府主导特征。在半城市化乡村中，开发导入型和市场驱动型的面积比例为35∶65，人口数量比为25∶75。这说明尽管开发导入型半城市化乡村具有较高比例的居委会，但其人口密度低于市场驱动型半城市化乡村，主要原因在于，开发导入型地域除少数大型居住区以外，多为以产业、公共设施、基础设施为主的非居住用地（表2-9、图2-8）。尽管其居住建筑密度高于市场导向型半城市化地区，但居住建筑以商品房或动迁安置房为主，大量外来人口无法负担此类住房。而市场驱动型半城市化乡村多为政府控制力量较弱的村庄，房价低廉且管理较为宽松，成为大量外来人口青睐的聚居地。

表2-9　开发导入型半城市化乡村和市场驱动型半城市化乡村

类型及合计	数量、面积及人口	开发导入型	市场驱动型	合计
居委会	数量	178	46	224
	面积（km²）	627	153	781
	人口（万人）	90	38	128
行政村	数量	162	756	918
	面积（km²）	436	1 849	2 285
	人口（万人）	68	438	506
合计	数量	340	802	1 142
	面积（km²）	1 063	2 003	3 065
	人口（万人）	158	476	634

图 2-8　开发导入型和市场驱动型半城市化乡村分布

2.3.3　地域特征与分布

1) 地域类型特征

　　城市地区、半城市化乡村、农业乡村在城乡梯度上的次序是十分明确的,需要辨别的是开发导入型半城市化乡村和市场驱动型半城市化乡村在城乡序列中的位置,即哪种类型更接近城市,哪种更接近农业乡村。

　　不同类型村居单元的指标均值能够为此提供有效信息,为更明确反映各类型指标均值状况,分析采用了区位商(Location Quotient)的方法,并将区位商大于 2 的指标定为强指示指标,1.0~2.0 者为弱指示指标。从指标区位商看,城市地区的主要特征在于:高人口密度和高房租、较高的非农业人口比例和中型住宅比例,而农业乡村的主要特征为较高的农业从业者比例和自建房比例。开发导入型半城市化乡村在非农业人口比例、中型住宅占比、高房租等城市指标特征方面更趋近于城市而与乡村差异较大,市场驱动型半城市化乡村在农业就业比例、自建房比例等农业表征指标方面更接近农业乡村而与城市地区差异较大。由此表明,开发导入型半城市化乡村更接近城市地区,原因在于其具有较强的政府干预,而市场驱动型半城市化乡村更接近于农业乡村,政府干预较弱,由此可以看出,政府干预成为影响空间类型的重要因素。

此外,两种半城市化地区也具有更多的共性指标,从而使其区别于城市地区和乡村地区,其中最明显的是较高的外来人口比例、较高的新建住房比例和较高的小住房居住者比例,显示出半城市地区具有一定的自身独有特征,尤其是政府控制较弱的市场驱动型半城市化乡村,外来人口比例和小住房住户比例最高,是上海市城郊工业和外来人口最为集中的地区,其特征既不同于城市,也不同于乡村,而是自成一格,这似乎表明半城市地区与其说是介于城乡之间的过渡状态,毋宁说是与城市、乡村并列的第三种地域类型(表 2-10)。

表 2-10　不同地域聚落指标均值区位商

指标	城镇地区	半城市化乡村		农业乡村
		开发导入型	市场驱动型	
人口密度	4.5	0.4	0.7	0.2
外来人口比例	0.5	1.2	1.6	0.4
非农业人口比例	2.5	1.2	0.5	0.6
年轻成人比例	0.8	1.0	1.1	0.6
初中及以下文比例	0.5	0.9	1.1	1.1
工资收入者比例	0.8	1.0	1.2	0.9
农业生产人员比例	0.0	0.9	1.9	30.1
二产生产人员比例	0.3	1.0	1.4	1.0
商业服务人员比例	1.2	1.1	0.7	0.5
小住房比例	0.8	1.2	1.6	0.4
中型住宅比例	2.0	1.1	0.3	1.0
平房比例	0.0	0.7	1.6	1.0
私租者比例	0.5	1.0	1.6	0.2
自建房比例	0.0	0.5	1.1	5.7
月租 500 元以上比例	8.5	1.8	0.4	0.0
2000 年后住房比例	0.4	1.2	1.3	0.5

2) 地域类型空间分布特征

城市地区主要分布于中心城区和郊区县城、建制镇镇区。上海的城市地区以中心城区为主体并向吴淞、闵行两个近郊工业区南北延伸,包括郊区的县城(即区政府所在地,下文仍按传统称"县城")和各级城镇,其中以松江、嘉定、金山、惠南、青浦等县城最为明显,形成了较大的集聚斑块,镇区则显得小而分散,说明一般镇的城镇化质量较差。城镇型聚落尽管并非本次研究的对象,但其空间分布状况对村庄具有至关重要的影响,在很大程度上支配了半城市乡村和农业乡村的空间分布格局。

上海半城市化乡村主要分布在近郊的闵行、宝山、嘉定、原浦东新区,并沿着闵行—奉贤一线向杭州湾北岸地区拓展。与此相应,农业乡村地区被半城市化地区分隔为三个相对集中的片区,即以金山、松江、青浦西南为主的西南片区,以南汇、奉贤为主的东南片区和北部的崇明片区。

上海市场驱动型半城市化乡村主要围绕中心城市和城镇间分布,具有典型的近郊分布特征,是半城市化乡村的主体。开发导入型半城市化乡村是政府主导下的城市建设方式在农村地区的移植,主要分布于中心城区外围(大场、顾村、江桥、南翔等)的大型居住区、远郊的大型项目开发地以及易于获得土地资源的沿江沿海农场,如临港新城、浦东国际机场、临港工业区、长兴岛工业基地等。

2.4　样本村庄调查

2.4.1　样本村庄选择

根据聚类分析结果,调研选择了嘉定南翔、青浦朱家角、金山廊下、浦东新区大团和崇明三星 5 个镇的 27 个村庄作为样本。尽管上海都市区六成以上的乡村为半城市化乡村,但为反映传统农业村庄在快速城镇化过程中存在的问题,因此对象选择偏重农业乡村,并选择适当数量的半城市化村庄作为对比(表 2-11)。由于开发导入型半城市化乡村较为特殊且数量较少,半城市化乡村分析中不再细分。在选择的 27 个村庄样本中仅有一个(景展社区,原属勇敢村)为新近分出的社区,其余 26 个均为村委会(表 2-12)。根据聚类分析结果,样本村庄中有农业村庄 19 个,占 70.4%,远高于实际村居比例(39.3%)。半城市化乡村 8 个,其中 2 个(静华、曙光)为开发导入型,其余 6 个均为市场驱动型。

由于 2015 年课题调查关注点为典型农业乡村,因此农业乡村样本比例较实际情况偏高,为农业乡村总体比例的 1.8 倍。在上海乡村人居环境研究中为将这种样本偏差充分考虑在内,拟采取以下解决对策:第3章、第4章上海乡村人居环境特征和评价部分将侧重于探讨分析其共性特点部分,并时刻注意一般特征总结基础上的类型差异对比。第5、6章分别对农业乡村和半城市化乡村开展更为深入的论述。

表2-11 样本及全部村居类型构成比较

类型	半城市化村		农业村庄	合计
	市场驱动型	开发导入型		
村庄总体(%)	802(42.6)	340(18.1)	738(39.3)	1 880(100)
村庄样本(%)	6(22.2)	2(7.4)	19(70.4)	27(100)

表2-12 样本村庄

所在镇	乡镇特色	数量	村庄
嘉定区南翔镇	近郊工业化、半城市化	8	*浏翔 新丰 **曙光 静华** 永丰 新裕 永乐 红翔*
青浦区朱家角镇	休闲农业旅游	4	淀峰 安庄 王金 张马
浦东新区大团镇	传统商贸城镇	6	团新 周埠 赵桥 车站 金园 金石
金山区廊下镇	生态休闲农业	4	勇敢[含景展(社区)] 山塘 万春
崇明区三星镇	偏远农村	5	大平 育新 育德 海洪港 邻江

注:*斜体*为半城市化乡村,***斜体加粗***为开发导入型半城市化乡村

图2-9 样本村庄及类型

2.4.2　乡村调查内容

2015 年"我国农村人口流动和安居性研究"课题旨在调研以下问题：都市区乡村人居环境如何？居民对乡村人居环境如何评价或认识？适居性及其认知对人口流动性有何影响？因此将村庄人居环境及居民认知和行为作为两大主题进行调研。调查从适居性和经济机会（就业、收入）方面分析人居环境，并结合居民行为分析人居环境的绩效。

村庄适居性调查涉及村庄的自然适居性（自然条件）和人工适居性（居住条件、建成环境、公共服务、基础设施、社会文化氛围等）以及自然—人为因素交互的适居性（环境质量、环境景观等）。

经济机会长期以来被认为是影响人口迁移的主要动因，因此厘清经济机会对迁移的影响对于制定有针对性的人口空间分布调节政策至关重要。影响村庄人口迁移的经济条件主要包括区域经济发展水平、经济资源与产业、收入、房价、生活成本等因素。

居民行为尤其是迁移可以视作不同个体对适居性和经济因素空间差异权衡后的"用脚投票"。因此村庄水平的人口变化和个体层面的迁移行为、迁移意愿构成了迁移调研的重点。

从适居性、经济因素到迁移并非简单的决定关系，按照行为学理论，客观条件被认知后方可对行为产生影响，因此从适居性、经济因素等客观存在到行动的过程中，贯穿着认知评价的问题。由客体到行为遵循着客体—认知—评价—意愿—行为的递进关系，因此居民个体层面对客观现实的认知评价也是本次调研关注的重点。

总体而言，适居性、经济机会、认知行为的相互关系研究应在村居和个体两个层面上进行，村居层面调查侧重对包括人口变化在内的客观现象的调研，个体层面则侧重对个体属性、认知评价、意愿和行为的调研，从而使聚落尺度与个体尺度的研究能够得到良好的相互验证，进一步促进村庄人居环境的作用机制探讨。

2.4.3   乡村居民样本

由于访谈对象多限于留守居民,样本在一定程度上存在偏差,即偏重对乡村具有较强归属感的本地留守村民。因此,了解访谈村民构成对于理解样本调查的局限是必要的。

1) 被访者状况

上海 27 个样本乡村中共访谈居民 489 位,其中半城市化乡村地区 165 份,农业乡村地区 324 份,因此样本总体结论侧重农业乡村地区。从户籍状态上看,450 份为本地人口,外来人口仅 39 份,样本具有较强的本地导向。

被访者年龄构成以中老年人口为主,其年龄中位数约为 60 岁,更多反映了上海乡村留守人口的生活状态和人居环境评价(图 2-10),因该部分人口的满意度门槛较低,因此得到的满意度评价普遍偏高。被访者性别比为 92.5,女性略多于男性,基本能够体现乡村留守人口的性别特征。

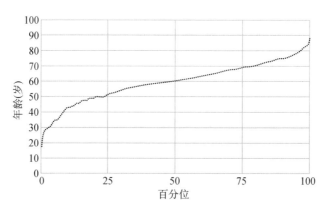

图 2-10   被访者年龄分布百分位图($n=489$)

被访者文化程度相对较低,在 483 份有效问卷中,初识、小学和初中文化比例分别为 18.0%、31.3% 和 35.2%,三者合计占 84.5%。429 份被访者就业有效问卷中,占比最高的分别为家务劳动(24.0%)、务农(23.5%)和务工(23.0%),三者合计占七成以上,与留守老人的就业特点一致。

2) 被访者家庭全员状况

鉴于分离式家庭已经成为乡村生活的常态,被访者具有强烈的留守人员偏差,因此居民访谈问卷中特地调查家庭全员人口状况作为补救措施,除主观印象和家庭状况外,调查涉及家庭成员(包括就业者和就学子女)的状况,旨在基于此建立较为完整的乡村家庭状况。基于家庭全员人口的调查将用于以下内容的人居环境研究,即第 4 章的乡村人居环境评价以及第 5、6 章的农业乡村和半城市化乡村人居环境现状特征分析。

489 位被访者的家庭成员总数达到 1 813 位,平均家庭规模为 3.7 人。但家庭成员或户上人数差异巨大,少的仅一二人,多者达到八九人,其中的原因在于被访者对家庭或户的概念理解有差异(图 2-11)。按照户籍标准而言,分立门户的子女及孙辈不算家庭成员,但从传统血缘关系看又可视为家庭成员,因此导致了一定程度的理解偏差,家庭边界的模糊性体现了费孝通所言的"差序格局"。由于对家庭或户的理解弹性,因此户上人数可视为家庭全员的局部样本,代表了被访者所认可的家庭成员数量,同时考虑到漏填漏报的情况,最后获得具有有效信息的家庭人口为 1 797 人,占家庭人口的 99.1%,其中处于就业阶段者 1 634 人,处于就学阶段者 163 人。

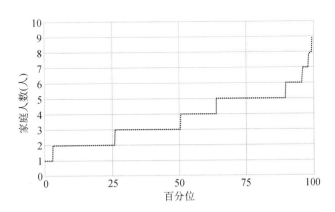

图 2-11　被访者家庭人数分布($n=489$)

2.4.4　调查局限及资料扩充

2015 年课题调研的主题是乡村安居性及人口流动性,旨在探讨国家政策中改善乡村适居性能否对乡村人口流动产生影响。研究报告基本结论为：乡村适居性对人口流动的影响效果不显著。以乡城迁移为代表的乡村人口流动基本由宏观社会经济环境决定，影响迁移的动机仍以经济因素为主，适居性的影响尚未得到充分体现。

　　针对人居环境和人口流动的调查具有很强的目标导向性，不能完全涵盖乡村人居环境的外延。首先是样本调查方法自身的局限。如前所述，孤立样本范式受到两方面的质疑：一是样本的代表性，此局限可以通过多类型调查予以弥补；二是对于具有悠久历史的中国乡村而言，乡村地域是高度组织化的，样本范式无法充分体现地域结构组织特征，弗里德曼曾认为适于原始社会孤立部落的社会人类学典型案例方法不适用具有成熟地域结构的中国乡村，为此必须引入地理的结构性视角进行解释，将村庄置于不同范围的地域结构中进行分析。其次，样本调研主要是基于现状的调研，对村庄演变的历史厚度研究不足，阻碍了对事物形成演变的历史探讨。

　　综之，尽管样本调研范式是乡村研究的基础，能够充分了解局部和当下，但其缺陷在于：由于缺乏空间广度和时间厚度，导致缺乏地域结构和历史变迁视角，故有"一叶障目""厚今薄古"之弊。为此，需要将乡村现状调查置于历史地理的时空背景中，主要的补救措施包括两个方面：一是加强对上海乡村整体的认知，但考虑乡村数据较为欠缺，无法通过扩大样本的方法进行补救，只能通过充分利用已有资料进行补充。人口普查资料具有齐全的村居尺度上的数据，涉及人口自然和社会经济特征，为理解上海乡村的人口、就业、居住提供了基础，但其不足是空间建成环境方面的数据涉及较少，研究利用建设部村镇司的村镇建设年报数据进行补充。此外，网上航拍地图等也为了解建成环境提供了有效信息，社会经济方面的资料则通过社会经济统计年鉴查询。因此，研究力求通过多方数据资料的整合，更准确全面地了解上海乡村的全貌。需要注意的是，所利用的现状资料并无严格的时间限制，如"六普"数据为2010年，社会经济统计年鉴的数据内容也在不同程度上变化。因此从较长历史跨度而言，将2010年以来的状况视为现状应不致影响研究结论。二是加强对乡村变迁的历史地理分析，关注乡村在历史地理时空过程中的变迁。其中尤需关注的是三个方向上的变迁影响：自然环境变迁的影响，地域结构组织变迁的影响，以及国家制度政策变迁的影响。为此广泛收集整理上海府县乡村方志资料以及历史地理研究文献资料，力求对乡村的时空变迁进行较为清晰的脉络梳理，以期使读者能够从更长远而广阔的时空视角理解上海乡村人居环境现在所面临的问题和挑战。"不谋全局者，不足以谋一域；不谋万世者，不足以谋一时"，斯言虽妄，然对乡村调查研究而言则不可不慎。

第3章　上海乡村人居环境特征

3.1　上海乡村的空间特征

　　人居环境属性并非都可进行价值判断,其中尤以空间特征最为明显。空间特征通常被视为一种中性的特征属性。譬如,乡村聚落形态中,开敞和紧凑、带状和组团不具备价值判断功能,乡村聚落分布的随机、集聚和分散也是对环境适应的结果,难有优劣之分。尽管空间特征难以品第甲乙,但乡村聚落空间分布和空间形态却是乡村地域及乡村聚落特色的重要体现,是乡村人居环境特征的重要组成部分。

3.1.1　行政村数量和规模

1) 行政村数量

　　根据前述地域类型划分,上海乡村地区涉及 1 642 个行政村①和 238 个居委会,分别占上海市行政村和居委会数量的 97.6% 和 6.3%,人口仅占上海市的 35.2%,面积占上海市的 85.6%,是上海都市区的重要生态、农业空间和城市拓展后备空间。

　　由"六普"数据分析得到地域类型(乡村地区、城市地区)与政区类型(村委会、居委会)具有高度的匹配性,鉴于非普查年份无法获得详尽的村居属性数据以鉴别功能意义上的乡村、城市地区,因此基本上可以用村、居委会分别代表乡村和城市地区进行分析。

　　20 世纪 90 年代以后,村庄数量迅速下降。除行政村合并原因之外,也有部分原因为靠近城市地区的村庄被纳入城区并改设居委会,2000 年之后村庄数量已经基本趋于稳定(表 3-1)。

---

① 行政村、生产队和村委会具有前后顺承关系,文中三者可以等同,以下除特别强调外,均称行政村。

表 3-1　改革开放后若干年份各郊区行政村数量(个)

地区	1984 年	2000 年	2010 年	2017 年
闵行	237	168	156	132
宝山	208	165	111	104
嘉定	268	171	151	143
浦东	330	272	227	212
南汇	345	339	185	153
奉贤	300	289	199	175
金山	236	156	124	124
松江	311	140	114	85
青浦	329	185	184	184
崇明	462	224	269	270
城区	0	31	19	8
合计	3 003	1 991	1 739	1 590

资料来源:1984、2000、2017 年数据来自上海统计年鉴,2010 年数据来自"六普"数据。

2) 行政村规模

　　村庄数量减少必然导致的结果是,行政村规模(面积、人口和所辖自然村数量)的扩大。根据"五普""六普"GIS 基础数据和 2015 年上海市农村村庄建设年报数据,可对现状行政村规模进行分析。

　　"五普""六普"时点和现状(2015)年的村域面积规模分布表明,行政村规模的主要变化趋势为村域面积普遍增加、村域面积规模差异加剧。2000—2010 年间,中位数规模由 1.76 km² 提高到 2.71 km²。村域面积规模分异加剧,小面积村域数量增长较快,反映了城市拓展中居委会设置对村域面积的分割。

　　行政村规模扩大同样表现在人口数量和所辖自然村数量上。2010 年,近 3/4 的村庄人口规模在 1 000 人以上,九成行政村人口在 500～3 500 人。村庄所辖自然村多数变化在 5～30 个。行政村所辖村民小组数量的中位数为 9 个,1/4 和 3/4 分位数分别为 4 个和 18 个。

3) 行政村数量、规模变化的逻辑

　　行政村两次数量下降、规模扩张均与国家对乡村的支配强化有关,集体化时期旨在组织农业生产为城市发展提供粮食,城市化加速期旨在从乡村获取城市发展所需的土地。尽管较大的村庄规模有助于克服地方本位主义的影响,有利于政府对乡村的控制和国家政令在乡村的顺利实施,但代价也十分显著。改革开放后实行村民自治,但村委会事权权限十分有限,乡村组织涣散、农村家庭原子化成为当前村庄的共性弊端,村民对村庄公共事务参与的积极性较弱。这一问题尽管具有多方面的原因,但过大的村庄范围削弱了乡村的地方凝聚力无疑是重要原因之一,村委会所含众多散布的自然村进一步加剧了内部协调难度,降低了地方凝聚力。

3.1.2　乡村聚落分布

由于上海基本没有制约乡村分布的自然条件约束,且行政村、村民小组作为制度空间单元要求具有均一性,因此无论是行政村、居委会还是村居民小组在宏观区域分布上的差异不大,更多是受到城市地区分布影响的村、居密度差异:远离城市的行政村和村民小组密度低、面积大,靠近城市的居委会、居民小组密度高、面积小。

上海乡村的聚落分布特征更多体现在地方层面,即自然村分布。行政村是一种类似政区的自治组织区域,尽管目前已经改名为村民委员会,但其设置、调整、合并、撤销在很大程度上取决于上级各级政府,与地方居民生活和意愿的关系甚少。因此,与相对整齐划一的行政村和村民小组比较,自然村更能反映乡村聚落分布的内生"自然—文化适应"特征。

1) 小而散的"散村"为主

乡村聚落分布涉及聚落规模及聚落密度,体现的是聚落与所依赖资源之间的关系,在特定的耕作范围内资源尤其是土地资源所能支撑的人口决定了聚落的规模及分布密度。根据聚落规模和分布密度,乡村聚落大致可以分为规模大、密度低的集村和规模小、密度大的散村。就全国状况而言,集村多分布于北方地区,聚落规模较大且相距较远,具有相对明确的空间边界,而散村多分布在南方地区,聚落规模小且相距较近,经常呈现连续带状分布,聚落之间缺乏明确的界线。

　　尽管散村、集村的历史变迁趋势还存在争议,一些研究认为"散村"是历史上的常态而集村是特定条件下干预的产物[40],但一般认为散村、集村可从农业生产模式进行解释。简言之,旱作农业的劳动投入相对较小、田间劳作频率较低,因此旱作农业的耕作半径较大,容易形成密度低、规模大的集村。相反,水田农业因劳动投入大、耕作频率高导致了较小的耕作半径,同时,水田农业的产出也相对较高,对耕地面积的需求不大,这些均导致农田—居住地的紧密结合,形成了小而密集的散村。除农业耕作方式以外,防卫的要求也能提供部分解释,北方战争相对频繁,社会动荡频率高,因此为加强集体防御,也在客观上要求具有较大的村庄。与此形成印证的是,居住在土、客矛盾尖锐的东南山区客家人也具有较大的村庄规模。由于上海所在的江南地区相对较为安定,且文化的统一性较强,也没有尖锐的族群冲突,因此倾向采取"散村"的布局方式。

　　以嘉定为例,其行政村面积和所辖自然村数量相关系数达到0.9以上,自然村(含聚落和周边农地)平均规模为 0.16 km²,并具有较强的时间稳定性。在东部高沙平原地区如崇明,乡村宅基分布更为分散,以至难以区分自然村(图 3-1)。

图 3-1　崇明的散村景观(三星镇及附近地区)

2) 沿河的圩岸分布

　　上海基本以"散村"为主的乡村聚落(自然村、自然镇)一般呈线型串珠状分布。这种线状散村分布模式与传统的圩田农作方式有关。由于圩田呈现四周高、中央低的"浅碟形"微地貌特征,农田通常位于地势较低的圩内,且需要定期漫灌以种植水稻,因此可供选择的居住地和旱作为主的园地多只能位于地势相对高敞的圩堤上,由此形成了沿河近圩岸分布的特征。水乡乡村聚落滨水而居的特征通常以水运交通解释,尽管这对交通要求较高的城镇较为适用,但对于交通需求相对较小的村庄而言,沿河而居与其说是出于交通需求,毋宁说是由于园宅对高敞地势的选择。例如,即使在河渠不通舟楫的东乡地区如崇明,其乡村也基本沿河分布。此外,"散村"的另一特征是园地布局在住宅周围形成园宅结合的居住方式,其原因也在于园地种植要求与水田的定期漫灌存在冲突。

与普遍的沿河圩岸分布相比,也有为数不多的自然村分布在地势低洼的圩田中部,相对而言,圩田中部的建设、交通条件均很差,一般多为边缘弱势群体所居,通常以"田肚"为村名。一些地区以此种区位用作村名,本身就说明位于圩田中部的村庄罕见。

只有当沿河聚落规模足够大或村庄足够密集时,才有可能克服河流的阻碍而与对岸的村庄实现聚落整合,并有可能升级成为市镇,从而形成跨越圩的村庄、市镇。而圩是最小的县下乡里组织单元,由此也解释了上海乃至江南地区沿河两岸村庄、市镇多分属不同制度空间(圩、图、都、乡甚至县)的状况。

由于干田化过程中河流湮塞开浚频繁和当代的农田水利改造,圩田在上海已经基本消失,村镇与圩岸河流的关系已不明显,但在聚落发育时间较短的崇明和南汇东部依然显示了较为清晰的村镇聚落—圩岸河流关系:村庄沿河分布,市镇跨河分布(图 3-2)。

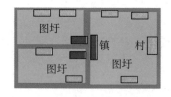

图 3-2　聚落—图圩关系示意图

3) 自然村与行政村的空间关系

县下地域政区组织,依据聚落状况,大致可以分为两种情形:在聚落以集村为主时,通常基于聚落进行组织;但在聚落以散村为主时,"编土"为主的圩就成为政区组织的基本单元。上海自然条件的东西部差异,导致了以冈身为界的东西乡也存在着聚落差异。

西部湖沼平原多以天然湖沼河流为主,地势低洼而水面开阔,洪涝威胁较大。圩田兴筑多就天然水面进行,工程量较为浩大,因此少数地势较高的墩台地貌就提供了为数不多的理想定居空间,居民倾向于增加耕作半径为代价集聚于墩台地区,从而形成了规模较大的村庄,因此行政村划分以聚落为主,兼顾"图圩"界限。如青浦区朱家角镇的张马村,尽管行政村范围与自然村表面看起来缺乏关联,但考虑到该村由原先的多个小行政村合并而来,合并之前的小行政村具有明显的聚落主导特征(图 3-3)。

图 3-3　基于自然村的行政村组织(朱家角镇张马村)
资料来源:根据百度影像地图绘制。

在冈身以东的高沙平原,河流多为人工开凿,尽管也加高圩岸,但主要用于灌溉而非防洪,由此也导致了东乡河流圩岸和定居地点选择具有较高的自由度,聚落沿着较为密集的人工圩田河网呈带状分布,从而形成了规模较小的散村。因村庄规模较小,公共事务相对简单而圩田水利灌溉合作的需求较高,因此现代行政村组织中聚落的影响较弱,河流分割的图圩成为当代行政村组织的主要原则。以崇明区三星镇南协村为例(图 3-4),其行政村均以河为界,行政村由围绕农田的沿河均质聚落组成,表明其村庄尚未发生组织分化,聚落主导特征不明显,行政村直接以土地组织为主。由此导致行政村域范围与村庄的社会地域并

不一致,村域范围内相对端的外围村落反而更倾向与相邻行政村的村庄进行社
会交往,自然村如何组成行政村缺乏合理的内在逻辑。

图3-4　基于图、圩的行政村(三星镇附近的行政村及村组界线)
资料来源:根据百度影像地图绘制。

3.1.3　乡村聚落形态

　　上海聚落形态的原生类型为水乡圩田耕作制度下形成的带状沿河分布。但
根据聚落长宽比及沿河朝向、纵深排数等特征,可将村庄聚落形态分为长带形、
短带形、紧凑带形和紧凑团块形四种类型。

1) 长带形聚落

　　上海最典型的分布特征为沿东西向河流的横向排列分布的长带聚落,由于
连续分布较长,自然村的界线很难判别,多数住宅呈单排或双排,很少出现三排
以上,反映了圩田制度下高爽圩岸对适居空间的进深限制。尽管当前圩田已经
消失,但长期形成的模式依然被继承。其次为沿南北向河流排列的带状形态,出
于朝向考虑,住宅采取垂直于河道的南北向布局。带状延伸形村庄多分布在北

部的崇明区和川沙、南汇东部新沿海平原地带(图 3-5)。其居住分布形式表明聚落分化程度较低,处于无序散居的阶段。

图 3-5 南汇东部的长带形聚落(书院镇附近)
资料来源:根据百度影像地图绘制。

2) 短带形聚落

主要分布在金山、奉贤和南汇西部等地,聚落为线性但延伸较短,通常与主要干河垂直,沿着垂直于干河的港汊布局,通常采取前路后港式。尽管聚落之间区分较明显,但聚落规模小而散,呈短线状小聚落散布的状态,尚未产生规模分化(图 3-6)。

图 3-6 短带形聚落(廊下镇山塘村)
资料来源:根据百度影像地图绘制。

3) 紧凑带形聚落

布局形式同于连续带状,但不同的是具有相对明显的向心性,带状延伸较短而进深拓展较明显,形成相对紧凑的沿河带状。此类村庄主要分布在青浦西部的淀泖低地,由于河湖众多、地势低洼,可供选择的高敞地带相对较少,因此连片情况不明显,形成了相对独立的紧凑聚落。如青浦区金泽镇杨湾村,包括杨湾、杨垛、建国三个可明显区分的自然村(图3-7)。事实上,这三个自然村在中华人民共和国成立初期为三个独立的行政村,表明,这种较大的自然村规模足以成立单聚落行政村。

图3-7　紧凑带形村庄(青浦区金泽镇杨湾村)
资料来源:根据百度影像地图绘制。

4) 紧凑团块聚落

为较大乡村聚落采取的布局形式,在历史上多为基层市镇或自然镇,中华人民共和国成立后没有获得乡镇政府驻地地位而沦为一般村庄,主要城镇也采取此种布局形式,尽管形态上较为延长,但较之小型村庄已经出现紧凑发展特征,历史上多为多个线形聚落填充合并形成,广泛分布于上海郊区(图 3-8)。

图 3-8　紧凑团块聚落(嘉定区外冈镇葛隆村)
资料来源:根据百度影像地图绘制。

5) 聚落形态差异的逻辑

　　长带形聚落、短带形聚落、紧凑带形聚落和紧凑团块聚落似乎构成一种演化序列,并存在着自东向西更替的空间趋势。其原因部分在于东乡高沙平原和西乡淀泖洼地的自然环境差异,但仅用自然条件差异因素尚不足以完全解释,如同属东乡地带的嘉定、宝山同样存在着较多的紧凑带形和紧凑团块聚落,因此必须引入时间维度的历史演变解释。

　　总体而言,上海成陆过程有着自西向东逐步拓展的趋势,这意味着西部地区较东部地区具有较长的聚落演化历史,因此聚落组织化程度较高。从空间分布上看,自然村难以明显区分的长带形聚落为未分化的初始形态,主要分布在成陆最短的崇明和南汇东部一带。短带形聚落已经可以鉴别出自然村,代表了演进的第二阶段,主要分布于西南部的泖河一带,该地为成陆很早的湖沼地带,但因接近杭州湾沿海地势相对较高,洪涝威胁相对较轻,聚落布局的自由度适中,因此可视为介于紧凑带形和长带形之间的过渡类型。紧凑带形主要分布在演变历史悠久且地势低洼的湖沼地带,村庄较长的增殖历史和较少的定居地选择使其相对紧凑发展。最后一类紧凑团块形多见于市镇,为乡村聚落长期增殖的结果,带状聚落的进深增加或合并周边村庄,体现了定居过程中的社会联系需求[41](图3-9)。

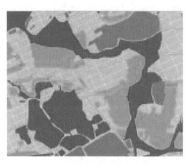

(a) 西乡淀泖地区   (b) 东乡高沙地区

图3-9　上海东、西乡典型村庄聚落形态对比
资料来源:李京生.上海江南水乡建筑元素普查和提炼研究[R].上海城市规划管理局咨询项目,2019.

当然,聚落形态类型的空间分异与自然、历史解释主要基于地区的主导聚落类型,并不排除即使同一区域也存在着因聚落层级差异导致的类型差异。如东部地区的市镇也呈现紧凑发展,而西部地区的小村庄也有长带、短带形态。可以说,自然环境、演化历史和聚落层级三个方面共同影响了聚落形态。

3.1.4　乡村聚落布局

此处的聚落布局指聚落个体的用地构成及其空间组合状况。相对于城镇而言,乡村聚落的用地构成较为简单,以居住为主,除宅基地之外的其他用地比例很少,主要包括附属园地、宅间道路,除少量村部驻地聚落具有少量文体卫公共服务设施外,公共服务用地较少。

住宅是乡村聚落的主体,尽管无法定量统计,但从调查样本村庄看,乡村聚落中居住用地比例约在七成以上,高于小城镇居住用地比例(50%)[42]。住宅用地体现为宅基地形式,尽管名义上是居住用地,但实际上具有储藏、绿化、停车等多种功能,是乡村居民的主要生活空间。

中国传统居住形态常有宅园结合的传统,传统时期由于住宅用地较为充裕,陶渊明诗有"方宅十余亩,草屋八九间"[①],唐代授田大率按"三口一亩"的标准给予宅地。故乡村文人多依宅建园,乡村平民也仿效这种习惯。随着土地资源的日趋紧张,园逐渐缩小为院落和宅旁园圃,上海传统乡村住宅多具有庭院或天井,宅旁空地用于种植竹木果蔬,宅后多植竹木以遮挡北风,故称"护居竹"。

中华人民共和国成立后,因宅基地面积所限,庭院消失,园圃规模进一步缩小,仅供满足家庭需求,面积多在一分左右。但村民仍利用四旁空间尤其是宅前宅后空间作为园圃,多栽植橘子、石榴、紫薇、柿树、枇杷等花卉和低矮果木或作为菜圃种植蔬菜,或将相当于原天井、宅院的宅前空间硬化以作为邻里交往空间,务农者农忙时则作为晾晒场地。因此,尽管村庄并无绿地,但其绿化和生态环境景观常优于城镇,主要原因在于具有宅旁绿化空间。改革开放之后对宅基地面积的控制更加严格,尤其是半城市地区由于外来人口住房租赁需求的上涨,越来越多的农村居民将宅基地满铺建房,宅基地上的建筑密度接近100%,挤压了住宅四旁空间,使得树木、园圃空间日益减少,生态景观日益劣化。

传统时期乡村交通同时使用水运和陆上两种方式,进入近现代后水运衰落,但部分水乡村庄依然保留部分河埠,以备泊船,兼作洗衣淘米洗菜之用,但鉴于河流污染,河埠亦逐步废弃。村庄布局对道路的依赖逐步增强,宅前道路通常位于园地前面,连接主要对外道路。因私家车逐渐普及,宅前场地又多用作停车。

除村部所在村庄具有文化室、图书室、卫生室、村部等公共设施以外,多数村庄基本没有公共设施,较大村庄有一两家杂货店,也基本没有公共活动场所,居民聚会聊天通常在房前硬地或杂货店门前进行,由于村庄规模普遍较小,超越村级的公共活动很少,村民对公共活动设施和场所的需求并不强烈,乡村文化建设效果一般。

---

① 晋代陶潜《归园田居(其一)》。

同全国其他地区乡村类似,乡村用地以"私属空间"为主,住宅和园圃占绝对优势,必要的公共空间为道路,半私属空间为宅前场地。尽管河流、道路、住宅、宅前场地和园圃的组合方式较为多样,但这五种要素构成了上海乡村聚落布局的主要元素。典型的横截面模式有"面河"和"背河"两种模式,面河模式为农田—道路—河流—园圃—宅前场地—住宅—园圃—农田,其中道路也可位于河流与园圃之间,背河模式为道路—园圃—宅前场地—住宅—园圃—河流的格局(图 3-10)。

(a) 面河模式   (b) 背河模式

图 3-10   村庄与河流的关系模式(青浦练塘镇东庄村庄前港)

3.2   上海乡村的社会经济特征

3.2.1   人口特征

1) 人口规模和分布

上海乡村地区人口密度接近 1 500 人/km²,远高于我国乡村地区的人口密度,主要原因为大量半城市化乡村的存在。从乡村地域类型上看,农业乡村地区、半城市化乡村人口密度差异较大,农业乡村的人口密度为 766 人/km²,半城市地区人口密度可达到 2 000 人/km² 以上,其中市场驱动型和开发导入型半城市化乡村的人口密度分别为 2 376 人/km² 和 1 486 人/km²。从上海市人口密度分布看,10 000 人/km² 和 1 000 人/km² 人口等密度线大致相当于半城市化乡村的内外边界,不足之处是无法鉴别出诸如临港新城、航空港、产业园区等非生活居住型的开发导入型半城市化乡村(图 3-11)。

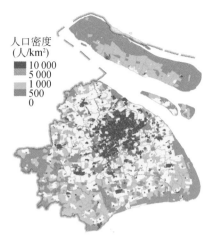

图 3-11 上海 2010 年分村、居常住人口密度
资料来源：根据"六普"数据绘制。

行政村作为一种组织管理单元和集体组织，其关注的人口是作为村集体组织成员的本地户籍人口。集体化和改革开放后的乡村合并使得行政村逐步偏离了村庄聚落的地方社区内涵而成为管理区域，九成行政村户籍人口规模在 500～3 500 人。20 世纪 90 年代以后，外来人口的大量涌入进一步使得村庄人口规模急剧扩大。2010 年上海乡村地区的户籍人口为 256 万人，行政村户籍人口中位数为 1 351 人。但若采用包括外来人口在内的常住人口口径，则人口总数和行政村人口中位数分别达到 699 万人和 2 500 人。

村庄户籍人口、外来人口和常住人口的规模分布曲线比较揭示了以下两个特征（图 3-12）。首先，常住人口的规模分布与外来人口分布趋势基本一致，这与外来人口在乡村地区的高比例（63％）一致。其次，与外来人口相比，户籍人口的分布相对均衡（斜率较小），而外来人口及受其影响的常住人口的分布则差异较大，呈现集中分布的特征。上述特征表明，行政村为基于户籍人口进行均衡配置的政区系统，但主导常住人口的外来人口分布却主要是由市场力量驱动的非均衡分布，如何将外来人口纳入行政区划管理是目前面临的重要挑战之一。

行政村的户籍人口、外来人口和常住人口规模的空间分布也显示了相似的趋势（图 3-13）。户籍人口较多的村庄主要分布在农业乡村地区，靠近中心城区

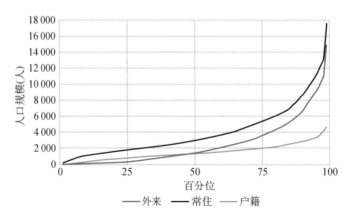

图 3-12 2010 年上海行政村户籍人口、外来人口和常住人口的规模分布
资料来源:根据"六普"数据绘制。

的乡村户籍人口相对较少,主要原因在于征地后的户口转变、切块设立居委会等。相反,外来人口及受其影响的常住人口主要集中在围绕城市地区的半城市化乡村。

与行政村相比,研究更关注的是自然村聚落的人口规模及分布状况。自然村是居民生活的最小社区单元,对居民日常生活具有十分重要的意义。就上海郊区而言,除了连续带状聚落外,聚落之间的界限无论在空间判断上还是村民本身的认知上均十分明确。但关于自然村的界定研究和统计数据十分稀少,尽管一些聚落研究采用遥感影像判读方法获取物质景观资料进行分析,但社会经济方面的资料难以获取。与自然村相关的详细数据为人口普查中普查小区数据资料。尽管人口普查的普查小区划分原则上按照主要基于自然村的村民小组进行,但村民小组、自然村和普查小区各自缺乏明确的标准和对应关系,从普查小区数据获得自然村全样本数据十分困难,需结合村庄调查案例具体分析。具体方法如下:假定均质性程度较高的普查小区农村居民点具有相同的居民点用地标准或户均人数,可以根据村庄用地面积或住房数量将人口分配到各居民点。村落层级的人口分布将在后面分区专论的聚落分布和形态中进行详细论述(参见 5.2、6.2 节),其结果表明,自然村的规模远远小于行政村,上海整体上以小型"散村"为主。换言之,以行政村规模表征上海村庄规模将会导致误判。

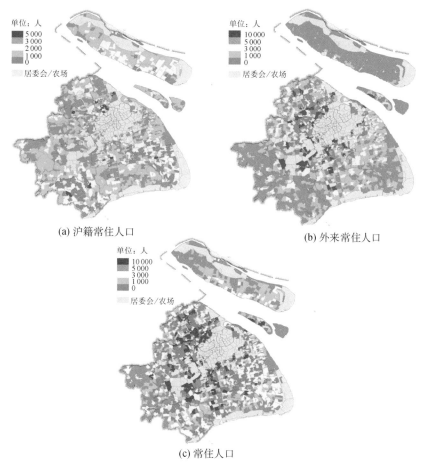

(a) 沪籍常住人口　　　　　　　　　　　　　　(b) 外来常住人口

(c) 常住人口

图 3-13　上海 2010 年行政村人口规模
图片来源:根据"六普"数据绘制。

2) 人口结构

都市区半城市化进程导致其不同于传统农业乡村地区的两大特征是就业的
非农化和高比例的外来人口,两者也对乡村人口的年龄、文化、就业、职业构成产
生了深远影响。

（1）年龄结构

对地方经济发展而言,年龄构成最重要的是年轻成人比例和老龄化程度,前
者以 25~35 岁人口的份额表示,体现了劳动力资源,后者以 60 岁以上人口份额
表示,反映人口老龄化程度。从村居年轻成人比例看,得益于大量年轻外来务工
人员的涌入,半城市化乡村拥有最高的年轻成人比例,但远郊农业乡村地区该比

例较低,说明农业乡村地区年轻人口流失较严重(图 3-14)。与年轻成人比例相反,老龄化程度以农业乡村地区最为严重,其次为城市地区,半城市化乡村最轻,表明以年轻成人为主体的外来人口对缓解当地的人口老龄化具有重要作用。但其负面影响在于,进一步加剧了户籍人口老龄化现象,由于外来人口迁入导致的环境风貌恶化,诱发了本地年轻成人迁入城市地区。村庄调查中发现,半城市地区的年轻人也普遍外迁到城镇,留下老人务农或照看房子,如仅考虑户籍人口,则半城市地区的老龄化同样十分严重。由于外来人口中老年人比例很低,一个简便的验算是老年人口除以本地户籍人口,得到的结果近似于本地人口老龄化率①。从分析结果看,上海户籍人口老龄化现象十分严重,尤以乡村地区最为明显,无论农业地区还是半城市化地区,多数乡村的老龄化比例均超过 25%,城镇具有相对较低的老龄化水平,表明年轻户籍人口城居化在缓解城市老龄化的同时加剧了乡村的老龄化程度。

年轻成人是人口迁移的主体人群,对地方吸引力的敏感度也最高,其迁移方向反映了迁移的空间吸引力格局和趋势。上海城市地区—上海乡村地区—外地构成了迁移吸引的等级梯度,外来年轻成人人口的迁移主要发生在外地和上海乡村地区之间,本地年轻成人的迁移主要发生在上海乡村地区和上海城市地区之间。与国外城市地区作为外来人口迁入门户的普遍特征不同,尽管中国城市区域吸引力格局依然是城市优于乡村,但城市地区较高的房价阻抑了外来人口的直接落脚,而在定居能力方面,上海本地人口较之外来人口具有较大优势,因此可以谋求在城市地区定居,而外来人口仅能选择在乡村定居。这种梯度迁移格局充分体现了社会空间变化中的"侵入—接替"(Invation and Succession)过程,也体现了我国计划经济时期形成的聚落和居民地位等级化的余响。

(2) 文化程度

由于国家普及九年义务制教育,因此初中及以下文化程度比例在一定程度上能够逆向反映人口文化程度。"六普"数据表明,上海乡村人口的整体文化程度依然较低,多数乡村地区该比例在 75%以上,低于 25%的地区多集中在城市

---

① 误差包括外来老人,但上海全部外来人口中老人仅 23 万人,对比例计算影响很小。

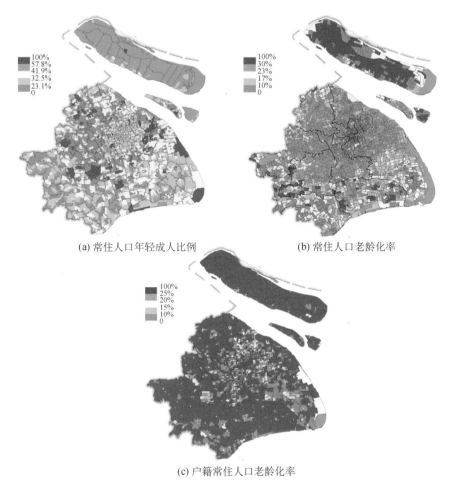

(a) 常住人口年轻成人比例　　　　　　　　　(b) 常住人口老龄化率

(c) 户籍常住人口老龄化率

图 3-14　上海 2010 年村居人口年龄构成
资料来源:根据"六普"数据绘制。

和开发驱动型半城市化乡村。初中及以下文化程度者比例的分布状况表明,上海乡村地区居民文化程度较低,初中及以下文化程度者该指标不仅显著高于上海市平均水平(50%),也略高于全国的平均水平(69.5%)(图 3-15)。

(3) 就业结构

上海农村大部分乡村从事农业生产者比例不足 5%,农业从业份额超过 30% 的地区主要分布在外围的农业乡村地区,包括崇明大部分和市域东南、西南边缘地区,在非农就业机会稀少的崇明区,很多地区农业就业比例超过 60%。上海乡村以第二产业就业为主导,除崇明之外的大部分乡村第二产业从业人口份

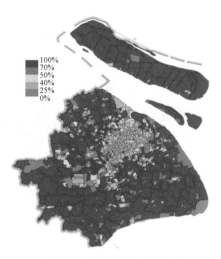

图 3-15 2010 年上海常住人口初中及以下文化程度人口份额
资料来源:根据"六普"数据计算绘制。

额超过 40%,以半城市化乡村比例最高。第三产业具有较强的城市集聚导向,多分布在城市地区及其周边的半城市化地区,此外,在开发驱动型半城市地区也有较高的比例。从第一、二、三产业的就业比例分布看,第一、二、三产业在空间格局上分别对应农业乡村、半城市地区和城市地区(图 3-16)。

(4)户籍构成

尽管随着户籍改革的深化,长期以来导致城乡隔离的农业—非农业户籍差异逐渐松动,但伴随着人口流动产生的本地—外来户籍差异却逐渐凸显并成为关注焦点。因此户籍构成应从户籍性质和户籍类型两方面进行分析,前者体现了城乡差异,后者体现了地域差异。

从户籍属性上看,上海本地人口虽然淡化了农业、非农业户籍差异,但城乡之间的社会保障和社会福利差异依然存在。本地户籍人口被分为城保、镇保和农保三种类型,并享有差异化的社会福利和保障,外来人口则被排除在所有本地社会保障之外。尽管 2017 年取消了城乡户籍差异,但乡村居民作为农村集体组织成员的地位并未发生根本性变化,户籍改革和农村集体土地改革仍在探索中。根据"六普"时数据,尽管大部分乡村居民已经不从事农业,但农业人口比例依然较高。外来人口中尽管有相当比例的非农业人口,但农民工(农业人口 + 外来人口属性)依然是外来人口的主体。从户籍性质上看,非农业人口具有高度的城市

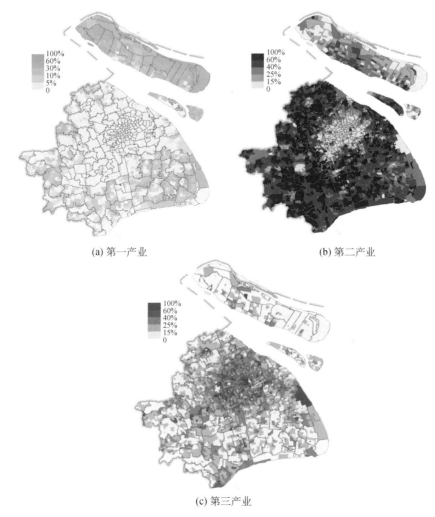

(a) 第一产业　　　　　　　　　　　(b) 第二产业

(c) 第三产业

图 3-16　上海各村、居 2010 年各产业就业人口比例
资料来源：根据"六普"数据绘制。

地区偏好，乡村地区依然以农业人口为主体，其比例均在 50% 以上，大部分地区超过 75%。乡村地区以大量本地、外来农业人口为主的现实，表明半城市化过程未能真正带来居民身份的变化。

　　本地—外来人口较之农业—非农业人口带来了更值得关注的社会议题。"六普"时期上海外来人口比例已经接近 40%，在乡村地区超过 60%。在空间分布上，接近近郊非农就业岗位又具有低廉住宅的半城市化乡村是外来人口分布的主要地区，其外来人口比例多数超过一半，部分地区达到 75% 以上，外来人口成为半城市化乡村的主要人群。相反,房价高企的城区和就业机会较少的农业乡村地区外来人口比例较低,中心城区和北部、西南、东南三大片农业乡村地区是外来人口比例的低谷地区,与之类似的还包括郊区主要城镇,其外来人口比例一般在 30% 以下(图 3-17)。尽管城市地区和农业乡村地区均具有较低的外来人口比例,但其原因存在差异,前者因为房价等生活成本较高,尤其是大规模的旧城更新减少了外来人口在城市中的可能"落脚点",属于排斥性阻抑;而农业乡村地区的原因在于非农就业岗位较少,属于吸引力不足。

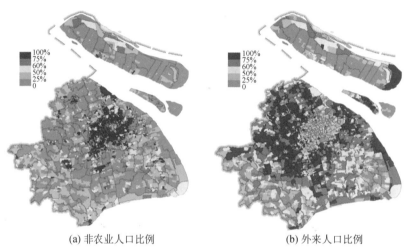

(a) 非农业人口比例   (b) 外来人口比例

图 3-17 上海各村、居 2010 年户籍构成
资料来源:根据"六普"数据绘制。

3) 人口流动性

外来人口的大量涌入改变了上海乡村以本地村民为主的局面,上海城市工业、人口的外迁也向乡村导入了市内迁移人口,加上地方当局和居民的城市化意愿,大量的外来者对上海乡村的生态、社会、经济环境产生了巨大的冲击,也诱发了本地居民的外迁,由此形成了乡村地区的"侵入—接替过程",乡村人口流动性增强。为判断乡村人口流动性特征,研究采用常住/户籍人口进行衡量,其中常住人口表征了乡村的实际居住人口,而户籍人口表征了乡村的所有者人口。较高的常住户籍人口比表明村庄吸引了较多的外来人口,较低的常住户籍人口比表明乡村处于净迁出状态。从已有 1 521 个样本村庄

数据①的常住户籍比分布状况看,其中位数为 1.02,表明净迁入村庄略多于净迁出村庄,围绕中值的近半数村庄比值呈现较为缓和的人口流失和人口迁入,高流失和高迁入的拐点发生在第 7 和第 58 百分位,相应数值为 0.46 和 1.11,表明少数村庄(7%)呈现高流失状态,至少流失了 54% 的户籍人口,而更多的(42%)村庄呈较高流入状态,至少获得了相当于户籍人口 11% 的外来人口,其中最高的 1/4 村庄(半城市化乡村)至少获得了相当于户籍人口 86% 的外来人口,考虑到本地户籍人口的外迁,这些村的外来人口已经超过户籍常住人口,其中最高的可达到 7 倍以上。

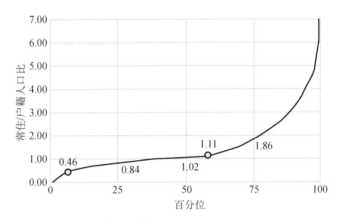

图 3-18　上海村庄常住/户籍人口比
资料来源:2016 年上海村镇建设统计年报(n = 1 521)。

3.2.2　经济特征

1) 村庄经济

上海乡村农业发展条件优越,随着陆地不断向外推移和耕地垦殖,除西南部湖沼平原长期以水田农业为主外,东部高沙平原地区新增陆地经历了滨海渔盐业—旱作农业—水田农业的演替轨迹,至今在浦东新区的原川沙、南汇还保留着团、灶等地名,标志着曾经繁盛的盐业。旱作农业阶段主要以麦、豆为主,明清时期引入棉业,外围高沙地带成为著名的棉花棉布产区,形成了耕织结合的乡村产业,甚至西乡稻米产区也参与棉纱棉布纺织。近代以来,随着洋布的竞争,乡村手

---

① 此处删除了数据缺失的部分村庄。

工业普遍破产,上海乡村一度尝试发展销路仍较好的蚕桑以及织袜、花边等产业,但多数未能持久。中华人民共和国成立后商业国营和以粮为纲等方针确立,在计划经济下长期以粮棉为主,仅近郊具有少量城郊农业。但由于具有靠近上海城市的优势,其农业工业化起步相对较早,20世纪70年代初期,郊区各县的工业产值开始超过农业产值,但此时的工业多集中在县城和建制镇,农村地区依然以农为主。

改革开放以后乡镇工业的崛起、市场经济改革和农村联产承包责任制使上海农村经济发展发生了初步变化,表现为20世纪八九十年代的村镇企业和农业商品化,形成了以乡镇企业、农业专业户为代表的经济转向。更为重要的变化发生在20世纪90年代中期以后,浦东开发、分税制改革极大促进了地方政府吸引外资和进行土地开发的热情,上海郊区农村开发进入全面发展阶段,外资企业、民间小型企业纷纷涌入上海郊区,中心城市空间拓展也将大型设施、大型居住导入郊区农村,上海郊区农村经济进入了全面转变期,近郊乡村发生了快速的半城市化过程,郊区乡村中半城市化村的数量已经超过农业村庄,并导致了上海郊区耕地迅速转变为非农业用地。1958—1983年上海耕地面积数量变化不大,在25年由3 751 km² 减为3 510 km²,年均减少不足10 km²,1993年降至3 000 km²,2010年降至不足2 000 km²,1983—2010年的27年间减少了43%,年均减少面积为56 km²。2010年以来,随着严格保护耕地政策的强化,耕地减少速度放缓,基本稳定在1 900~2 000 km²。随着郊区的非农化发展,上海郊区GDP占比一路直线上升,由2000年的1/4提高到目前的1/2左右。

因处于政区—聚落层级的最低端,上海乡村的产业发展水平相对较低,由高层级政府设置的开发区、工业园区等往往吞并村庄,形成直属于上级政府的独立区域。村庄的工业发展多依靠中小型民营企业,普遍存在污染治理标准低、用地浪费等弊端,尽管企业为村集体和居民提供了经济收益,但也造成了村庄环境污染、生态破坏、外来人口涌入、本地社会文化断裂等负面效应。远郊各村由于工商业发展和土地开发机会较少,则主要致力于利用乡村生态环境发展生态观光农业、乡村旅游等(图3-19)。

总体而言,尽管上海郊区农村在全国甚至长三角处于领先,但与城市相比仍存在较大的城乡差异。2015年上海郊区农村居民人均可支配收入为21 192元,不足上海市平均水平(47 701元)的一半。从调研村庄看,其农民人均纯收入也

(a) 半城市化乡村的工业园区：南翔镇曙光村　　　(b) 农业乡村的农业休闲旅游：大团镇赵桥村

图 3-19　上海半城市化乡村和农业乡村的产业非农化

同样存在较大差异，其空间分布状况也存在较大的偶然性，即使同属一个乡镇，其人均纯收入相差也较大。

2) 居民就业与生计

　　调研村庄的村民就业调查表明，户籍人口中纯务农劳动力仅占 17%，加上兼业务农者也仅为 21%，远高于统计资料中的上海市平均水平或郊区平均水平。尽管样本代表性可能不足，但也表明，即使在以农业乡村为主的样本中，大部分农村劳动力已经脱农。但是，由于拥有集体土地产权和家庭土地承包权，不务农人口或家庭在产权关系上仍与土地存在密切联系。大部分乡村村民(43%)以务工为主，16%劳动力以家务劳动为主，未参与到劳动力市场中。个体户和在机关单位工作的人口比例很低，分别为 5% 和 6%。与本地人口相比，外来人口就业中务工(51%)、个体户(15%)的比例更高，分别比本地人口高出 8 和 10 个百分点，表明外来人口以务工为主(图 3-20)。但总体上，本地人口和外来人口的就业结构具有较大的相似性，反映出半城市化乡村地区以自我就业、临时性就业为主的非正式经济特征。

3) 经济机会

　　本地村民就业主要在本镇(66%)，其次为本县(18%)和邻镇(12%)，长距离通勤就业者相对较少，表明上海乡村具有较为充裕的就业机会。与户籍人口相比，外来人口的就业更加集中在本镇镇域，比例达到 74%，说明以租房为主和临时就业的外来人口通过租房或换工作调整居住地或就业地更为容易，也充分说明外来人口对居住地或就业地缺乏归属感和忠诚度，同时，相对较低的收入也使得外来人口对于通勤成本更为敏感，力求缩短通勤距离。相反，作为村集体组织

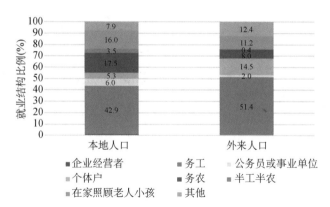

图 3-20 调研村庄本地人口($n=1\,240$)和外来人口($n=249$)就业结构(仅包含该项目有效问卷结果)

成员的本地人口则受到土地房产的约束以及村庄社会关系的约束,很难通过调整居住地改善通勤,兼之本地居民的非正式就业比例要低于外来人口,而正式就业多集中在城市地区,因此也增加了就业地调整和通勤距离。另外,本地人口相对较好的经济基础也使得其对通勤成本的敏感性较低,也有助于说明本地人口就业地的更大范围分布。

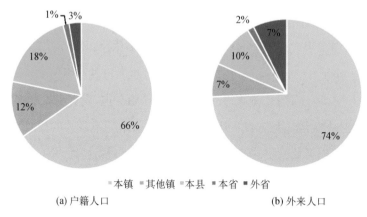

图 3-21 上海乡村访谈家庭全员的非农就业地构成

在居民访谈中也发现,居民在本村就业的比例不高,主要是在本镇范围内的工业区、镇区等产业集中区就业,但多为离住地较近的地方。可见,镇域构成了农村居民的就业圈范围。村庄的经济区位可在乡镇甚至区县的尺度上进行分析,村庄本身的经济实力和就业机会尽管也有一定影响,但更多应侧重区域范围内的经济机会。村庄所在乡镇街道或区县的经济实力、就业机会、收入水平对村庄的经济吸引力具有同样重要的影响。换言之,较之适居性,经济机会应在更大的空间范围内进行考虑。

3.2.3　社会特征

1) 社会文化氛围

　　人类在人居环境中的长期生活赋予了人居环境人文特色,即长期积淀的社会文化,表现为生活方式、邻里关系、历史文化等诸方面。这种人类长期活动赋予的社会文化特征,也是人居环境适居性的重要构成。

　　上海乡土文化为传统的江南水乡文化,鱼米之乡、小桥流水、耕读传家构成了江南水乡文化的内核,富有精致、清秀、灵动的文化韵味,在物质景观上体现为枕水而居、粉墙黛瓦、小巷深院的气韵,内敛而不张扬,在行为上体现为将精打细算同与人为善巧妙结合。尽管近代以来形成了以海派文化为代表的上海都市文化,但都市文化对上海农村地区的影响较小,传统农村的守望相助精神得到了较好的传承。居民调查表明,农村居民对邻里关系普遍感到满意。

　　社会文化的另一表现为历史文化,包括物质遗产和非物质文化遗产。由于快速发展以及对历史文化保护的不重视,村庄的历史文化并未能得到较好保护(图 3-22)。如调研中的山塘村,在历史上为江浙两省交界处的重要商贸城镇,但目前镇区街道、建筑破败严重。其余所选村庄多为历史较短或历史文化未得到充分发掘的村庄,均无历史文化名村的称号。唯一可以进行区分的为建成环境风貌,山塘村为具有较多古街风貌的村庄,农业村庄保留较多的农村风貌,而半城市化村庄农村风貌基本丧失,逐步与城镇趋同。

(a) 传统风貌(山塘村)　　　　　　　(b) 现代风貌(万春村)

图 3-22　上海乡村的传统风貌与现代风貌

2) 社会组织

村庄社会文化适居性的另外一个体现是村庄的社会组织程度,这种社会组织程度构成了广义上的乡村社会资本,对增强地方凝聚力、协作能力以及保护地方抵御外部冲击尤为重要。

受集体化时期国家强势支配的影响,乡村的自我组织能力受到不同程度的削弱,在国家政权收缩、实施乡村自治之后,乡村组织能力薄弱的状况一直存在。在此情形下,村庄"能人"起到了组织核心的作用,村庄有无能人对于加强村庄的组织程度具有至关重要的作用。在 27 个村庄的村主任调查问卷中,9 个村庄认为有能人,其中仅 6 个村庄认为能人发挥了带动作用,可见村庄自我组织能力的缺失是个普遍问题。

中心城区各区以及郊区城市所在乡镇的各村,农业用地、村庄聚落基本消失,但依然保留了行政村的名称和建制,有待于被进一步转变为居委会。作为村庄载体的农地和聚落全部消失之后依然存在行政村,表明行政村只是一种管理的地域单元,与村庄聚落本身并无大的关联。如嘉定区南翔镇静华村的原有村庄已经全部拆除,土地多被用于建设商品房(大型居住区)。由于导入了大量外部人口,乡村蜕变为城市中的居住社区(图 3-23)。乡村生活及其依存空间已经不复存在,所保留的仅仅为行政村建制和村部,或许以后将按照楼盘转为一个或多个居委会,如其南部新设置的丰翔社区居委会。

图 3-23 开发导入型半城市化乡村:静华村
资料来源:根据百度影像地图绘制。

　　行政村名称变迁反映了社会变迁中地方社会文化遭受的冲击。乡村生活是一种"地方化"的生活,与地方自然、人文具有密切的联系,体现了地方文化的"小传统",而现代化中的国家政权建设则要求体现更为"普世"的去地方化大传统。在传统社会中,作为管理地域单元的乡都图圩等通常采用富有教化色彩或吉祥寓意的嘉名,如嘉定建县后,富有地方色彩的乡名被改为依仁、循义、服礼、乐智、守信等,都、图、圩则采用千字文或数字编号。与此相反,地方自发形成的聚落名称则普遍采用以山川、宗族、寺庙等为主的地方化小传统名称。近代以后,乡和行政村政权的建设体现了小传统向大传统的转变,普世名称被赋予乡和行政村,民国时期强调民主、文明、开化,中华人民共和国成立后尤其是"文革"时期则普遍强调革命、进步。对已有行政村名称统计类型表明,时代色彩的行政村名称占比最高(31.9%),所用名称多为光明、卫星、红旗、联合、先锋、跃进等具有时代气息的名称,但与地方因素缺乏关联。其次为姓氏(15.5%)加"宅、角、园、弄、巷、行"等表示宅园的名称。第三大类型为表示河流(浜、汇、港、湾、嘴)和桥闸津渡(桥、闸、堰、渡)等与河流水运有关的地名,分别占13.1%和5.9%,此外还有一些姓氏与河流、桥渡结合的地名(3.5%、3.2%)。受"破四旧"影响,以庙宇为地名的行政村数量很少,仅占2.9%。在其余的296个村庄中,多以产业、古迹、地形等命名,其中值得注意的是,南汇、川沙、奉贤等沿海地区的地名依然保留了众多以"场、团、灶、墩、路"为名的盐业地域特色地名(表3-2)。

表3-2　上海乡村行政村名称类型

类型	政治	姓氏	河湖	市镇	桥渡	姓氏河流	姓氏桥渡	庙宇	其他	合计
数量(个)	537	260	221	107	99	59	53	49	297	1 682
占比(%)	31.9	15.5	13.1	6.4	5.9	3.5	3.2	2.9	17.6	100

　　由于上海的乡村聚落呈现小而散的特征而行政村地域较大,很多行政村甚至缺乏同名的依托主村,也表明多数行政村在本质上并不是基于聚落的自然地域,而是行政管理区,至多表现为多个小聚落的松散联合体。综之,不断扩大且合并调整频繁的上海行政村可以说是较少考虑内生的组织机制。在现代化过程中国家政权下沉的背景下,如何保护村庄地方社会结构及其自组织能力或传统文化及其话语权应成为当前亟须考虑的问题。

3.3   上海乡村的建成环境特征

3.3.1   居住水平

生活质量是适居性的核心内涵，其中最重要的体现为居住水平。住宅作为农村居民日常生活居住的场所，其质量对生活质量具有至关重要的影响。较高的居住水平通常体现为三个方面：充裕的居住面积、较好的居住建筑质量和齐全的住房配套。

1) 宅基地制度与居住变迁

随着近现代进程中国家和城市支配的逐步强化，诗意栖居的审美需求日益让位于功利性的功能需求，主要表现为居住用地的逐步缩小和园宅结合传统的丧失，甚至出现了城市盛行的共有产权楼房。

传统社会实行土地私有制，田产可以自由买卖、支配。家庭对土地的完全掌控使得居民可以按照自己的意愿安排居住方式，形成了庭院住宅、园宅结合的居住方式，使得住宅不仅具有实际使用功能，也具有园林的心理审美功能，"榆柳荫后檐，桃李罗堂前"①成为典型的乡村居住意象，地方志中记载了大量遍布城乡的园宅。普通民众尽管未有能力兴建园宅，但也保留了带院落的建筑，在用地紧张的情况下即使将其缩小为天井也要保留具有私密性的庭院住宅形式。至今江南水乡古镇依然保留了大量的院落式住宅，在用地宽裕的乡村地区，院落式住宅更为普遍。如地广人稀的崇明，大宅通常为三进两院，住宅周围还开挖具有防卫功能的壕沟，并设吊桥以出入。壕沟围绕的宅旁和院落内用作园圃，种植竹木花草果蔬，宅旁东西南北分别种植桃柳、榆、槐、竹，壕沟内养鱼植莲，这种被称为"四椠头宅沟、三进两场心"的传统深宅大院民居自身形成了一个生态环境良好的小生境[41]。

居住的变化与土地所有制具有密切的关系。中华人民共和国成立初期依然

_____

① 晋代陶潜《归园田居（其一）》。

(a) 鸟瞰图　　　　　　　　　(b) 护宅沟

图 3-24　崇明传统庭院住宅——倪葆生宅
资料来源：(a)李京生.上海江南水乡建筑元素普查和提炼研究[R].上海城市规
划管理局咨询项目,2019.

实行土地私有政策,1954 年《中华人民共和国宪法》第八条规定,"国家依照法律
保护农民的土地所有权和其他生产资料所有权",乡村住宅建设依然由村民自行
决定。集体化时期,乡村土地为公社、大队、生产队三级集体所有,但其上的住宅
依然归农民所有,导致了集体土地所有权主体的虚化和房、地产权分离,并由
1982 年的《中华人民共和国宪法》第十条进行追认:"宅基地和自留地、自留山,也
属于集体所有。"同时随着人地关系的紧张,对宅基地的管理也日趋严格,如宅基
地审批权逐步由村集体上升到镇、县职能部门,对宅基地面积实施严格控制,在
建设、修复审批手续上更为繁琐。如 2007 年颁布的《上海市农村村民住房建设
管理办法》第七条规定:"所在区域已经实施集体建房的,不得申请个人建房;所
在区域属于经批准的规划确定保留村庄,且尚未实施集体建房的,可以按规划申
请个人建房。"由于规划保留的村庄一直未能明确,故个人宅基地审批和个人住
宅建设基本停止[43]。土地制度以及宅基地相关政策的影响,迫使乡村住宅向垂
直和水平两方向发展,院落空间消失,由平房转为低层楼房,部分地区出现了共
有产权的公寓住宅,使得作为乡村聚落主体的住宅失去了乡村特色,风貌与城市
趋同。

2) 居住面积

乡村地区小型住房(<60 m²)、中型住房(60～120 m²)和大型住房(>120 m²)
的住户人口比例为 49:31:20,住房面积以农业村庄最大,半城市化村庄最小,
其近 80％居民家庭住宅为小型住房(图 3-25、图 3-26)。

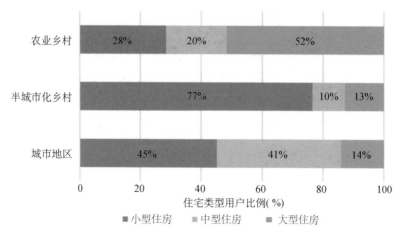

图 3-25　上海市 2010 年不同地域类型的住宅类型用户比例
资料来源:根据"六普"数据绘制。

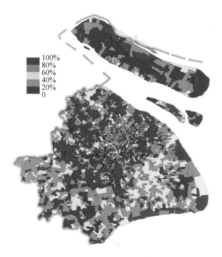

图 3-26　家庭住宅不足 60 m^2 的居民比例
资料来源:根据"六普"数据绘制。

　　调研的 27 个村庄以户籍人口计算的户均家庭住宅建筑面积为 189 m^2,各村庄之间略有差异,与基于"六普"的总体状况相似,农业村庄的居住面积普遍高于半城市化村庄的居住面积。为更准确反映居住状况,将家庭居住面积以户籍人口/常住人口比例为系数进行转换,可得到基于常住人口的户均居住面积。修正后的户均居住面积略有下降,为 184 m^2,但村庄之间的差异变得十分明显,农业村庄多为人口净流出区,其户均居住面积变得更大,而半城市化村庄的户均居住面积则大为下降,多数在 100 m² 以下,最低者不足 30 m²(图 3-27)。

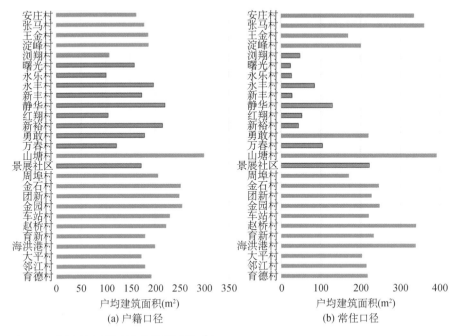

图 3-27　调查村庄(社区)户均建筑面积(m²)

3)住宅质量

上海乡村住宅质量差异较大,住宅类型包括自建住宅和统建住宅两种类型。自建房多为独栋住宅,包括年代较为久远的祖传旧宅和在集体宅基地上建设的住宅;统建住宅多为农村居民的拆迁安置基地,住宅形式上包括小区式独栋住宅和小区式公寓住宅。住宅质量应从两个方面进行评价,建筑质量和住宅形式。总体而言,建设年代较近的建筑质量相对较好,独栋住宅的质量优于公寓式住宅。

(1)建筑质量

上海村居层面缺乏住宅质量的完整数据,因此可以用 2000 年以后新建住宅的比例进行近似,根据"六普"资料数据,居住在 2000 年以后新建住宅的居民比例较高的地区主要分布在围绕中心城区的近郊半城市化地区和郊区城镇,中心城区和农村地区新房比例较低(图 3-28、图 3-29)。访谈中也发现多数农村住房建于 1980—1990 年,居民抱怨住房陈旧,且住房翻修需要经过严格的审批许可。

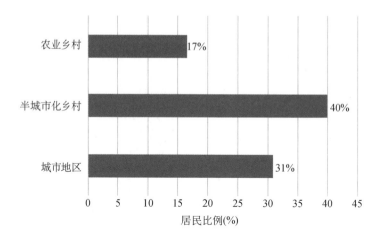

图 3-28　不同地域类型中住宅为 2000 年以后新建住宅的居民比例
资料来源：根据"六普"数据计算。

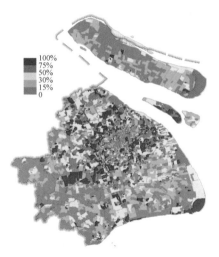

图 3-29　2010 年上海住宅为 2000 年后新建住宅的居民比例
资料来源："六普"数据。

　　乡村建设统计年报数据表明，尽管大部分调研村庄中质量较好农房比例较高（图 3-30），但依然有部分村庄农房质量较差（图 3-31）。农房质量较差的村庄既包括农业村庄也包括半城市化村庄。在部分农业村庄，主要原因在于人口流失后的活力丧失；而在半城市化村庄，则主要由于政府对农村自建房的严格控制，新建的商品房或安置住房在很大程度上取代了原有的农房，典型的如南翔镇的浏翔村、曙光村。

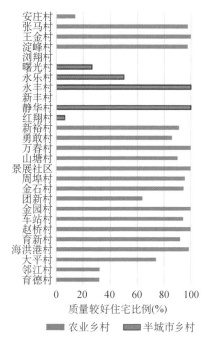

图 3-30　调研村庄(社区)2017 年质量较好住宅比例
资料来源:2017 年村庄建设统计年报。

(a) 质量较好的自住农宅　　　　(b) 质量较差的出租农宅　　　　(c) 质量较好的统建社区住宅

图 3-31　上海乡村住宅建筑质量

（2）住宅形式

就住宅形式而言,独栋的自建住宅是农村居住相对于城市共有产权的公寓式住宅的主要优势,目前上海农业乡村居住在自建住宅中的人口比例接近八成,但在半城市化乡村中该比例急剧下降到 17%,城市地区中仅 2%(图 3-32)。尽管城市地区和半城市化乡村自建房比例均较低,但两者的原因并不相同。在城市地区是因为严格杜绝自建房,公寓式住宅一统天下。半城市化乡村一方面固然受公寓式住宅建设方式侵入的影响,更多的原因在于农村自建房出租,对大部分外来人口而言,尽管所居房屋是自建房,但却非租客自己建设的自建房,因此在人口普查中未被租客视为自建房,从而降低了自建房居住者的比例。换言之,其所居住的非自建房其实是本地村民的自建房。从平房分布状况也可证明这种状况,通常平房多为自建房,但上海 2010 年居住在平房比例者最高的地区为近郊半城市化乡村,表明与城市自建房较少的原因不同,近郊自建房居住者比例较低的原因为原农房(平房)出租。在乡村地区由于村民住房翻建审批相对较为宽松,因此平房居住者比例反而低于半城市地区(图 3-33)。

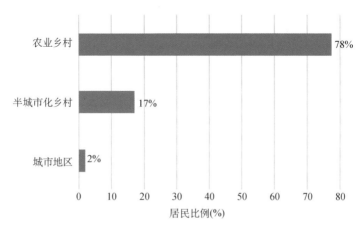

图 3-32　上海 2010 年居住在自建住宅中的居民比例
资料来源:根据"六普"数据计算。

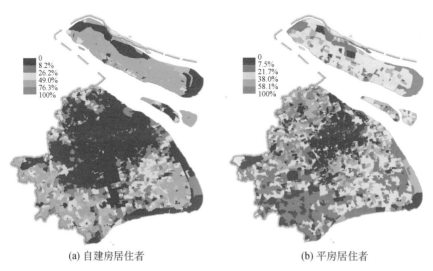

(a) 自建房居住者　　　　　　(b) 平房居住者

图 3-33　上海 2010 年分村居自建房和平房居住者比例
资料来源:根据"六普"数据计算。

(a) 联排住宅　　　　　　　　　　　　　　　(b) 独栋住宅

图 3-34　乡村自建住宅

(a) 多层公寓住宅　　　　　　　　　　　　　(b) 低层独栋住宅

图 3-35　乡村小区式统建住宅

4) 住宅配套

　　住宅配套主要从厨房、卫生间、空调和网络四个方面进行分析。从调研村庄看,厨房、卫生间的配套率较高,普遍达到 90% 以上,其次为空调,平均普及率86%,较低的为宽带网络,仅 49%(图 3-36)。但总体而言,上海农村的住宅服务配套水平相对较高,配套与否对评价居住质量的价值已日益减少。

3.3.2　公共服务

　　上海乡村较为受关注的公共服务包括教育、医疗和文化娱乐,市场化的商业服务通常以外购为主。

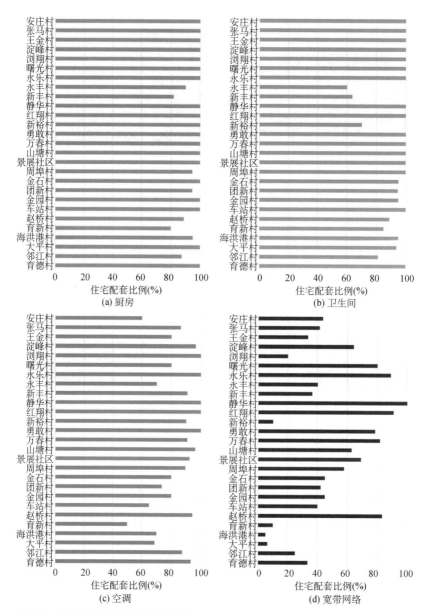

图 3-36 调查村庄(社区)住宅配套情况

1) 教育

与给水、电力等覆盖式服务不同①,教育、医疗、商业服务、文化娱乐等服务是

---

① 尽管基础设施也通过管线连接其服务范围,但服务对象并不关注他们与设施的距离。

通过服务对象的出行获得,因此除服务质量外,出行距离成为公共服务便捷性度量的重要指标。

受人口老龄化、少子化的影响,上海乃至全国普遍出现了教育设施布局收缩,村庄小学被大规模撤并的现象。更为严重的是,这种撤并是发生在外来人口数量增加的背景下,因而造成外来人口子女教育的学校资源严重不足。"六普"数据中的分年龄段本地、外来人口构成表明,大约相当于义务教育阶段年龄段的5~14 岁年龄组中,外来人口的比例已经接近一半(48%),高中阶段(15~19 岁)对应人口急剧下降,可能原因为辍学或返乡就读(图 3-37)。

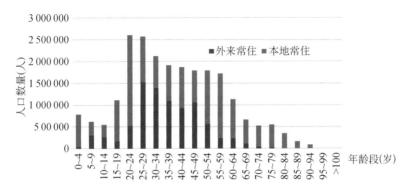

图 3-37　分年龄段的本地、外来常住人口数量
资料来源:根据"六普"数据计算,外来人口以"长表"数据按 10% 抽样率扩样。

调研村庄除少数村有幼儿园之外,基本无教育设施。村民子女就学地点调查表明,本镇镇区提供了大部分的教育服务,包括 60% 以上的幼儿园教育、75% 以上的小学、初中教育和 40% 的高中教育服务,高中阶段其他镇、县城、市区的服务比例增加(图 3-38)。值得注意的是,小学阶段其他镇、县城和市区也扮演了较重要的角色,表明教育水平分化导致的跨乡镇择校现象明显。

在乡村居民子女就学模式方面,幼儿园、小学以家长每日接送为主,走读和住宿比例很低,初中、高中阶段自己走读比例大幅上升,高中阶段住宿比例达到40% 以上,反映了高中阶段择校现象较为普遍(图 3-39)。在就学交通方式上,步行比例很低,以自行车(助动车)和公交为主,校车、私家车和私营客车的使用频率不高。

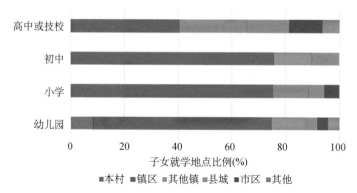

图 3-38   上海乡村居民子女就学地点

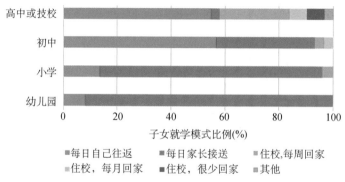

图 3-39   农村居民子女就学模式

就学单程出行时间多数在 20 min 以内,其中以小学出行最为便捷,60%以上居民出行时间在 10 min 以内,初中则多数在 20 min 内,高中出行相对较长。但不容忽视的是,小学、初中的出行时间也有相当比例在 20 min 以上。调查结果显示各村村民子女小学就学平均出行时间差异较大,尽管多数出行时间在 15 min 以内,但仍有相当部分村庄平均出行时间在 20 min 甚至 30 min 以上(图 3-40)。

从农村居民对教育的满意度方面看,对幼儿园、小学的满意度较高,初中、高中的满意度只有 50%左右(图 3-41)。除出行时间过长以外,主要意见集中于教学质量不高,由于学校教学质量的城乡分化日益显著,农村居民面临着便捷性和教学质量方面的二难抉择(图 3-42)。

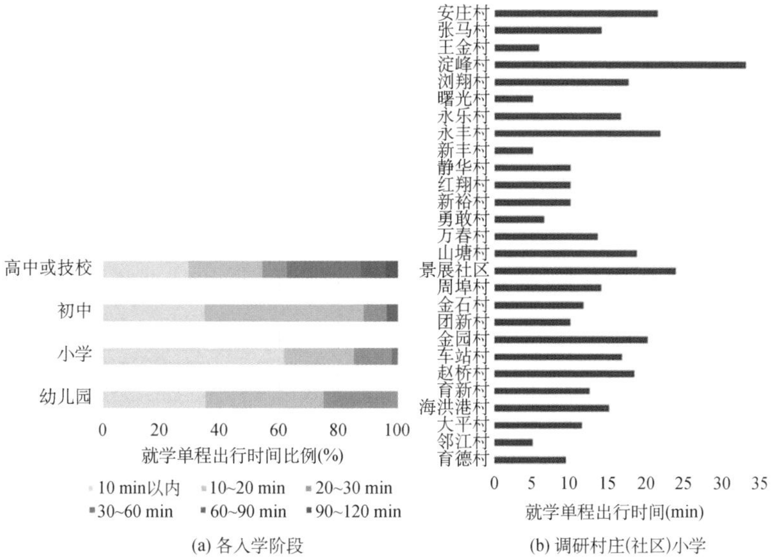

图 3-40　就学单程出行时间

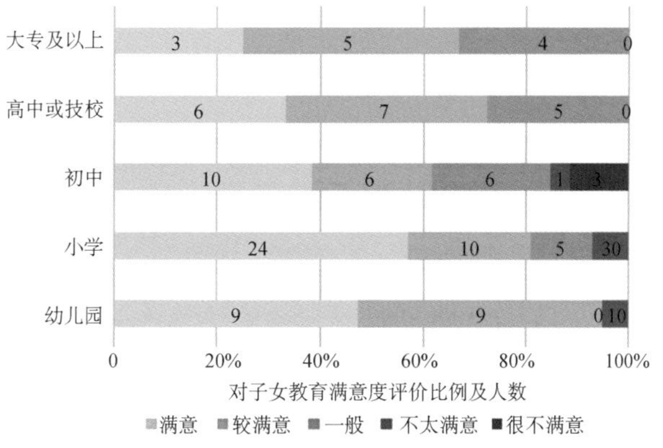

图 3-41　乡村居民对子女教育的满意度评价

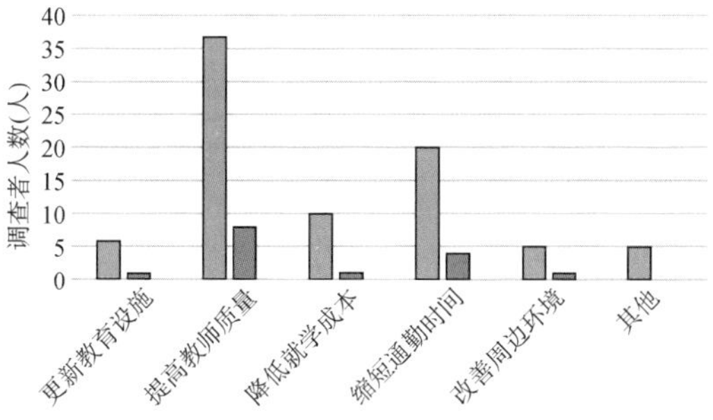

图 3-42　乡村居民的教育设施改善需求

2) 医疗服务

与教育服务相同,医疗服务也面临着服务水平城乡分化加剧的问题。综合性医院多集中在城市和县城,农村地区医疗机构水平较低。尽管各村均设有卫生室,但由于医疗条件和医务人员水平限制,多数村庄卫生室附设在村委会,仅少数有独立用地(图 3-43)。居民大病一般均去县城或城市,小病到镇卫生院,村卫生室能够提供的医疗服务甚少。从居民对村卫生室的满意度评价看,其得分为 3.99 分,尚未达到较满意的标准(图 3-44)。

(a) 附设型:王金村　　　　　　　(b) 独立型:金园村

图 3-43　上海乡村卫生室

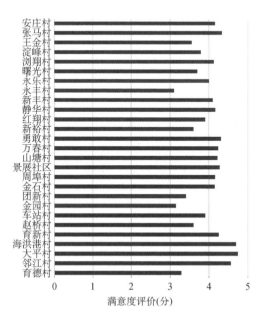

满意度评价(分)

图 3-44　村民对村卫生室的满意度评价

3) 文体娱乐设施

目前各村基本配备了图书室、老年活动室、娱乐活动设施和体育健身场地等公共活动空间,多数结合村部设置。但总体而言,乡村居民对文体娱乐设施的需求不高,满意度也相对较低,选择满意的比例不到 15%,选择一般到不满意者占 50%~60%(图 3-45)。

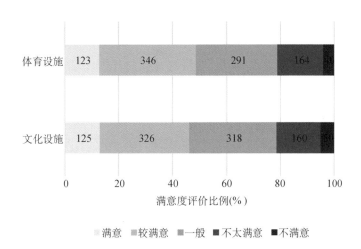

图 3-45　乡村地区文化设施和体育设施满意度

文体娱乐设施满意度较低的主要原因在于,与传统的迎神赛会活动等传统文化娱乐场所甚至当前的街头巷尾、树下桥头、店铺门口等非正式空间的场所氛围相比,这些设施或场所提供的仅是在公共设施中的个体活动,如散步、跳舞、健身、阅读等,无法创造积极有效的公共活动,因此对居民缺乏吸引力,很多调查居民很少使用甚至并不知道这些公共设施,因此,如何鼓励民间公共活动并提供相应场所乃是值得探讨的问题。

在问及最需改善的公共服务时,文化娱乐设施和体育健身设施在第一选项中占有很大比例,与卫生、养老设施同居主要选项,同时也在第二选项和第三选项中占据较高比例,这也印证了居民对当下文体娱乐设施的低满意度(图 3-46)。

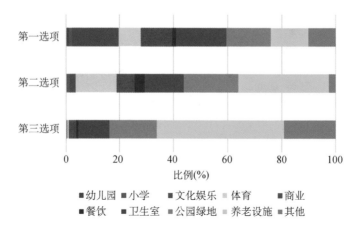

图 3-46　乡村居民公共服务设施改善需求

3.3.3　基础设施

1) 基础设施

上海农村的基础设施建设水平相对较高,调研各村基本上实现了 90% 以上的电网覆盖率、自来水普及率、电话普及率、有线电视普及率、燃气普及率、生活垃圾处理率;基础设施短板在于污水处理方面。由于污水处理建设和运营成本高昂,超出了村庄的负担,因此污水处理设施建设和运营情况整体堪忧。根据 2017 年村镇建设统计年报数据,27 个调研村庄中仅 18 的村庄有污水处理设施,其中 14 个正常运转。如何采用适于小规模的低成本、分布式污水处理技术仍是当前面临的重要挑战。

在居民基础设施改善调查中,第一需求选项中,污水和燃气、道路改善构成主要选项,在第二、第三选项中,污水、雨水选择比例迅速增加,并与燃气、防灾、道路构成主要改善需求选项(图 3-47)。

2) 道路交通

上海农村道路交通建设发展速度较快,农村道路硬化率达到 89.6%。但各村之间差异较大,以调研样本村庄而言,多数村庄的硬化率达到 100%,但仍有部分偏远村庄硬化率依然较低,如邻江村硬化率仅 13%(图 3-48)。

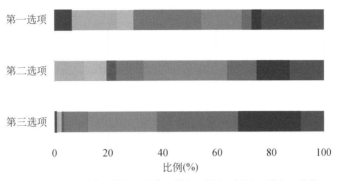

图 3-47 乡村居民基础设施改善需求

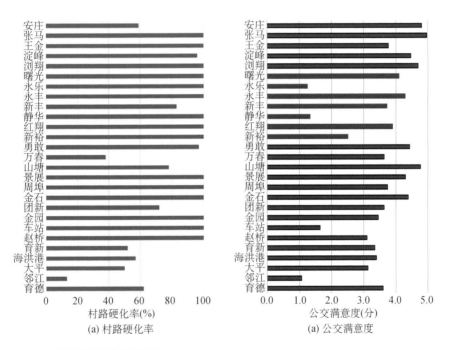

(a) 村路硬化率

(a) 公交满意度

图 3-48 调研村庄道路交通状况
资料来源:(a)上海村庄村镇建设统计年报(2017)。

　　上海农村公交较为发达,调研村庄有 24 个村已通村镇公交。尽管公交普及率很高,乡村居民对公交的满意度仍然较低,总体而言,仅有 17.8% 的居民对公交表示满意,而不满意者占比达到 26.8%,比较满意和不太满意者占比分别为22.9% 和 19.2%,其余 13.3% 居民评价为一般,公交综合满意度仅 2.86 分,属较不满意状态。因此,在居民出行中,具有使用便捷特点的助动车、摩托车在农村居民出行依然占有较高比例。

　　总体而言，与典型乡村不同，对上海农村而言，道路交通作为瓶颈已经不存在，今后道路交通发展面临的问题是功能的提升和改善。目前道路存在的问题主要是：村内道路片面强调交通功能，对村内道路作为生活空间的职能重视不够，如何创造适于步行的道路空间将是未来考虑的重点，尤其是对于诸如新丰村等外来人口集中的村庄，道路多为沿街摊贩所占据，如何处理道路生活功能、交通功能和建成环境景观功能值得进一步深思。

3.3.4　生态环境景观

1) 环境、景观和生态

　　在当前语境下，生态、环境、景观通常相提并论并随意组合使用：生态环境、环境景观、生态景观和生态环境景观。尽管上述三个概念本义为中性词，但却被赋予正面的价值判断。即使在正面价值判断上，很大程度交叉的三个概念所指也各有侧重。

　　环境质量旨在生理健康，通过环境公害治理为人们提供健康环境，诸如大气环境质量、水环境质量和土壤环境质量；景观旨在审美，为人们提供与文化心理相关的视觉享受，诸如"小桥流水人家""杏花春雨江南"的意境之美，"漠漠水田飞白鹭""细雨蒙茸湿楝花"①的生活情趣。生态的关注重点在于生物多样性，强调为乡土物种保留足够的生境，例如在土地利用规划中被作为"未利用地"的河滩、荒地、湖荡等。三者含义不能等同，但具有递进关系，健康的环境质量是景观生态的必要条件而非充分条件，水质优良的水库未必是美丽和生物丰富的。同理，景观和生态在很大程度上重合，但内涵并非完全一致，美丽整洁的公园主要体现景观价值，但生态价值方面甚至不如荒野、草滩，如何实现在环境质量的基础上达到生态景观的统一是乡村建设今后需要考虑的问题，诸如上海郊野公园的"野化"尝试。但遗憾的是，目前生态环境景观仍停留在基础的环境质量方面，生态和景观方面尚缺乏必要的调查、度量和评价手段。

---

① 明代杨基《天平山中》。

2) 环境质量

　　上海市村庄环境整治的重点是污染治理。尽管上海村庄垃圾处理率均达到90％以上,各村庄均组织了保洁队伍进行环境卫生整治,但由于长期的工业污染,上海农村的环境质量和生态恶化趋势依然十分严重。

　　上海郊区工业化发展迅速,村庄难免受到工业污染的影响。21 世纪以来,上海市加强了郊区工业的整治力度,在 27 个调研村庄中,5 公里范围内有污染企业的村庄仅为 5 个。但长期积累形成的环境问题和生态退化短期内难以改善。由于建造和运营成本高昂,27 个调研村庄中仅有 18 个有污水收集处理设施,其中仅 14 个能够运营。农村污水处理设施的滞后和更加难以控制的农业面源污染,导致上海农村的水环境质量不容乐观,水体质量多为Ⅳ～Ⅴ类水体。此外,农业规模养殖也对水体造成一定污染,同时也通过气味影响了村庄的居民,如金园村的养牛场,其气味已干扰到居民的正常生活。调研村庄村民对环境质量的评价差异较大,农业乡村评价普遍较高,半城市化乡村的环境质量满意度较低,多数为较满意和一般。此外,东南部农业乡村中的满意度在农业乡村中处于较低水平,表明所受的半城市化影响较大(图 3-49)。

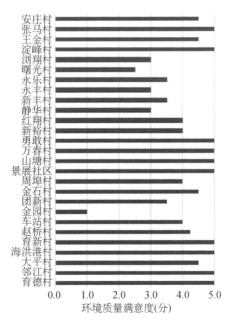

图 3-49　调研村对环境质量的满意度

3) 景观和生态

与环境质量相比,更为严重的问题是生态退化。历史上长期垦殖和近年工业化城镇化的发展,导致农村地区池塘水面面积日益缩减,池塘湿地生态系统遭到了较大破坏,目前村庄的生态本底基本以水田为主,林地、池塘、河滩地等野生动物栖息地日益缩减。尽管国土空间规划中提出了生态空间、农业空间和城市空间的划分,但并未对生态空间的用地类型给出明确规定,也使得生态空间在规划用地安排上缺乏必要的载体,土地利用规划中仍归为基于经济用途的"未利用地"。就上海村庄而言,未利用地在村庄用地中基本消失,其生态空间基本由农田、林地等农业用地分担。

鉴于乡村土地利用的分化程度不高,生态功能在很大程度上由其他用地分担,对聚落而言,最重要的是宅基地上的树木种植。作为聚落的"村"以木为偏旁,北周庾信《望野》中有"有城仍旧县,无树即新村"之句,表明树木为村庄的典型表征。传统村庄具有种植四旁树木的习惯,随着宅基地指标的压缩、小区式建设模式的推广,村庄中林木的数量锐减,导致村庄生态环境退化。主要表现为绿化覆盖率下降,树木低龄化和单一化,除纳入保护的古树名木之外,成年大树和具有生态功能的片林已经十分稀见(图 3-50)。导致村庄树木减少和低龄化、单一化的原因除宅基地限制因素以外,还包括一些其他因素:土地承包后公共土地上的树木遭到砍伐,商业化后私家宅园树木砍伐变现,住宅周边和村庄道路硬化减少了树木自然衍生和栽植的空间。

(a) 农业乡村:勇敢村　　　　　(b) 半城市化乡村:新丰村

图 3-50　上海乡村的农田生态景观

第4章 上海乡村人居环境评价

4.1 评价思路

4.1.1 评价依据

中文语境下的人居环境通常包含双重意思：作为本体的人类聚落或生境，以及含有价值判断的人居环境质量。正如生态、文化、社区等表示客体的中性词常被赋予积极意义，人居环境也杂糅了本体和价值判断的双重含义，隐含了对人居环境改善的期望。

人居环境评价的核心问题是"什么是好的人居环境"。但遗憾的是，大量乡村人居环境文献多为实然性研究，很少涉及应然性问题，其主要原因或在于：①人居环境涉及内容太多，核心构成存在着分歧。从联合国人居署1986年以来世界人居日的主题来看，尽管人居环境的核心一直是住房和城市，但涉及的价值标准包括可持续发展、环境、健康、安全、公平、包容、权利、合作、创新等多维度内容（表4-1）。②价值判断很难达成共识，在生存、生理或基本理念层面（如可持续、和谐等"大词"）或许存在较多共性，诸如环境健康、设施便捷等，但在社会经济发展需求和心理需求方面则存在着多样性，乡土风貌和现代景观在本地居民和中产阶层眼中具有不同的评价标准。③乡村人居环境特征中存在很多难以度量的指标。诸如乡村自然环境、地域特色、地域归属感等感知层面的因素难以度量，举例来说，具有深厚历史文化的村庄可能缺乏历史文化遗存，自然环境优美的村庄可能没有绿地。

由此可见，当前主流的人居环境特征指标评价侧重对低层次、基本保障层面的评价，即生理需求和物质设施层面，而对上层建筑层面的社会、心理、文化层面的软环境评价缺乏可信的方法手段。

表 4-1　"世界人居日"主题(1986—2021 年)

年份	主题	年份	主题	年份	主题
1986	住房是我的权利	1998	更安全的城市	2010	城市让生活更美好
1987	为无家可归者提供住房	1999	人人共有的城市	2011	城市与气候变化
1988	住房和社区	2000	妇女参与城市管理	2012	改变城市 创造机会
1989	住房、健康和家庭	2001	没有贫民窟的城市	2013	城市交通
1990	住房和城市化	2002	城市与城市的合作	2014	来自贫民窟的声音
1991	住房和居住环境	2003	城市水环境与卫生	2015	城市空间服务人人
1992	持续发展住房	2004	城市:农村发展的动力	2016	以住房为中心
1993	妇女与住房发展	2005	千年发展目标与城市	2017	可负担的住房
1994	住房与家庭	2006	城市——希望之乡	2018	城市固体废弃物管理
1995	住房-邻里关系	2007	安全的城市、公正的城市	2019	城市转型 创新发展
1996	城市化、公民的权利与义务和人类团结	2008	和谐城市	2020	人人享有住房:城市更美好的前景
1997	未来的城市	2009	我们城市的未来规划	2021	加快城市行动,构建无碳世界

资料来源:联合国官网。

　　特征指标评价在方法论方面的挑战,表面上似乎在评价对象度量方面,但根本原因在于评价主体。尽管研究者或许对乡村十分了解,但其毕竟是乡村人居环境中的"他者","子非鱼,安知鱼之乐"式的濠梁之辩一直是棘手的方法论难题,其补救措施是将评价对象转向乡村居民的主观意向而非研究者的指标选择。与基于人居环境特征指标的"他者"理性判断相比,作为人居环境使用者的乡村居民,可以对人居环境的特征指标以及难以量化的特征进行感性的模糊判断,形成使用者对人居环境的主观意向。尽管居民意向判断或许不够精确,但却是基于居民实际生活状况得到的"真实"判断,也在一定程度上涵盖了难以量化的社会心理文化方面的特征,诸如自然特色、社会文化氛围等。

　　最后但更为关键的是,乡村居民基于乡村人居环境认知评价而采取的行为,反映了乡村人居环境对居民行为的影响或实际绩效,其中尤为重要的是迁移行为。迁入和迁出乡村,尽管在很大程度上基于乡村和外部地区的相对比较,但不可否认的是,乡村居民对乡村人居环境的意向在很大程度上决定了对留居、迁出和迁入的选择。因此,在某种程度上,居民"用脚投票"(vote by foot)可以视为乡村人居环境的绩效评价。

4.1.2　人居环境评价内容

20 世纪 70 年代以后,随着环境问题的凸显和可持续发展理念的提出,人居环境评价逐渐引起学界关注,并通常与可持续性、适居性评价、韧性评价等相互渗透。

尽管几种评价有很多重复之处,如均注重安全、健康、舒适、便利、和谐、生态友好等价值目标,但各种概念之间也存在细微差异。可持续性(Sustainability)侧重于代际公平,关注时间维度上的长远谋划;而人居环境评价则近似于适居性(Habitability,Livability),关注点侧重于当前人群的生活环境和感受;韧性(Resilence)指人居环境抵御或适应外部冲击的应变能力,强调人居环境对外部冲击的反应。由此可见,人居环境评价实质为人居环境质量评价,在很大程度上等同于适居性评价。

适居性的概念十分宽泛,与可持续性、生活质量、空间品质、健康社区等概念的关系密切,但总体而言包括自然环境的舒适和人工环境的舒适,前者体现在气候、景观、环境质量等方面,后者体现在公共服务、社会氛围等方面。需要指出的是,适居性与经济吸引力之间的边界十分模糊,尽管适居性关注的焦点是生活质量,但发达的经济、较高的收入和充足的就业等经济因素对提高生活质量具有十分明显的促进作用,这些因素是否应纳入适居性仍存在一定争议。

经济属性在一些文献中被视为人居环境属性,但在另一些研究中则被排除在外。尽管经济发展与人居环境具有密切联系,但经济发展通常是人居环境的原因或结果,而非人居环境的内涵——即人们生活生产所处的场所环境。较高的收入和较高素质的人口通常构成高质量人居环境的保障,但也未必等同于高质量的人居环境。事实上,经济水平和生活质量不匹配的情况也十分常见,如工业区附近具有较差的人居环境质量但却具有丰富的就业机会。因此,本研究回归人居环境的适居性本义,即体现生活品质的人居环境特征,而将就业、收入、经济水平、人口素质等方面归结为经济机会。换言之,经济机会尽管能够体现人居环境的某些特征,但并不构成人居环境本质内核,而是体现了人居环境的潜在经济支撑能力。鉴于社会经济属性是乡村人居环境的重要属性,对人口流动具有极其重要的影响,因此,在人居环境研究中也不能无视这一属性,因此采取折中的方法是比较合适的,即体现社会经济属性的经济机会和体现人居环境质量的适居性共同构成了乡村人居环境属性的两个方面。

将经济机会从适居性中剥离出来还出于以下两方面的考虑:首先,构成适居性内核的人居环境属性多具有较强的地方性,如居住条件、公共服务、基础设施、生态环境等多为地方现象,而经济机会更多取决于区位,即与其他经济现象的空间关系而非本身的资源禀赋;其次,从研究分析的角度看,将经济机会纳入适居性无疑会导致研究焦点过于泛化,进一步阻碍对人居环境改善政策效果的理解。

综上,人居环境评价主要包括以生活质量为核心的适居性和以生计问题为核心的经济机会。这两方面均对人居环境具有重要影响,但并不完全是正相关的。较好的经济机会固然能够为适居性提供资金支持,但也可能产生损害适居性的负面效应,需要注意二者组合的差异对人居环境的影响。

4.1.3 评价视角

根据评价依据,人居环境评价可分为指标评价、认知评价和绩效评价三种视角。

指标评价选择客观指标建构指标体系进行评价,是被多数文献采用的研究方法。指标评价具有简单易行的优点,却因前述(参见 4.1.1)不足导致如下问题:首先,无法避免"他者"的主观性,尽管指标本身是客观的,但是指标的选择和权重的确定却带有一定程度的主观性。研究者是游离于乡村之外的"他者",很难真正了解村民的需求以及决定村民意向和行为的特征指标,"师心自用"的研究结论及其政策措施不易被村民认可。其次,评价结果无法验证,当基于同一客体得到了完全不同的两种评价结果时,无法确定哪个结果更"真实"。为此,需要在指标评价视角之外引入认知评价和实效评价视角。

认知评价在一定程度上克服了"他者"视角和"无法验证"的局限,其评价依据并非基于客观特征指标,而是基于生活于其间的居民对于乡村人居环境特征的满意度评价。基于满意度的认知评价的重要意义在于,个体的认知很可能构成今后进一步行动的基础,会通过居民行为对人居环境产生一定的影响。此外,认知评价也会纳入无法度量的人居环境特征,如自然景观特色、社会文化特征等软环境范畴。但是,人居环境满意度评价容易受到个体社会经济属性、信息获取能力、认知判断能力的影响,如贫困人口、老年人口、低学历人口对人居环境相对较容易满足,相反属性的人口则具有较高的满意度阈值。

认知未必会付诸行动,因此对于人居环境最直接的反馈是依据相关行为者的空间行动所进行的评价,好的人居环境会使得聚落具有较高的认同感、归属感以及由此产生的较低外向流动性,依据人口流动性作出的评价可视为人居环境的绩效评价。

4.2　指标评价

4.2.1　人居环境评价回顾

1) 指标选择

指标体系包括指标选择和指标组织。前者来自初始数据及其计算合成,反映了研究对象的客观状况,后者则通过指标间关系分析对指标进行归类集成以得到更为抽象的准则层。在获取或初步计算指标之后,指标组织可采取主观和客观两种方法进行组织,主观组织根据指标属性的相似性进行归类,如反映居住状况的住宅面积、居住人口、住宅配套率、建成年份等指标也存在细微差别,前两者反映了居住水平,后两者反映了居住质量。客观组织方法为自下而上的方法,如通过主成分方法得到主因子,将生成的主因子作为准则层。

关于乡村人居环境的指标评价文献较多且以国内研究为主,总体而言处于"看料做菜"的状况,由此也导致不同研究"鸡同鸭讲",缺乏条理性、可比性和可争论的焦点议题。首先,受村庄数据资料局限,数据可获得性构成了指标选择的约束条件,在此基础上再考虑指标的科学性,因此指标选择和权重差异较大,随着可获得指标的增加,新评价指标不断被纳入,如 $PM_{2.5}$ 等。囿于资料限制,对乡村人居环境极其重要的生态、景观、文化等因素难以量化而很少被纳入评价指标体系。其次,在指标科学性及系统性方面,所列指标多为现状描述指标,对人

居环境的意义和价值判断相对不足。譬如,公共服务的本质在于服务水平而不
是设施本身,设施的数量和规模难以表征公共服务的水平,如人们对学校的评判
更多是基于附近(未必是本村)学校的教育质量而非学校规模。更进一步说,基
础设施评价的终极目标甚至也不在服务水平而在于最终效果。以水环境而言,
拥有污水厂和较高的污水处理率并不一定能保证较好的环境质量,人们关注的
是水环境质量,既非污水处理设施规模也非污水处理率。同样,水质良好的水库
保证了健康或美观,但无法保证天然湖泊所具有的完善水生态系统。

从相关研究文献可见,评价指标大致分为居住条件、基础设施、公共服务、生
态环境四大范畴,由此也导致指标具有重建设轻功能、重物质轻人文的不足。即
使在指标组织内部各指标分布也大相径庭,一些研究将社会经济发展水平纳入
评价而另一些则没有纳入,在各自范畴下的指标选择组织方式更加复杂多样,设
施、水平和效果三者均有选择且各有侧重。究其原因,对人居环境的内涵、度量
指标的理解因人、因地、因时而异。

就国内研究而言,从不完整搜集的 31 篇城乡村人居环境评价相关文献看,
人居环境评价均包括公共服务、基础设施和生态环境等范畴,84%的文献包括居
住条件。人居环境研究中有关经济发展、社会安全和人文环境的文献相对较少,
比例分别为 66%、44%和 9%(图 4-1)。但三者比例较低的原因则存在差异:几乎
所有文献都承认社会保障安全和人文环境对人居环境的重要性,而涉及较少的原
因在于数据的可获得性;经济指标则完全不同,具有丰富数据的经济指标却未被相
当比例的文献采纳,也表明经济产业指标是否应纳入评价内容仍有争议。

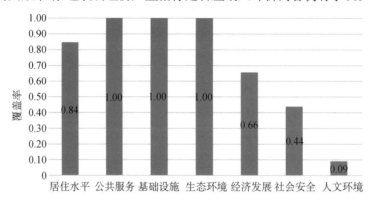

图 4-1　国内相关文献人居环境评价指标选择涉及范畴及覆盖率

2) 指标权重

尽管不像指标选择那样混乱,但指标权重赋值也难以避免主观判断,如常用的特尔斐法(Delphi)和层次分析法(AHP)主要是基于重要性主观判断。客观权重赋值方法根据指标的变异程度确定权重,常用方法包括变异系数权重法和熵值法。

特尔斐法为典型的主观赋值法,为避免研究者个人判断的偏颇,采取多专家对指标直接赋予权重并进行平均的方法,有时也对知名专家的判断赋以较高的权重。

层次分析法为常用的指标权重确定法。通过两两比较指标对目标的意义赋予指标不同的相对值,如以 c_{ij} 表示 i、j 两个指标对于目标的重要性,通常假定 c_{ij} 为 1 表示两者同等重要,大于 1 表示 i 相对于 j 对目标的重要性优势程度,例如可选择 3、5、7 等数值,反之 c_{ji} 则通常取 c_{ij} 的倒数。在得到 n 个指标的两两相对重要性 c_{ij} 矩阵后,可通过 i 行求和得到指标 i 的总体相对重要性 $c'_i = \sum_j c_{ij}$,然后通过归一化得到各指标的权重 $v_i = c'_i / \sum_i c'_i$。

变异系数权重法以指标的变异系数作为权重,隐含的假设前提是:样本间差异较大的指标具有更强的解释力。变异系数为指标的方差除以均值 $v_i = \sigma_i / x_i$,指标权重选择该指标变异系数占所有指标变异系数的份额 $V_i = v_i / \sum v_i$。

熵值权重法的假设前提与变异系数法类似,即赋予差异大的指标以较大权重。熵反映了系统的无序化程度,一般而言,熵值越小,表明其分布越有序,样本间的差异越大,在评价中的作用越大;反之,熵值越大,则表明分布越无序(均匀),对评价的影响越小。对具有 n 个指标、m 个样本的研究系统而言,x_{ij} 表示样本 $j(j=1, 2, \cdots, m)$ 的 $i(i=1, 2, \cdots, n)$ 指标值,则假定 p_{ij} 为该指标值 x_{ij} 的分布概率 $= x_{ij} / \sum_j x_{ij}$,指标 i 的熵值为 $e_i = -k \sum_j p_{ij} \ln(p_{ij})$,其中 $k = 1/\ln(m)$。指标 i 的冗余度 $d_i = 1 - e_i$,其权重表达为冗余度在所有指标冗余度之和中的份额:$w_i = d_i / \sum_i d_i$。

主观赋值法与客观赋值法各有其优劣势。主观赋值法的缺点在于主观性较强,不同研究者得到的权重不一致,优点在于融入了专家的理论解释(但也有可能存在错误）。例如，从后文上海案例将看到，被主观赋予较高权重的基础设施在上海乡村中因发展水平普遍较高而失去其评价意义。客观权重法具有较强的客观性，但对于变异较大的指标具有较强的解释力这一原则，很难获得直觉观念上的认同和理论上的解释。

从已有的 31 篇文献来看，除思辨研究和少数没有交代权重的文献外，具有权重解释的 22 篇文献体现了明显的从主观赋权到客观赋权的趋势。2010 年之前多以特尔斐法和层次分析法为主，2010 年以后多以主成分法和熵值法为主。

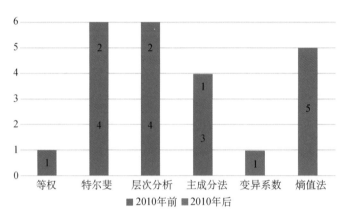

图 4-2　相关文献的指标权重确定方法

4.2.2　评价指标选择

1）适居性评价指标

适居性主要从三个方面进行度量评价：生活质量、生态环境和社会环境。生活质量主要体现在居住条件和公共服务两方面；生态环境涉及环境质量、污染治理、自然景观等方面，尽管大尺度研究关注气候条件，但对上海而言，气候差异可以忽略不计；社会环境主要包括邻里关系、社会治安、地方历史文化等，受资料限制，本研究主要从邻里关系、历史文化等方面进行分析。因此，根据适居性分析，可构建由居住条件、公共服务、生态环境和社会环境构成的适居性评价指标体系（表 4-2）。

表 4-2　乡村人居环境适居性评价指标体系

准则层二	准则层三	指标	计算与赋值	数据来源
居住状况	居住水平	户均居住面积(m²)	住宅面积/户数	村主任问卷
		人均居住面积(m²)	住宅面积/常住人口	村主任问卷
	住房质量	质量较好住宅比例(%)	质量较好住宅/住宅数量	村镇建设年报
		户均宅基地面积(m²)	调研家庭宅基地面积均值	村民问卷
	住宅配套	空调普及率(%)	拥有空调家庭/调查家庭	村民问卷
		网络普及率(%)	拥有网络家庭/调查家庭	村民问卷
		水冲式厕所普及率(%)	拥有独立卫生间家庭/调查家庭	村民问卷
		独立淋浴间普及率(%)	拥有独立淋浴间家庭/调查家庭	村民问卷
		独立厨房普及率(%)	拥有独立厨房间家庭/调查家庭	村民问卷
公共服务	道路交通	道路硬化率(%)	硬化道路长度/总道路长度	住建部数据
		有无公交	是否通公交(虚拟变量)	村主任问卷
	基础设施	供水普及率(%)	是否超过90%(虚拟变量)	村主任问卷
		供电普及率(%)	是否超过90%(虚拟变量)	村主任问卷
		电话普及率(%)	是否超过90%(虚拟变量)	村主任问卷
		燃气普及率(%)	是否超过90%(虚拟变量)	村主任问卷
		有线电视普及率(%)	是否超过90%(虚拟变量)	村主任问卷
	本级公共服务	是否有卫生室	是否有卫生室(虚拟变量)	村主任问卷
		是否有图书室	是否有图书室(虚拟变量)	村主任问卷
		是否有文化室	是否有文化室(虚拟变量)	村主任问卷
		是否有老年活动中心	是否有老年活动中心(虚拟变量)	村主任问卷
		是否有公共活动空间	是否有公共活动空间(虚拟变量)	村主任问卷
	外部公共服务	最近小学里程(km)	负向指标,需逆向标准化	村民问卷
生态环境	生态状况	乔木密度(棵/m²))	村庄乔木数量/村域面积	住建部数据
		农地面积占比(%)	耕地面积/村域面积	村主任问卷
	环境质量	污染源状况	5 km 范围内是否有污染企业(虚拟变量)	村主任问卷
	污染治理	污水处理	是否有污水处理厂(虚拟变量)	村主任问卷
		垃圾收集	是否有垃圾收集(虚拟变量)	村主任问卷
社会文化	邻里关系	与本村人交往	分级赋值(密切 1,一般 0.5,偶尔 0)	村民问卷
	历史文化	传统风貌	分级赋值:国家历史文化名村 1,省级 0.7,传统村落 0.5,乡村风貌 0.3,非乡村风貌 0	村主任问卷

　　居住条件包括居住水平、住宅质量和住宅配套三个方面。居住水平以户均住宅面积即行政村住宅面积除以户数来反映,但该指标的问题在于村庄统计中的户数为村庄户籍人口,忽略了非户籍人口,因此需以人均居住面积作为补充,其计算表达为村庄建筑面积除以常住人口。建筑质量用质量较好的住宅比例和户均宅基地面积指标体现。住宅配套状况包括网络普及率、空调普及率、独立卫生间普及率、独立水冲式厕所普及率和独立厨房普及率,由于配套率普遍较高,因此采用是否大于90%作为虚拟指标。

　　公共服务包括基础设施服务和公共设施服务两个方面。基础设施选择道路硬化率、公交和基础设施服务等,鉴于上海乡村的基础设施服务水平相对较高,因此基础设施服务以各项基础设施服务普及率是否达到90%进行判断。公共设施服务考虑本级公共设施和外部公共服务的可获得性,本级公共服务以本级服务设施配置状况度量,外部公共服务以小学就学最小距离度量。

　　生态环境涉及生态环境质量,但此类数据经常缺乏统计,村镇建设统计年报的数据多体现污染治理行动,诸如各类污染处理率、垃圾收集率等,缺乏反映乡村生态环境质量的指标。生态环境评价涉及生态状况、环境质量和污染治理三个方面。生态状况由乔木密度和农地比例两个指标组成,环境质量以污染源状况体现,表达为5 km范围内是否有污染企业;污染治理指标由污水处理和垃圾收集两个原始指标组成。

　　社会文化包括社会氛围和历史文化两个方面。社会氛围以邻里关系表达,来自村居调查中与本村其他村民的交往程度赋值。历史文化以传统风貌表达,按照国家级历史文化名村、省级历史文化名村、传统农村风貌、农村风貌和非农村风貌五种类型赋值。

2) 经济机会评价指标

　　对上海都市区而言,农业生产或村庄本身的生产功能在弱化,村庄不仅是农业生产场所和农业生产者的生活场所,同时也成为很多非农就业者的生活场所,尤其是外来经商务工人员,因此,影响村庄吸引力的不仅仅是其适居性,还包括经济因素。值得注意的是,其中的经济因素通常并非仅指村庄自身的经济条件,对准备在村庄定居的居民而言,更为看重的是在合理出行范围内能够获得的就业机会和收入水平,因此,对村庄人居环境的经济评价,准确地说应是对经济机会的评价,而非仅对村庄自身经济的评价(表 4-3)。

表 4-3　经济机会评价指标

二级指标	三级指标	原指标	计算、赋值	数据来源
区域条件	区县经济	所在区县人均 GDP	分级赋值	村庄属性
收入	居民收入	农民人均纯收入(元)	农民人均纯收入	村民问卷
	农业收益	主要农业地均收益(元/亩)	农业收益/农用地	村庄调查表
	特色产业	休闲农业服务业开发	定性分级赋值	村庄调查表
资金投入	财政扶持	人均政府拨款(元)	政府拨款金额/常住人口	村庄调查表
	社会保障	户均社保补助(元)	户社保补助金额均值	村民问卷
	环卫投入	千人专职保洁员数	保洁人员数/人数×1 000	住建部资料
社会资本	能人带动	能人带动作用	分级赋值	村民问卷
	人口素质	高中及以上学历比例(%)	高中以上人数/常住人口	"六普"数据
	就业结构	非农就业比例(%)	非农就业人口/就业人口	"六普"数据

　　村庄人居环境的经济机会包括两个部分。首先,是村庄能够提供的经济机会,其次,是村庄外围地区能够提供的经济机会,有时后者甚至比村庄自身的经济机会更加重要,如工业区周边的村庄。但对外围经济机会进行判断的难度在于,要在多大范围内考虑村庄定居居民的通勤距离,为此需要考虑村庄宏观区域中的经济区位,几乎可以肯定地说,上海村庄的经济吸引力与其说来自村庄自身,毋宁说是来自村庄在地域中的经济区位。

　　经济机会常与适居性相互渗透交叉,两者共同影响了人居环境。与适居性尤其是人工适居性(公共服务)相比,经济机会是一个更为区域化的概念,与村庄自身状况的关系相对较弱,换言之,相对于适居性,经济机会具有较高的空间尺度。基于此种考虑,经济机会首先应考虑区域背景,即村庄所处的区域条件。例如,大量外地人口受经济机会吸引从内地迁往沿海地区主要是由于区域条件的差异,外地人口迁入上海郊区村居的原因不在于村庄本身,而在于上海都市区的影响。区域条件主要从所处区县的人均 GDP 进行评价。

　　经济机会的第二个表现也是最为直观的表现是产业发展和收入。该方面通过三个指标进行评价:农民人均纯收入、农业生产地均收益和休闲农业服务业的发展。农民人均纯收入是经济水平的最直观表现。就第二个指标而言,尽管农业生产在经济中的地位下降,但非农产业的发展能够增进农业的收益,因此作为相对指标,农业生产地均收益能够反映出整体经济发展水平的影响。而休闲农业服务业作为增加农民收入的主要手段之一,对农村经济整体情况和就业机会而言也是重要指标。

经济机会的第三个方面是投资,无论是基础设施投资还是生产直接投资,都是促进经济发展的重要手段,对以投资拉动型为主的中国经济发展而言尤为重要。鉴于中国基层组织缺乏财政自主权,因此来自上级的资金支持对村庄经济的发展而言尤为重要。投资方面选择三个指标进行评价:人均政府拨款、户均社保补助金额和每千人村庄保洁员数量。前两者反映了政府资金的支持力度,后者则反映了村庄资金的丰裕程度。

经济机会的第四个方面是人力资本,在中国村庄发展的当前语境下,组织能力是村庄经济发展的短板,因此具有组织能力的所谓"能人"对于村庄资源的有效发挥具有至关重要的"催化"作用。中国的明星村庄(如南街村、华西村、大邱庄、九星村等)无一不是以能人为核心,在人力资本方面,村内能人对村庄的资源开发具有明显的带动作用。

4.2.3　指标权重

由于主、客观赋权方法具有一定的差异,为比较不同赋权方法的差异,拟采取特尔斐法、AHP法、变异系数权重法和熵值法分别分析其差异,在此基础上选择赋权方法。

特尔斐法研究者和专家打分,得到各指标权重。AHP权重在指标间相对权重比较的基础上进行计算。相对指标采取1(同等重要)、3(较后者更重要)、5(较后者绝对重要)三级,介于两者之间的可选择2、4。在一级指标层面,适居性与经济机会被赋予相同的权重,即相对重要性为1。其各自二级指标相对重要性见表4-4,三级指标同样依此标准计算。

表 4-4　适居性规则层二的相对重要性

适居性规则	居住状况	公共服务	生态环境	社会文化	几何均值	权重
居住状况	1	1	2	4	1.68	37.1
公共服务	1	1	2	4	1.68	37.1
生态环境	1/2	1/2	1	2	0.74	16.4
社会文化	1/4	1/4	1/2	1	0.42	9.3

表 4-5　经济机会规则层二的相对重要性

经济机会规则	区位条件	收入就业	资本投入	社会资本	几何均值	权重
区位条件	1	1/2	2	3	1.32	27.6
收入就业	2	1	3	4	2.21	46.1
资本投入	1/2	1/3	1	2	0.76	15.9
社会资本	1/2	1/4	1/2	1	0.5	10.4

　　客观赋权取决于指标在样本间分布的变异程度。先对原指标进行极差标准化,计算其均值、方差、变异系数、熵值、冗余度以及在准则层内的变异系数权重和熵值权重。如前所述,指标的冗余度和变异系数是决定其在准则层的相对权重的依据。但准则层的客观权重法仍存在困难:第一种方法利用原指标在准则层的分层客观权重计算准则层指标值,再根据该指标值的变异系数或冗余度计算在上一层级的分层客观权重,由此得到逐级相对权重,再计算各指标的总权重(即表 4-6 总权重 1),但问题在于,包含较多指标的准则层指标值存在被"中和"而客观权重变小的缺点。以此方法逐级向上计算,可得到准则层的相对指标。第二种是简单加和法,即将原指标在全体冗余度和变异系数中的份额逐级汇总值视作各级准则层的总体权重,但会导致包含较多指标的准则层获得较大权重,指标数量差异导致权重变化缺乏合理解释。鉴于准则层指标数量会导致变大和变小两种趋势,因此基于客观权重的确定取两者的几何均值并通过归一化进行计算。

表 4-6　变异系数权重

准则层一	准则层二	准则层三	原始指标	初始均值	变异系数	分层权重	总权重1	总权重2	综合权重
适居性					0.42	54.5	54.5	60.8	55.8
	居住状况				0.22	14.1	7.7	24.8	14.6
		居住面积			0.50	40.0	3	5.5	4.4
			户均面积	186.2	0.49	42.6	1.3	2.3	1.9
			人均面积	188.5	0.66	57.4	1.7	3.1	2.5
		住宅质量			0.35	28.0	2.2	4.9	3.6
			较好住宅比例	71.5	0.52	50.5	1.1	2.5	1.8
			宅基地面积	156.8	0.51	49.5	1.1	2.4	1.8
		住宅配套			0.40	32	2.5	14.4	6.6
			空调普及率	84.6	0.39	12.9	0.3	1.9	0.8
			网络普及率	49.4	0.62	20.5	0.5	3.0	1.3
			水冲厕所普及率	26.3	1.32	43.7	1.1	6.3	2.9
			淋浴间普及率率	93.4	0.34	11.3	0.3	1.6	0.8
			独立厨房普及率	96.8	0.35	11.6	0.3	1.6	0.8
	公共服务				0.12	7.7	4.2	10.2	6.8
		道路交通			0.25	23.8	1	2.9	1.9
			道路硬化率	83.59	0.34	54.8	0.5	1.6	1.0
			有无公交	92.59	0.28	45.2	0.5	1.3	0.9
		基础设施			0.20	19.0	0.8	1.0	1.0
			供水普及率	1	0	0		0.0	0.0
			供电普及率	1	0	0		0.0	0.0
			电话普及率	1	0	0		0.0	0.0
			燃气普及率	0.99	0.20	100	0.8	1.0	1.0
			有线普及率	1	0	0		0.0	0.0
		本级服务			0.26	24.8	1	4.7	2.3
			卫生室	0.89	0.35	35.7	0.35	1.7	0.8
			图书室	0.96	0.28	28.6	0.3	1.3	0.7
			文化室	1	0	0		0.0	0.0
			老年中心	1	0	0		0.0	0.0
			公共空间	0.89	0.35	35.7	0.35	1.7	0.8
		外部服务	最近小学	13.9	0.34	32.4	1.4	1.6	1.6
	生态环境				0.36	23.1	12.6	14.9	14.7

（续表）

准则层一	准则层二	准则层三	原始指标	初始均值	变异系数	分层权重	总权重1	总权重2	综合权重
		生态状况			0.62	35.8	4.5	7.7	6.4
			乔木密度	14.1	0.94	58.0	2.6	4.5	3.7
			农地比例	36.3%	0.68	42.0	1.9	3.2	2.7
		环境状况	有无污染企业	0.741	0.59	34.1	4.3	2.8	3.8
		污染治理		0.52		30.1	3.8	4.4	4.5
			污水处理	0.667	0.71	78.0	3	3.4	3.5
			垃圾收集	0.963	0.20	22.0	0.8	1.0	1.0
	社会文化				0.86	55.1	30	10.9	19.7
		邻里关系	交往频率	0.898	0.83	36.4	10.9	4.0	7.2
		传统风貌	传统风貌	0.107	1.45	63.6	19.1	6.9	12.5
经济机会					0.35	45.5	45.5	39.2	44.2
	区域经济	区县经济	区县发达程度	0.56	0.63	26.8	12.2	3.0	6.6
	收入就业				0.64	27.2	12.4	12.3	13.4
		农民收入	农民人均纯收入	14 413	0.60	23.4	2.9	2.9	3.2
		农业收益	农业地均收益	172	0.46	18	2.2	2.2	2.4
		产业拓展	休闲农业服务业	0.222	1.50	58.6	7.3	7.2	7.8
	资本投入				0.50	21.3	9.7	12.3	11.9
		财政扶持	人均政府拨款	351	0.73	28.2	2.7	3.5	3.4
		社会保障	户均社保补助	26 090	0.74	28.6	2.8	3.5	3.4
		环卫投入	千人专职保洁员	10.35	1.12	43.2	4.2	5.3	5.1
	社会资本				0.58	24.7	11.2	11.6	12.3
		能人带动	能人带动作用	0.296	1.35	55.1	6.2	6.4	6.9
		人口素质	高中以上人口比	16.7	0.68	27.8	3.1	3.2	3.4
		就业结构	非农就业比	75.5	0.42	17.1	1.7	2.0	2.0

表 4-7　熵值权重

准则层一	准则层二	准则层三	原始指标	熵值	冗余度	分层权重	总权重1	总权重2	综合权重
适居性				0.931	0.069	40.4	40.4	60.8	49.4
	居住状况			0.995	0.005	2.6	1.1	24.8	6.3
		居住面积		0.949	0.051	43.6	0.5	5.5	2.0
			户均面积	0.952	0.048	36.9	0.2	2.3	0.8

（续表）

准则层一	准则层二	准则层三	原始指标	熵值	冗余度	分层权重	总权重1	总权重2	综合权重
			人均面积	0.918	0.082	63.1	0.3	3.1	1.2
		住宅质量		0.977	0.023	19.7	0.2	4.9	1.2
			较好住宅比例	0.938	0.062	57.4	0.1	2.5	0.7
			宅基地面积	0.954	0.046	42.6	0.1	2.4	0.6
		住宅配套		0.957	0.043	43.7	0.5	14.4	3.1
			空调普及率	0.970	0.030	7.6	0.0	1.9	0.3
			网络普及率	0.932	0.068	17.2	0.1	3.0	0.6
			水冲厕所普及率	0.757	0.243	61.6	0.3	6.3	1.6
			淋浴普及率	0.973	0.027	6.8	0.0	1.6	0.3
			厨房普及率	0.973	0.027	6.8	0.0	1.6	0.3
	公共服务			0.998	0.002	1.1	0.4	10.2	8.2
		道路交通		0.985	0.015	22.7	9.2	2.9	6.4
			道路硬化率	0.976	0.024	51.1	4.7	1.6	3.4
			有无公交	0.977	0.023	49.9	4.6	1.3	3.0
		基础设施		0.989	0.011	16.7	0.1	1.0	0.3
			供水普及率	1	0	0	0.0	0.0	0.0
			供电普及率	1	0	0	0.0	0.0	0.0
			电话普及率	1	0	0	0.0	0.0	0.0
			燃气普及率	0.989	0.011	100	0.1	1.0	0.3
			有线普及率	1	0	0	0.0	0.0	0.0
		本级服务		0.983	0.017	25.8	0.1	4.7	0.9
			卫生室	0.965	0.035	37.6	0.0	1.7	0.3
			图书室	0.977	0.023	24.8	0.0	1.7	0.3
			文化室	1	0	0	0.0	0.0	0.0
			老年中心	1	0	0	0.0	0.0	0.0
			公共空间	0.965	0.035	37.6	0.0	1.7	0.3
		外部服务	最近小学	0.977	0.023	34.8	0.2	1.6	0.6
	生态环境			0.966	0.034	18.0	7.3	14.9	12.2
		生态状况		0.937	0.063	26.4	1.9	7.7	4.7
			乔木密度	0.891	0.109	53.7	1.0	4.5	2.6
			农地比例	0.906	0.094	46.3	0.9	3.2	2.1
		环境状况	有无污染企业	0.910	0.090	37.6	2.7	2.8	3.4

（续表）

准则层一	准则层二	准则层三	原始指标	熵值	冗余度	分层权重	总权重 1	总权重 2	综合权重
		污染治理		0.914	0.086	36.0	2.6	4.4	4.1
			污水处理	0.878	0.122	91.7	2.4	3.4	3.5
			垃圾收集	0.989	0.011	8.3	0.2	1.0	0.6
	社会文化			0.852	0.148	78.3	31.6	10.9	22.8
		邻里关系	交往频率	0.843	0.157	32.2	10.2	4.0	7.8
		传统风貌	传统风貌	0.669	0.331	67.8	21.4	6.9	15.0
经济机会				0.898	0.102	59.6	59.6	39.2	50.6
	区域经济	区县经济	区县发达程度	0.637	0.363	45.3	27.0	3.0	11.0
	收入就业			0.857	0.143	17.9	10.7	12.3	13.8
		农民收入	农民人均纯收入	0.958	0.042	9.4	1.0	2.9	2.1
		农业收益	农业地均收益	0.925	0.075	16.7	1.8	2.2	2.4
		产业拓展	休闲农业服务业	0.668	0.332	73.9	7.9	7.2	9.2
	资本投入			0.949	0.051	6.4	3.8	12.3	8.4
		财政扶持	人均政府拨款	0.888	0.112	30.7	1.2	3.5	2.5
		社会保障	户均社保补助	0.911	0.089	24.4	0.9	3.5	2.2
		环卫投入	千人专职保洁员数	0.836	0.164	44.9	1.7	5.3	3.7
	社会资本			0.756	0.244	30.4	18.1	11.6	17.4
		能人带动	能人带动作用	0.663	0.337	74.9	13.6	6.4	11.4
		人口素质	高中以上人口比	0.922	0.078	17.3	3.1	3.2	3.9
		就业结构	非农就业比	0.965	0.035	7.8	1.4	2.0	2.1

表 4-8　各准则层权重表

准则层一	准则层二	准则层三	熵值权重	变异系数权重	AHP	DELPHI
适居性			49.4	55.8	50.0	50.0
	居住条件		6.3	14.6	18.5	16.5
		居住面积	2.0	4.4	10.2	5.0
		住宅质量	1.2	3.6	3.3	5.5
		住宅配套	3.1	6.6	5.0	6.0
	公共服务		8.2	6.8	18.5	15.0
		道路交通	6.4	6.9	6.7	5.3
		基础设施	0.3	1.0	2.6	3.0
		本级服务	0.9	2.3	4.6	3.0

（续表）

准则层一	准则层二	准则层三	熵值权重	变异系数权重	AHP	DELPHI
		外部服务	0.6	1.6	4.6	3.7
	生态环境		12.2	14.7	8.5	9.5
		生态状况	4.7	6.4	4.6	3.8
		环境状况	3.4	3.8	2.6	3.8
		污染治理	4.1	4.5	1.3	2.2
	社会文化		22.8	19.7	4.5	9.0
		邻里关系	7.8	7.2	1.8	4.5
		传统风貌	15.0	12.5	2.7	4.5
经济机会			50.6	44.2	50.0	50.0
	区域经济	区县经济	11.0	6.6	14.0	8.0
	收入就业		13.8	13.4	23.0	22.5
		村民收入	2.1	3.2	12.5	10.5
		农村收益	2.4	2.4	6.0	6.0
		产业开发	9.2	7.8	4.5	6.0
	资本投入		8.4	11.9	8.0	9.5
		财政扶持	2.5	3.4	3.2	3.9
		社会保障	2.4	3.4	1.6	2.8
		环卫投入	2.7	5.1	3.2	2.8
	社会资本		17.4	12.3	5	5
		能人带动	11.4	6.9	2.0	1.7
		人口素质	3.9	3.4	2.0	2.0
		就业结构	2.1	2.0	1.0	1.3

从各种主、客观赋值方法得到的结果看，主观判断更重视人工环境和物质设施的建设，传统建设项目如住宅、基础设施、公共服务、污染治理等导致的指标具有较高的权重，而生态环境、社会文化等心理情感方面的软环境指标普遍被忽视。基于客观数据的权重分析表明，上海乡村在物质建成环境方面差异不大，传统上被认为是人居环境核心的居住、基础设施等指标的变异程度较低，因此获得的权重也较低，而人居环境软指标普遍具有较高的差异性，并获得了较高的权重。

这表明，两种思路之间存在着较大的冲突，在某种程度上也表明在规划学科领域，建设为主的思路依然主导着本应是社会经济问题的乡村人居环境研究。

此外,外部公共服务和区域经济也具有高于主观赋值的权重,表明乡村更多受到宏观区域环境的影响,因此追求在乡村范围内解决乡村问题无异于画地为牢。从主、客观各赋权方法权重值的相关系数看,两种主观赋值方法之间、两种客观赋值方法之间的相关系数均在 0.9 以上,表明主观和客观方法均具有逻辑上的一致性,但主、客观赋值方法之间的相关系数明显下降。熵值法与两种主观赋值法的相关性不足 0.6,变异系数法与两主观赋值法的相关系数在 0.75 左右,表明熵值法较变异系数法对指标变异程度的依赖更强。

由于指标体系中层级的指标数量相差较大,而变异系数法较之熵值法与基于直观判断的主观赋权法具有较好的兼容性,因此指标体系权重的确定采取变异系数法。

4.2.4　评价结果

可持续发展、生态文明和"两山理念"都提出协调兼顾发展和环境的关系,重视协调发展与环境之间存在的冲突。鉴于这种冲突是否可以协调尚存在争议,因此协调具有双重含义:一种是乐观主义,认为能够通过(技术或非技术)手段消除或减轻两者的冲突;另一种是现实主义,在承认两者冲突的基础上通过协调来权衡取舍。目前,相应理念对于协调的含义无明确规定,从现实情况看,尽管第一种含义更具有价值,但第二种含义操作的可行性更高。鉴于乡村人居环境的适居性和经济机会可分别视为环境和发展的两个维度,以下拟就其评价结果分别展开论述。

1) 适居性

从适居性评价结果(附表 a-1)看,适居性较高的村庄多位于廊下、三星、朱家角、大团镇等农业乡村地区,得分较低的多位于南翔镇的半城市化乡村,居住条件和公共服务等在主观赋值中被高度重视的建设水平指标,因其较小的样本间差异和相应权重导致了较低的适居性贡献率(图 4-3)。差异较大的生态环境和社会文化对于适居性具有较强的决定性影响。概括言之,在客观指标权重下,半城市化乡村的生态环境和社会文化特色短板被放大,偏远乡村地区的公共服务短板被缩小,尽管这一评价与全国水平的认知不完全一致,但对于公共服务水平较高的上海乡村而言有其合理性。适居性结果表明,对上海乡村适居性而言,改善适居性的重点将从住房、公共服务设施等传统建设内容转向生态环境培育和社会文化软环境培育。

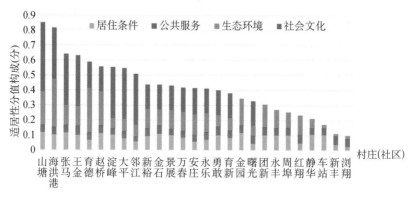

图4-3 调查样本村庄适居性分值构成(按分值降序排列)

2) 经济机会

从经济机会评价结果(附表 a-2)看,经济机会最高的为半城市化乡村的南翔镇各村,其次为浦东新区大团镇的部分村庄,以农业为主导的三星、廊下、朱家角各村得分普遍较低(图 4-4)。从经济机会的主要因素贡献看,外部机遇即所在区县经济构成了经济机会的基础,社会资本的影响次之,表明所处区位和人的主观能动性是经济机会的主要动因,经济产业和资本投入仅体现目前的经济表现。与传统上受到重视的收入产业、资本投入等当前经济水平不同,经济机会体现的

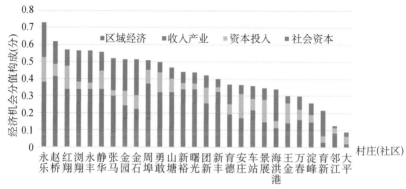

图4-4 调研村庄经济机会分值构成(按分值降序排列)

是经济发展的潜力,其范畴和内涵要大于当前经济状况。众多文献研究也表明,驱动居民迁移和就业地选择的是对经济机会的预期而非仅仅是当前经济状况。在大都市村庄,这种状况尤为明显,人口进行居住地和工作地选择并非基于"该村"经济如何而是在其间定居或就业的经济机会。

3) 人居环境评价

将适居性和经济机会加权求和得到的人居环境整体评价结果(附表 a-3)表明,只有人居环境和经济机会均较好的村庄具有较高的分值,空间分布也缺乏明显的规律性(图 4-5)。此外,人居环境综合评价分值的离散程度(0.25)低于适居性离散度(0.44)和经济机会离散度(0.35),表明综合得分是适居性和经济机会折中的结果。该结果隐含一个假设:上海调研村庄的适居性与经济机会之间呈负相关,尽管经济机会有助于提升公共服务水平,但对居住方式、生态环境的负面效应大于其对公共服务的提升作用。为此,以适居性、经济机会分别作为纵横坐标判断其关系走向,如图 4-6 所示,尽管相互关系很弱,但适居性的确具有随经济机会上升而下降的趋势,两者呈弱负相关关系,相关系数为 − 0.28。两者较低的相关系数也暗示了一个值得欣慰的信息:低经济机会并不一定对应着较低的人居环境,表现为在大致相同的适居性水平上具有较大的经济机会差异,也可以在相近的经济机会上具有较大的适居性差异。

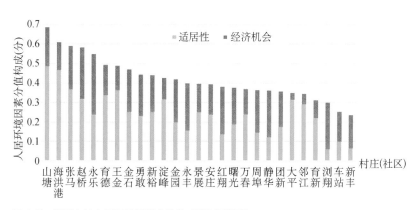

图 4-5　调研乡村人居环境因素分值构成(降序排列)

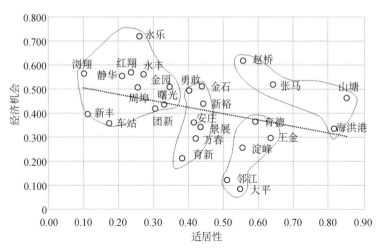

图 4-6　村庄适居性与经济机会的匹配关系

　　以适居性、经济机会作为坐标轴的分布图可将调查村庄分为 4 组。第一组为高适居性、高经济机会村庄,包括赵桥、山塘、张马、海洪港等村庄,多数为采取生态观光特色农业为发展手段的村庄,较好地做到了经济机会与适居性之间的平衡。第二组为经济机会较高但适居性较差的村庄,包括南翔镇的半城市村庄和大团镇的多数村庄,第三组为高适居、低经济水平组,多分布在崇明和青浦西部,为上海市控制开发的生态敏感区。第四组为发展特色不显著的一般乡村,包括廊下、大团、青浦和南翔的部分乡村,经济机会和适居性均处于中间水平。

4.3　认知评价

4.3.1　指标体系

　　认知评价依据居民问卷调查中的满意度调查数据进行评价。问卷调研中对居民满意度调研同样涉及适居性和经济机会的各个方面,其评价采取 5 级跨度:1—极不满意、2—不满意、3——一般、4—满意和 5—很满意。

　　适居性评价的一二级指标选择与客观指标相同,三级指标根据调查内容做适当调整。经济机会的评价采用两级指标体系,其二级指标采用模糊判断方法,包括村庄发展前景预期、村庄经济满意度和政策实施满意度三个指标,其中村庄发展前景预期大致对应区域经济,体现居民对宏观经济背景的认知;村庄经济满意度大致对应收入与产业,政策实施满意度大致对应资本投入和社会资本,体现了资金政策支持及村庄组织能力(表 4-9)。

表 4-9　满意度评价指标

一级指标	二级指标	三级指标	来源	均值	变异系数	变异系数权重	Delphi权重
适居性				0.60	0.249	0.37	—
	居住状况			0.62	0.354	0.27	0.33
		住宅满意度	居民问卷	0.70	0.328	0.46	0.55
		居住条件满意度	居民问卷	0.56	0.434	0.54	0.45
	公共设施			0.54	0.212	0.16	0.30
		公共交通满意度	居民问卷	0.43	0.440	0.22	0.27
		卫生室满意度	居民问卷	0.53	0.489	0.24	0.25
		就学满意度	居民问卷	0.68	0.355	0.18	0.27
		文体设施满意度	居民问卷	0.36	0.739	0.36	0.21
	生态环境			0.73	0.297	0.22	0.19
		环境质量满意度	居民问卷	0.78	0.312	0.44	0.51
		环境卫生满意度	居民问卷	0.69	0.405	0.56	0.49
	社会文化			0.55	0.448	0.35	0.18
		村庄建设满意度	居民问卷	0.64	0.411	0.42	0.45
		生活状态满意度	居民问卷	0.48	0.559	0.58	0.55
经济机会				0.62	0.420	0.63	—
	发展预期	发展预期	村主任问卷	0.67	0.707	0.46	0.16
	经济	经济满意度	村民问卷	0.52	0.468	0.30	0.45
	政策	政策满意度	村民问卷	0.69	0.366	0.24	0.39

各级指标分别使用特尔斐法和变异系数法赋权,评价最终采用变异系数权重。适居性评价体系指标权重计算表明,与客观评价相同,主观赋值法(特尔斐法)与客观赋权方法相比,注重住房和公共设施等硬环境,而对生态环境和社会文化的关注较少。在经济机会方面,主观赋值法更侧重现状条件,而客观赋权法更强调发展预期,主要原因在于被访者的现状满意度普遍较高,导致该指标变异系数较低,而对未来预期差异较大,拉高了变异系数权重。

4.3.2 评价结果

 总体而言,居民对适居性的满意度不高(附表 a-4),适居性满意度均值为
0.60,变异系数为 0.248,表明多数村庄居民的满意度相差不大(图 4-7)。适居
性满意度较高的村庄多为农业村庄尤其是较为偏远地区的农业村庄,半城市化
村庄适居性满意度普遍较低,与指标评价结果较为一致。从适居性满意度看,满
意度的主要贡献因素为居住满意度、生态环境满意度和社会文化满意度,体现了
乡村居民对于居住环境舒适和社区氛围的追求,公共服务的贡献率相对较低,这
与上海乡村公共服务水平普遍较高有关。

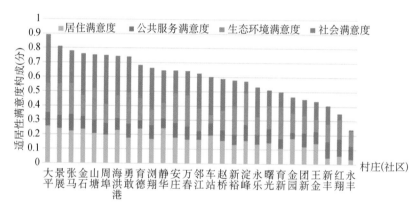

图 4-7　调研乡村适居性满意度构成(降序排列)

 经济机会满意度均值略高于适居性满意度(附表 a-5),均值达到 0.63,但
村庄间差异较大,变异系数为 0.42。经济机会满意度空间分布缺乏明显的规
律性,高值地区和低值区均既包括崇明的农业村庄也包括半城市化村庄,表明
经济满意度受被访者的心理感受影响较大。经济发达地区年轻人口居多,对
经济满意度的阈值较高,落后地区对经济满意度的阈值较低(图 4-8)。如分值
最高的海洪港村,在客观指标评价中在 27 个村庄中处于第 20 位,但经济满意
度评价却高居榜首;而客观指标评价中第一的永乐村,在经济机会满意度评价
中仅列第 4 位,且其失分项恰恰是其最显著的优势——现状经济实力。此种现
象表明,影响个体行为的认知是十分复杂的,与研究者认为的"客观实际"具有

较大反差。

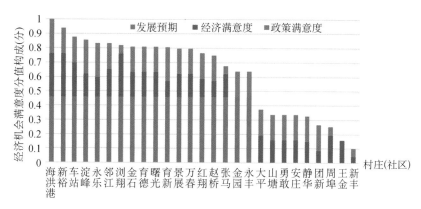

图 4-8　调研乡村经济机会满意度及分值构成(降序排列)

　　基于加权分值的人居环境满意度评价(附录 a-6)表明,分值较高的为三星镇海洪港村、南翔镇新裕村、廊下的景展社区、大团镇金石村,多为邻近城镇的农业村庄,具有相对较高的前景预期和适居性,农村居民较低的需求阈值和村庄相对较好的经济机会拉高了对这些地区的经济机会评价,同时尚未受到工业化和城市化影响的适居性也保持了较高的分值(图 4-9)。相对而言,距离城镇较远的乡村或已经城市化的乡村,前者因区位不佳影响了居民的预期,后者则因居民需求阈值较高导致经济机会低估。

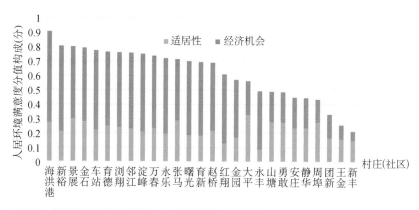

图 4-9　调研乡村人居环境满意度及分值构成(降序排列)

　　从适居性满意度和经济机会满意度两者的关系看,由于较低的社会经济地位拉低了需求阈值和居民期望,因此两者的满意度呈现出极其微弱的正相关

(0.054)(图 4-10)。村庄分布大致分为五组:低适居性、高经济机会满意度(永丰、红翔),低适居性、低经济机会满意度(新丰、王金、团新),高适居性、高经济机会满意度(海洪港、景展、张马、金石),高适居性、低经济机会满意度(静华、安庄、勇敢、山塘、周埠、大平)和"均衡组"(其余村庄)。

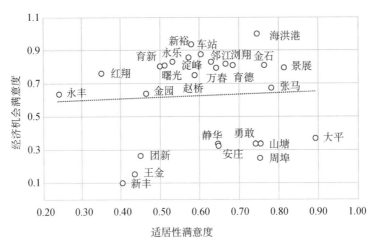

图 4-10　适居性满意度(横轴)和经济机会满意度(纵轴)的关系

4.3.3　认知评价和指标评价关系

以适居性指标评价为横坐标、适居性满意度评价为纵坐标绘制散点图,结果表明两者之间呈正相关关系(相关系数 0.432)(图 4-11)。经济机会评价与经济条件满意度评价的关系更为离散,且相关系数表明两者之间几乎不相关(0.004)(图 4-12),主要原因在于认知评价受被访者认知水平的影响和较低的满意度阈值影响,反映了被访者满意度阈值对经济机会评价的"中和"作用。经济机会较低的崇明区村民均高估其经济机会,地处大陆的相对偏远村庄或经济机会确实不佳或尚可的村庄(安庄、山塘、新丰、静华等)未被高估,体现了居民认知水平的差异。受适居性、经济机会指标评价和认知评价差异的影响,人居环境指标评价和认知评价间的正相关关系也较弱(0.192)(图 4-13)。

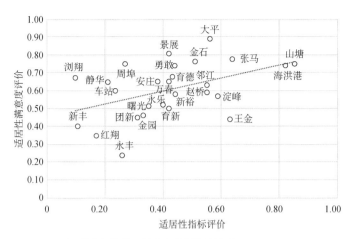

图 4-11　适居性指标评价及其满意度评价的关系

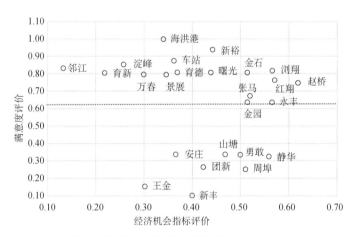

图 4-12　经济机会指标评价及其满意度评价的关系

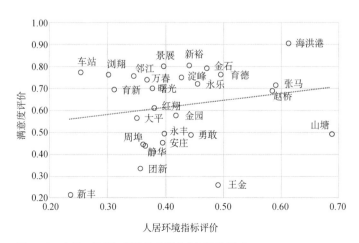

图 4-13　人居环境指标评价及其满意度评价的关系

　　指标评价与满意度评价偏差的主要原因可能在于以下方面。首先,评价指标权重尽管选择了变异系数法,但无法排除指标选择的主观性。其次,个体样本的价值判断差异,如传统农村地区的被访者多以老年人口为主,满意度阈值很低。适居性及经济机会的客观数据评价与相应满意度调查之间的偏差表明,不同属性个体对于相同客观条件的认知和判断标准之间存在很大的差异,而村民的行为取决于村民的判断而非研究者的判断,因此从村民自身角度研究其感受和行为,对于改善村庄人居环境、引导人口分布具有重大意义,而研究者、规划者代为判断决策往往存在很大的偏差。

　　为更直观理解指标评价和认知评价之间的差异,研究采用了变化度概念对其位序变化程度进行度量,位序的上升不仅与上升程度有关,也与变化的起止位序有关,例如同样上升了 1 名,第 2 名上升到第 1 名与第 27 名上升到第 26 名的意义是完全不同的,因此使用位序变化除以初始位序能够反映名次变化的重要性,但由此也导致一个问题,即原来位序较大的即使进步很大也很难超过 1,但由较小位序降到很大位序则很容易超过 1,导致对上升、下降的度量不一,因此设计的变化度度量公式为 $(R_i - R_j)/\mathrm{Min}(R_i, R_j)$,即位序变化幅度除以首末位序中的较低值,以保证变化度量的均衡。从各村的变化看(表 4-10),人居环境质量从指标评价到认知评价变化度最高的是车站村,人居环境质量从倒数第 2 提高到第 5,适居性和经济机会的认知评价均高于指标评价,类似的情况也发生在新裕、景展、浏翔等,这些村庄均为城市化改造较快的村庄,一定程度上反映出乡村居民对适居性的认知仍停留在物质硬件设施层面,对软环境的评价不够重视。与此形成对比的是山塘村,指标评价为第 1 名,但认知评价下降到第 20 名,其所具有的软环境优势如传统风貌、乡野景观等在村民认知中的地位不高。

表 4-10　指标评价和认知评价的排名及变化度

地域		人居环境			适居性			经济机会		
所属镇	村名	指标	认知	变化度	指标	认知	变化度	指标	认知	变化度
大团	车站	26	5	4.2	25	15	0.7	19	3	5.3
南翔	新裕	10	2	4.0	10	17	-0.7	13	2	5.5
廊下	景展	14	3	3.7	12	2	5.0	20	13	0.5
南翔	浏翔	25	7	2.6	27	10	1.7	4	7	-0.8

（续表）

地域		人居环境			适居性			经济机会		
所属镇	村名	指标	认知	变化度	指标	认知	变化度	指标	认知	变化度
三星	邻江	23	8	1.9	9	14	− 0.6	26	6	3.3
三星	海洪港	2	1	1.0	2	7	− 2.5	21	1	20.0
廊下	万春	18	10	0.8	13	13	0.0	23	12	0.9
大团	金石	7	4	0.8	11	4	1.8	9	10	− 0.1
三星	育新	24	14	0.7	16	21	− 0.3	25	11	1.3
南翔	曙光	17	13	0.3	18	20	− 0.1	14	9	0.6
朱家角	淀峰	11	9	0.2	7	18	− 1.6	24	4	5.0
三星	大平	22	18	0.2	8	1	7.0	27	19	0.4
南翔	红翔	16	16	0.0	23	26	− 0.1	3	14	− 3.7
南翔	新丰	27	27	0.0	26	25	0.0	16	27	− 0.7
南翔	静华	20	23	− 0.2	24	11	1.2	6	23	− 2.8
大团	团新	21	25	− 0.2	19	23	− 0.2	15	24	− 0.6
三星	育德	5	6	− 0.2	5	9	− 0.8	17	8	1.1
大团	周埠	19	24	− 0.3	21	6	2.5	10	25	− 1.5
南翔	永乐	8	11	− 0.4	22	19	0.2	1	5	− 4.0
大团	金园	12	17	− 0.4	17	22	− 0.3	8	17	− 1.1
南翔	永丰	13	19	− 0.5	20	27	− 0.4	5	18	− 2.6
朱家角	安庄	15	22	− 0.5	14	12	0.2	18	21	− 0.2
廊下	勇敢	9	21	− 1.3	15	8	0.9	11	22	− 1.0
大团	赵桥	4	15	− 2.8	6	16	− 1.7	2	15	− 6.5
朱家角	张马	3	12	− 3.0	3	3	0.0	7	16	− 1.3
朱家角	王金	6	26	− 3.3	4	24	− 5.0	22	26	− 0.2
廊下	山塘	1	20	− 19.0	1	5	− 4.0	12	20	− 0.7

4.4　实效评价

4.4.1　评价指标体系

无论客观指标评价还是主观认知评价,一个关键问题在于评价结果的验证,无法验证的评价只能是"自说自话"。从理论上看,好的人居环境意味着高生活质量和丰富的就业机会,对人口具有较强的吸引力。从这个意义上说,尽管不断吸引人口迁入的聚落未必是因其人居环境质量较高(区位也起着很大的作用),但人口不断流失的聚落肯定是人居环境质量发生了问题。因而,居民的"用脚投票"是对乡村人居环境的最终检验,人口流动性能够真正体现人居环境建设的绩效,因此将基于人口流动探讨的人居环境评价称为实效评价。

实效评价的基本假设是:人居环境质量高的聚落对人口的吸引力会增加,作为人们生活居住的地方,聚落的最本质功能是承载吸纳人口,人口吸引能力是人居环境评价结果检验的试金石。实效评价拟选择三个指标进行度量,首先是已经发生的人口流动后果,具体体现为常住人口/户籍人口,该值越高,表明对人口的吸引力越大。其次是村民迁出的意愿,包括三个选项:是、否和说不清楚,分别赋值 0、1 和 0.5 分,并分别计算各村居民选择分值的均值,作为村庄居留意愿指标数值,分值越高表明居民不愿迁出或就近迁出的比例越高,说明人居环境越好。第三个指标为"希望子女居住地选择",类型分为村庄、镇、县城、城市和大城市 5 类,村庄、镇和县城均默认为本村、本镇和本县,对上述五种类型分别赋值为 1、0.75、0.5、0.25 和 0 分,以村庄居民选择分值均值作为指标值,分值越高也说明村庄人居环境的吸引力越大。

同样采用变异系数赋权法得到的聚落环境评价指标体系如表 4-11 所示,特尔斐法权重也列出作为对比。变异系数赋权法表明,相对于村民意愿而言,人口流动系数展示了较大的变异系数,因此也具有较高的权重。

表 4-11　人居环境实效评价指标体系

指标	含义	数据来源	均值	变异系数	权重	DELPHI 权重
人口流动系数	常住人口/户籍人口	村主任问卷	0.23	1.076	0.54	0.34
本人居住意愿	分类赋值	村民问卷	0.76	0.380	0.19	0.34
子女居住意愿	分类赋值	村民问卷	0.45	0.548	0.27	0.32

4.4.2　评价结果

实效评价结果表明(附表 a-7),半城市化村庄均具有较好的表现,除乡村旅游发展较好的村庄以外,农业乡村普遍表现不佳,反映了经济机会对人口流动的主导作用(图 4-14)。高分值区的主要拉动因素为较高的流动系数驱动,次高分值乡村主要由较高的本人留居意愿导致。

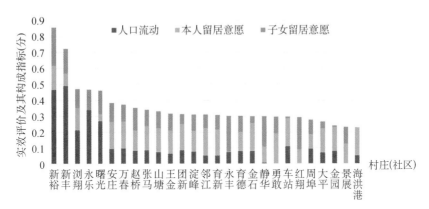

图 4-14 实效评价及其构成指标加权分

4.4.3 不同评价的偏差诠释

指标评价与满意度评价之间出现较大偏差,那么哪个评价更符合实际,实效评价能否做出验证和裁决? 对此,拟分别将指标评价、满意度评价得到的人居环境评价与实效评价进行对比。

实效评价分值与指标评价分值、认知评价分值的相关系数分别为 - 0.195 和 - 0.068,与两者均为负相关,似乎验证了行为和认知、现实之间的不一致,但两者极弱的相关关系甚至不相关,却又为两者之间的关系提供了多种复杂的可能性,也为可持续发展的探索提供了希望(图 4-15)。

综上,指标评价、满意度评价与实效评价之间的关系均不明显且相关符号与预期相反,表明聚落对人口的吸引力十分复杂(图 4-16)。影响因素不仅涉及客观指标,也涉及不同社会经济属性的个体对客观现状的认知能力和认知水平,更受到外部社会制度环境的制约。

尽管从理论上而言,客观现实、居民认知和空间选择行为之间具有内在的逻辑一致性,但由于多种因素的交织混杂,使得这种逻辑一时难以通过评价得分相关性体现出来。对于这一情况,可能存在以下原因:首先,村庄对人口的吸引力

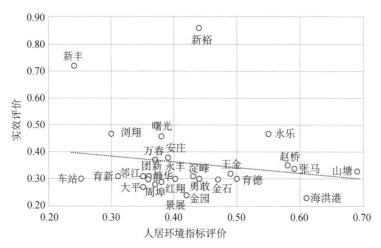

图 4-15　人居环境指标评价与实效评价的关系

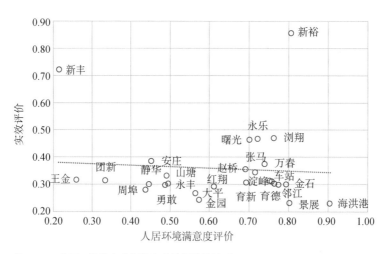

图 4-16　人居环境满意度评价和实效评价的关系

不等于吸引能力。吸引力（Attractiveness）指村庄聚落对吸引人口或留住村庄人口所表现出的实际效果，而吸引能力（Attration）指与聚落属性有关的内在吸引力。吸引能力转化为可见的吸引力需要结合空间互动作用，即吸引力是吸引能力和空间互动综合作用的结果，由于反映实际效应的吸引力中未能有效区分吸引能力和空间互动，因此出现指标评价、认知评价与实效评价之间的不相关。以后研究中如何将与聚落属性相关的固有人口吸引能力从混合了空间互动的吸引力中区分开来，对于评价聚落人居环境质量和效应更为重要。此外，无论是满意度评价还是实效评价,其中的人口均视为单一均值群体,但如前所述,在上海乡村中存在着巨大的人口社会经济属性差异,本地人口与外来人口、年轻人和老年人的评价和行为均不相同,将研究对象分类探讨或许能够厘清其中的关系。最后,人居环境质量中涉及两个理论上呈负相关的一级指标:适居性和经济机会,尽管研究赋予了统一的权重,但不同村庄、不同人群、不同个体对经济机会和适居性赋予的权重完全不同,因此会导致满意度评价与实效评价存在较大的偏差。其中一个隐含的假定是:由于人口迁移的选择性,人居环境中的适居性和经济机会对于不同人口的流动即适居性实效评价的影响是不同的,因此今后有必要从不同人群的人口流动性角度对村庄的人居环境进行更为深入的解读。

第5章　上海农业乡村人居环境

5.1　地域概况

受都市区半城市化进程的影响,上海的农业乡村地区残存于当前半城市化力量波及较小的三个地区:以崇明为代表的北部沙岛地区,以南汇、奉贤为代表的东南部沿海高沙平原地区,以及分布在青浦、松江、金山等区外围的西部淀泖地区,分别代表了北部沙岛、东乡滨海高沙平原和西乡淀泖洼地三种自然地理区的乡村特征(图5-1)。

图 5-1　上海地貌分区
资料来源:改绘自周振鹤《上海历史地图集》[44]。

导致农业乡村地区并归为一类的原因在于,上海都市区半城市化的主导作用使得半城市化乡村和农业乡村的差异成为主要差异,即半城市化社会经济进程的主导性影响弱化了农业乡村地区之间的传统自然差异。然而,尽管同为农业乡村地区,彼此之间的自然禀赋、历史进程和乡村人居环境依然存在着较大的差异,深入分析这些差异有助于更好地理解上海农业乡村的传统人居环境特质。

上海的自然环境大致以"冈身"为界分为东乡滨海高沙平原和西乡淀泖洼地两

大部分,由于历史上的"干田化"过程使得西乡淀泖洼地范围不断缩减,实际状况略显复杂。总体而言,以淀泖低地为中心的外围高沙地带,大致可分为3个分区:①东部典型滨海高沙平原;②东北部称为"江乡"的吴淞江、黄浦江沿线的沿江高沙平原;③受江海混合影响较大的河口沙洲崇明岛。当前农业乡村主要残存于西部淀泖洼地、北部沙洲岛屿和东部滨海高沙平原,而沿江高沙平原已经普遍半城市化。

5.1.1　自然环境

1) 北部沙洲岛屿——崇明

崇明是世界最大的河口沙洲岛屿,由河口泥沙沉积物形成,地势低平、地下水位高,海拔多在3.2~4.2 m,地下水埋深仅−0.86 m,水土资源丰富,但不足之处是土壤沙瘠,肥力不足。经过长期的耕作和脱盐化,当前半数以上土壤成为水稻土,近四成为潮土,盐土仅剩一成。

由于岛屿的闭塞区位,崇明成为上海都市区内生态环境和农业乡村特质保存最为完好的地区,是我国重要的河口生态敏感区和东亚候鸟迁移的主要中转站。20 世纪 80 年代初,建设用地占比仅为 18%,此后经历了乡村工业化,建设用地比例不断增长。进入新世纪后,经过工业用地清理腾退和新滩涂的围垦,2016 年建设用地比例下降到 10.6%,农用地构成了崇明土地使用的主体。但计划经济时期的大规模农业垦殖和渔业采捕,导致了农业用地对自然生态用地的挤压和生物多样性的降低,如 80 年代全县收购的黄鼠狼皮张就达到1.6 万张/年,东部的"战鸿村"得名于人类为开垦农田驱赶大雁,长江口水域的刀鱼、鲥鱼、蟹苗、鳗鱼苗等水产资源也因过度捕捞而逐渐枯竭。因此,尽管崇明并未经历大规模的工业化和城市化,但农业对生态用地的侵占、过度捕捞、农业面源污染等生态环境问题也普通存在,残存的自然生态环境主要集中在西沙、东滩等少数边缘地区。尽管如此,崇明依然是当前上海生态环境保存最完好的地区,2010 年以来逐步确定生态发展之路,目前已经确定"世界级生态岛"的战略目标。

崇明水系多为人工开凿或改造的"泯沟",形成了以南北横引河为主干的方格状水网系统。所有河流均为感潮河流,但有少数干河通过闸门与外水相通,秋冬季节阻挡咸潮内灌,农作季节引潮灌溉。相对较少的自然河流主要包括具有地方特色的洪和潋,其中洪为原沙洲之间逐渐窄浅的水道,潋为近江海凹入陆地的可泊舟水道,似为洪淤浅后的残迹。

沙洲涨坍无常、成陆时间较晚,在一定程度上影响了开发过程中的文化积淀和聚落组织,从而城镇发育程度较低、乡村聚落小而分散。村镇聚落常沿开凿的"泯沟"呈长带状分布,市镇不发达,自然村连绵成界限不明显的长带形。

2)东部滨海高沙平原

"冈身"以东的大陆部分统称为沿海高沙平原,但以成陆最晚的浦东地区最为明显,地理意义上的浦东包括原川沙、南汇,以及奉贤的东部。

浦东成陆主要由于长江泥沙与海潮、钱塘江水流交汇顶托而沉积,在长江水流与钱塘江水流交汇处形成南汇嘴。泥沙的不断堆积,使得地势不断增高,海拔多在 2.5~3 m,地形平坦而略有起伏,以彭公塘一带最高,向东西两侧缓慢倾斜降。以南汇为例,根据成陆时间由西向东分为四个部分:唐代下沙海岸线以西的老滨海平原约占 8%;宋代里护塘以西的早滨海平原约占 40%;清光绪彭公塘以西的中滨海平原约占 32%;彭公塘以东的新滨海平原约占 20%,海岸线以东为潮间带滩涂,改革开放后被围垦成新开垦区。自西向东沉积物由亚黏土转变为粉砂,潜水层也由淡水转变为微咸水和半咸水。土壤类型主要为粉砂母质上发育的水稻土类黄泥土属、夹沙土属等,少量盐土分布于新滨海平原。

南汇川沙植被原生植被以滩涂草本植被为主,成陆后的生态演替次序为海三棱 + 藨草群落—芦苇群落—旱柳 + 白茅群落,"一望黄草白茅"为其原生植被典型景观特征。经过长期垦殖,原生植被为人工植被所取代。中华人民共和国成立后的大规模围垦进一步压缩了原生植被生境,现仅残存于沿海滩涂地区,生物资源以盐沼芦荡植物资源和鱼虾贝类水产资源较为著名,但多以种植养殖为主。历史时期的滨海草荡为水禽、獐、虎等野生动物栖息地,随着农业开垦殆尽和改革开放以来的城市开发,野生动物基本绝迹。

3)西部淀泖洼地

西南片主要为"冈身"以西的淀泖洼地,南部的金山处于淀泖洼地向杭州湾沿岸高沙地带过渡地区。淀泖洼地为古震泽湖沼的组成部分,原生环境为地势低洼的沼泽湿地。以青浦为例,北部吴淞江沿线因泥沙堆积海拔达到 3.6～4.8 m,中部和东南部的低洼腹地水网平原海拔 2.2～3.6 m,西南部的湖荡圩田海拔为 2.2～2.6 m。淀泖洼地得名于境内的淀山湖和泖湖,为上海最大淡水湖群,淀山湖湖底为坚硬黄土层,湖底也曾发掘考古遗址,表明淀、泖湖群是因历史时期河水下泄不畅蓄积而成,泖湖后因黄浦江上溯潮沙淤积和人类围垦而埋塞,仅留下泖港、泖桥等地名。

　　淀泖洼地地势低洼,湖沼密布,水丰土沃,原生生态环境为沼泽植被和亚热带常绿阔叶林植被,水陆野生生物资源丰富,自古就为生态条件优越的地区,"果隋蠃蛤,不待贾而足"[①],具有较好的生态缓冲功能。进入农耕社会后也十分有利于水田农作的发展,成为相对富庶的典型"西乡"地区。青浦区水稻土占 95.7%,其中 75% 以上为肥力较高的青紫泥、青黄泥和青黄土。青浦西部的金泽镇因"稼人获泽如金"[②]而得名,为江南"鱼米之乡"的典型代表。

　　明清以来的干田化过程,也深刻影响到淀泖低地的外围地区,青浦东部、松江东部、金山东南部的外围地区也逐步出现河流水域淤塞的状况,吴淞江南北两岸形成"贫瘠莫耕"的大片"荒区",泖湖在清末最终消失。同时东南部也不断受到海岸线内坍的侵扰,如淀泖低地外围的金山县,咸潮内灌损伤农田禾稼,因此多筑堰坝以泄洪和防咸潮内灌。

5.1.2　社会经济

　　尽管在分类上被归为农业村庄,但只是相对于城市化程度更高的半城市地区而言。事实上,受所在地区快速城市化和工业化的影响,使得上海郊区农业乡村与传统农业村庄具有很大的社会经济文化差异,这些差异主要体现为经济非农化、就业多元化、农业休闲化和外来人口冲击下的社会重构。

1) 经济非农化

　　早在 20 世纪 70 年代,上海郊区即兴起了社队企业并吸引了相当比例的就

---

① 司马迁《史记·货殖列传》。
② 周凤池纂,蔡自申续纂.金泽小志[M].上海:上海书店出版社,1992.

业人口,但整体上依然处于农业和城市副食品基地的地位,直至改革开放时期分别步入以乡镇企业和外来投资为主要驱动力的工业化过程,促进了上海乡村全面而迅速的经济非农化。

改革开放以来的非农化过程以 1990 年为界分为乡镇企业主导和全球化主导两个阶段。前者是以乡镇企业、个体工商业者为主导的内生发展,利用长期计划经济造成的市场短缺以及积累的大量剩余劳动力,在制度约束放松后为乡村内生型工商业发展提供了市场需求和劳动力供给。1990 年以后的全球化阶段以高层级政府和外部投资为主导,非农化进程加快。除持续的工业化之外,分税制改革诱致的城市化拓展进一步刺激了郊区非农化进程,农业在国民经济中的地位就产值而言已经降到微不足道的地位。

上海乡村非农化的空间梯度十分显著,体现了上海城市的强烈影响。半城市地区的川沙、闵行(上海县)、嘉定、宝山最先起步,其次为农业乡村的陆上部分,北部沙岛地区的崇明变化最为迟缓,但在 2000 年后第一产比例也迅速下降(图 5-2)。

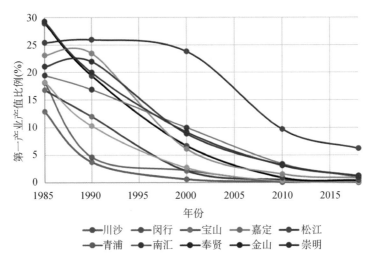

图 5-2　上海各郊区县 1985—2018 年第一产业比例
注:1985 年为农业总产值占社会总产值的比例;2010 年后南汇数据根据浦东新区原南汇各街镇工、农业产值估计。
资料来源:各区县 1985—2015 年统计年鉴。

2) 就业多元化

非农化、城镇化发展和交通区位的迅速改善,不仅为居民农业经营提供了巨大的潜在市场,更为居民的就业选择提供了更广阔的空间。基于自然、区位条件差异,上海都市区的规划管控对三片乡村地区制定了不同的管控政策:严格控制偏远的崇明沙岛片区,控制较为偏远且处于重要水源地保护区的淀泖地区,适度发展具有交通区位优势的东南滨海平原片区。交通区位和规划管控政策的不同,使得不同乡村地区居民的生计选择也具有较大差异。

尽管崇明属于上海大都市区,但由于受到开发管控和交通不便的双重制约,改革开放以来崇明发展缓慢,是 20 世纪 90 年代以来上海市唯一出现常住人口下降的郊区。尽管长期的发展滞后为崇明保留了较多的生态、农业资源,并在上海大都市区规划中被定为世界级生态岛,但不可否认的是,人口流失反映出崇明乡村居民的生计选择十分有限。总体而言,目前崇明的发展存在着发展定位和基础条件不匹配的矛盾,能够充分发挥生态优势的高端产业尚未成熟,非农产业普遍存在低、小、散等状况。同时,由于交通瓶颈长期得不到改善,崇明优质的农业、生态资源优势和邻近大都市的区位优势无法得到充分发挥,其尴尬地位被描述为"一产只能种,二产不能动,三产空对空",园区虚拟注册成为很多乡镇维持财政收入的无奈选择。因此,崇明农村居民除从事岛内农业、务工经商等生计外,外出谋生人口较多,至上海市区从事出租车行业已经形成传统(表 5-1)。

表 5-1　调研样本区县就业结构变化(%)

年份	崇明			青浦			金山			南汇		
	一产	二产	三产	一产	二产	三产	一产	二产	三产	一产	二产	三产
1982	58.8	30.2	11.0	61.6	28.3	10.0	56.7	30.3	13.0	49.1	35.4	15.5
1990	37.3	47.6	15.1	31.0	51.5	17.5	—	—	—	—	—	—
2000	62.0	20.9	17.1	22.8	52.8	24.4	31.9	48.1	20.0	33.6	25.0	41.4
2010	35.9	36.3	27.8	5.3	61.3	33.4	5.0	69.0	26.0	9.0	49.6	41.4

资料来源:上海市第三、四、五、六次人口普查数据。

淀泖地区面临着与崇明相似的挑战,但因交通瓶颈限制较少,发展状况优于崇明。由于地处上海市上游水源地,租赁村集体土地厂房的众多民营企业厂房被作为违章建筑拆除,而其外围的青浦东部、松江东部成为迅速发展的半城市地区,淀泖地区人口外流的趋势明显,不仅原本在乡镇企业务工的外来人口迁走,本地劳动力也有迁出的趋势,留守居民的非农就业机会较少。

东南片区尽管同属上海远郊地区,但与受到规划控制的北部、西部不同,东南农业乡村地区主要为传统农业地区在浦东大规模开发之后所剩的残余。在2000年之前,南汇地区仍带有较强的农业地区特征,1982—2000年农业就业比例从49.1%下降到33.6%,2000—2010年迅速下降到不足10%,表明上海城市功能的空间扩张已从近郊拓展到远郊,洋山深水港、临港新城、浦东机场、孙桥现代农业区、迪士尼乐园、野生动物园、南汇工业区、康桥工业区等大型项目纷纷落户川沙、南汇,为居民提供了丰富的就业机会选择。以2010年为例,原南汇区从事第三产业的比例达到41.4%,高于多数远郊县,表明南汇的非农就业与其他郊区的工业促进主导型具有较大的差异。

3) 现代都市农业

改革开放以来联产承包责任制在一定程度上赋予了乡村居民自主经营的权利,尽管在一定程度上仍受到国家农产品征购、补贴政策的影响,但总体而言,上海巨大的消费市场和市场机制逐渐开始发挥作用,促进了农业的商品化。农业商品化的含义包括狭义和广义两种,狭义的指面向市场的现金作物(cash crop,又称经济作物)种植生产,广义的则包括面向市场的农业多功能效益充分利用(如农旅结合的观光农业、体验农业、休闲农业等),种植、加工、销售相结合的产业链延伸,以及通过土地流转达成的公司化规模经营,使其现代都市农业的特征日趋显著。

随着集体化强制性外力的消失,农户经营的迅速反应扭转了不计劳动力成本的过密化投入,高投入、低质量的双季稻被单季稻取代,复种指数整体呈下降趋势,表明乡村居民对土地的劳动投入减少,农业在家庭生计中的地位不断下降(表5-3)。上海市及各案例区县复种指数从200%以上下降到当前的100%~150%,复种指数下降的主要原因在于农村剩余劳动力转移导致的土地劳动投入下降。2005年以后的反弹主要原因在于大规模城市拓展和工业化导致的耕地数量减少,使得保留耕地多为集约程度更高的优质耕地,其中以半城市地区的嘉定最为明显。

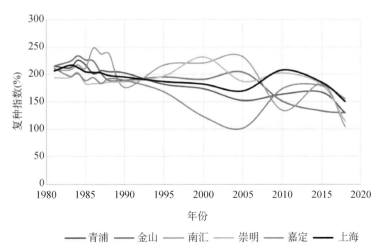

图 5-3　案例村所在区县及上海市 1981—2018 年复种指数变化
资料来源:根据 1981—2018 年上海市及各区县社会经济统计年鉴整理绘制。
注:南汇按原属南汇各街镇汇总后计算。

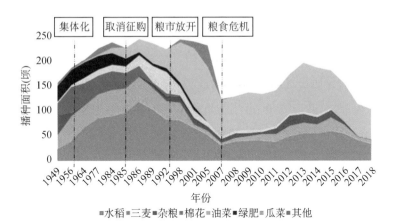

图 5-4　南汇复种指数及其作物播种面积构成
资料来源:根据上海统计年鉴(2009 年后各年份),1992 年《南汇县志》,2005 年《南汇县续志》,2010 年《南汇农业志》,浦东新区年鉴(2009 年以后各年份)等整理。

4) 外部冲击下的社会重构

　　近代以来以城市为中心的现代化进程对传统乡村社会的冲击以及乡村对冲击的适应一直是社会学研究关注的焦点,并由此建立了冲击-回应研究模式。这种冲击和应对在上海郊区乡村体现得最为明显,尽管农业乡村所受冲击强度弱于半城市化乡村,但仍远大于非都市区农业乡村。

　　改革开放前期是乡村传统力量逐渐恢复的时期,同时也是乡镇企业发展和乡村地区发展外部条件最为宽松的时期。但此后随着市场化改革的深入,以城市为中心的市场力量逐渐显示出对乡村的巨大冲击力。在此之前,城市市场力量主要体现为对乡村人口和资源的吸引,但对于当前大都市郊区而言,持续的政府支配力和城市市场力量的结合,形成了支配乡村发展的主导动力,乡镇、村居的合并、撤销等都是政府在经济发展诉求下的决策行为,形形色色的政策区(开发区、产业园区等)在部分程度上取代了政区,直接影响了乡村地区的土地使用。其中以原南汇最为典型,2000年以来形成的重大项目包括:洋山深水港、临港产业区、临港新城、浦东机场(部分)、康桥产业园区、南汇产业园区、迪士尼乐园、野生动物园、孙桥现代农业园等,面积约占原南汇面积的一半。

　　随着乡村及附近地区的空间开发,大量的就业机会也吸引了大量外来人口涌入。半城市乡村固然吸引了最多的外来人口,农业乡村同样也存在一定程度的外来人口流入和本地户籍常住人口流出。根据"五普""六普"的户籍常住人口和外来常住人口变化情况(图5-5)[45],可将增长类型分为八种组合,体现了外来人口与户籍人口之间"侵入—接替"过程的复杂空间组合,无论是外来人口增长还是本地人口的异地安置,均打破了村庄原有的社会组织,并隔断了人口与地域的内在联系。综之,政府力量、市场力量相结合的强力干预和外来人口造成的社会重组,影响了乡村的社会文脉,消解了原有的社会地域共同体,使乡村从熟人

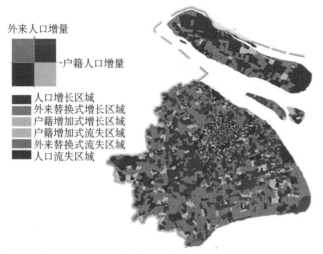

外来人口增量
户籍人口增量
人口增长区域
外来替换式增长区域
户籍增加式增长区域
户籍增加式流失区域
外来替换式流失区域
人口流失区域

图5-5　上海村、居2000—2010年人口增长模式

社会变成半熟人社会甚至陌生人社会。如何协调强力外部干预和地方自主组织之间的关系,将成为未来城郊乡村地区的迫切挑战。

5.1.3　行政区划

政府支配和外部资本同盟对乡村的冲击不仅体现在用地变化上,也体现在乡镇政区的变化中。一般而言,较少的政区数量和较大的政区范围意味着政府支配力度的强化和地方自组织能力的弱化。改革开放以来的乡镇政区和行政村变化状况充分说明了这一趋势,下文以受浦东开发影响较大的南汇为例进行阐述。

改革开放后上海市乡村地区的行政区划调整较为频繁,但其主要原因已经从农业生产支配转向城镇化空间(即土地)支配。南汇县 1984 年公社改设乡镇全部完成,设 4 镇 26 乡,下辖 39 居委会 347 村、609 居民小组 3 473 生产队(1985 年)。改革开放以后的乡村政区变化是城镇型政区不断取代乡村型政区和乡村政区不断合并的过程。首先是撤乡建镇,实行镇管村体制,1995 年除了东海乡之外,其余 25 个均为镇(大团、新场、惠南、周浦乡并入同名镇)。此后,为促进城镇建设加快了乡镇合并进程,1996 年东海乡并入老港镇,2001 年南汇撤县设区后,乡镇合并进程进度加快,2002—2003 年完成了"撤二建一"或"撤三建一"的乡镇合并,镇数量下降为 13 个,减少了近一半。与此同时,原有农垦系统的辖区农场也进行了属地化管理,芦潮港农场成立了芦潮港镇,东海农场以及此前合并的朝阳农场并入书院镇。

相对于乡级政区的变化而言,村级政区的资料相对较为稀少。改革开放之后,行政村经历了集体化时期之后的第三次合并。在南汇撤县设区不久后的2002—2003 年,行政村数量迅速下降到 195 个,此后基本保持平稳,2019 年为193 个。与此相反的是居委会数量迅速增长,由 1984 年的 39 个增长到 2003 年的 50 个,2009 年并入浦东新区后,居委会数量迅速增长,2018 年达到 226 个,数量已经超过村委会(图 5-6)。

改革开放后行政村的数量下降可能基于两个原因:行政村改为居委会以及村庄合并。鉴于南汇整体上处于较为偏远的农业地区,"整村改居"的情况并不

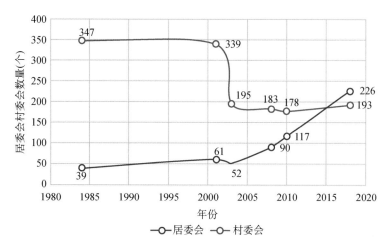

图 5-6　南汇村委会居委会数量（1984—2018 年）
资料来源：南汇年鉴（1984—2009）、浦东新区年鉴（2009—2018）。

多见，村庄减少应以村庄合并为主。以"五普""六普"的村庄统计对比可以发现，居委会多数面积较小，"六普"村庄多数由多个"五普"村庄构成。案例调研也表明，很多调研村庄在 2000 年后经过了多次合并，如金园村由长安、树园和金陵 3 个行政村合并而来。

5.2　空间特征

5.2.1　村域规模

受国家行政区划均衡性政策的影响，村域规模的地方性差异并不明显。经过中华人民共和国成立后多次的村庄合并，行政村域的规模有不断扩大的趋势。总体而言，与半城市化乡村相比，农业乡村的行政村面积较大而人口相对较少。2010 年，农业乡村中的居委会和行政村平均面积分别为 4.6 km² 和 3.1 km²，高于半城市地区的居委会（3.5 km²）和行政村面积（2.5 km²）；人口规模分别为 1 429 人和 2 403 人，均低于半城市地区的居委会（5 714 人）和行政村（5 519 人）。值得注意的是，无论是农业乡村还是半城市化乡村，其居委会面积均大于行政村面积，表明乡村地区和半城市地区的居委会设置已由"切块设居"变为"整村改居"。

　　由于行政村干部具有落实上级任务、管理行政村的职能,因此在实质上为准行政官员,享受上级政府发放的人员津贴并领取运作经费。为减少开支,改革开放后期尤其是 2000 年以来,村庄进行了较大力度的村庄合并,由此导致的问题在于,村庄规模的增大削弱了行政村的地方性和内部凝聚力。每个行政村所辖居民点数量一般为 10 个自然村,过多的自然村必然导致村民很难对村域内的事务形成共识,每个自然村的居民仅对本村庄及相邻村庄较为熟悉,而较远的其他自然村较为陌生,缺乏密切的交往,因此也导致乡村居民对村庄的公共事务缺乏热情,从而使村庄由"熟人社会"逐步转变为"半熟人社会"。我国 21 世纪以来多次推行的"美丽乡村""新农村建设"等多种活动,尽管政府花费了较大的人力物力,也在一定程度上改善了村庄面貌,但总体而言,居民主动参与村庄地方事务的动力不足。

　　以浦东新区大团镇金园村和青浦区金泽镇雪米村为例。金园村位于大团镇东北部,面积 5.12 km²,人口近 5 000 人。2003 年,金陵、长安、树园 3 个行政村合并为金园村。从村庄自然村的分布看,原先的 3 个行政村分别地处现状行政村的北部、中部和南部,与相邻行政村的邻接部分形成较为紧凑的地方共同体。合并成为一个行政村后,形成南北狭长的村域形态,且 3 个原行政村之间的联系未必强于与周边其他村的联系。与金园村情况类似的为青浦区金泽镇的雪米村,面积 4.28 km²,人口约 3 500 人。青浦地名志对其如何由自然村组成巨大的行政村进行了详细的记载:雪米村由湖头、薛家浜、小桥浜、大桥浜、江家浜、马家浜、西渔、东马家浜、陆家都、海字圩、石米荡 11 个自然村组成,新中国成立初期将前 5 个自然村合并为一个行政村并取原乡名命名为石米村,中间 4 个村形成的行政村以湖头、薛家庄首字命名为湖雪村,石米荡自然村独立形成同名行政村,2001 年将 3 个行政村进一步合并为雪米村。

　　本次调查的 27 个村庄中 19 个为农业村庄,分别分布在北部沙岛区的崇明三星镇(5),西部淀泖区的青浦朱家角镇(4)及廊下镇(4)和东部高山沿海平原的浦东大团镇(6)。各分区案例村庄的行政村面积分布并不存在空间规律,仅仅取决于行政区划和村庄合并的力度。调研村庄村域面积变化在 1.5~6.0 km²,两个低于 1.0 km² 的为新农村社区(景展社区)和缺乏耕地的渔业村(淀峰村)。1.5~2.0 km² 为初始行政村的初始模数,高于此数据的多为村庄合并的结果。此外,农业乡村面积与半城市化乡村村域面积无明显差异,表明两者都建立在原先农业乡村的基础上,导致乡村面积差异的主要原因在于村庄合并力度的大小。但从人口规模看,两者存在很大差异,农业乡村的户籍人口与半城市化乡村相比甚至略占优势,但外来人口要远小于半城市化乡村,因此导致常住人口规模均小于半城市化乡村。

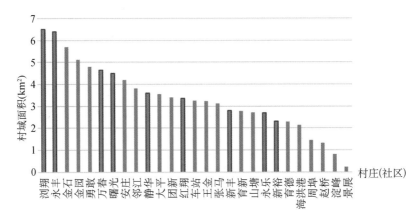

图5-7　样本村庄村域面积分布(降序排列)

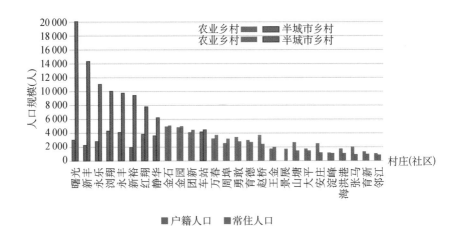

图5-8　样本村庄人口分布(按常住人口降序排列)

5.2.2　聚落分布

与受城市化冲击较大的半城市地区相比,农业乡村地区的聚落分布依然保留较强的地方特征,并深受地方自然条件和发展历史进程的影响,北部沙岛、西部淀泖低地和东部高沙平原均展示了富有地方特色的定居过程和空间分布特点。

1) 北部沙岛

崇明作为长江口泥沙堆积的产物,其显著特征是涨坍无常,由此造成了地域的不稳定性,严重影响了聚落系统的稳定成长发育,也使得崇明的乡村聚落分布具有早期聚落分布的典型特征:城镇规模小而数量多,村庄小而散,组织结构和自然村不明显。同时,由于长江口沙洲经常发生涨坍和位移,新涨沙洲土地均分给县内各图,因此各图的田地和人口也呈高度离散状态,田—图的空间错位也阻碍了地域社会和较大聚落的形成。

总体而言,崇明村镇聚落体系因发育时间短,工商业不发达而处于较为初级的阶段。除四大镇(桥、堡、庙、浜)之外的镇规模普遍较小,而数量较多,形成了小而散的市场区体系。尽管新中国成立后乡镇数量大大降低,但是乡镇聚落对镇域村庄的统合能力仍然较弱,村庄聚落呈小规模的带状沿河分布。除开发时间短、地域不稳定、田图空间错位等原因外,农田灌溉系统也对崇明聚落的分布产生影响。由于砂质土壤易于淤塞,较浅的沟渠仅有灌溉功能而无水运功能。史料记载崇明岛内交通运输多以独轮车为主,因此河流无水运交通功能,两岸的聚落也缺乏联系,也限制了聚落的规模和形态,形成沿河连续长带状分布和聚落层级分化不明显等特征(图 5-9)。

图 5-9　崇明典型带状聚落分布景观(蛎蚑村附近)

2) 西部淀泖低地

西部淀泖低地是上海地势最低洼的地区,因此水灾防范是农业生产和聚落选址的考虑重点。但在地势低洼的淀泖地区却存在着很多地势相对较高的土墩,主要分布在泖河以西的金泽镇域。这些天然土墩成为聚落选址的理想居址,很多史前聚落遗址均分布在这些土墩上,如青浦区的骆驼墩、福泉山等。由于墩台地形具有天然的防洪优势,因此与地形差异不大的高沙平原不同,淀泖地区的村镇聚落规模相对大而集中,在形态上也较为紧凑,自然村之间的界线较为明显(图 5-10)。

图 5-10　淀山湖附近典型聚落分布景观(青浦区金泽镇商榻北部)

淀泖地区南部为泖湖淤积后的新成陆地区,因成陆时间较短,其聚落发育组织尚不完善,因此形成了无序散点状分布。在泖湖淤积后,区域的干田化已经基本完成,因此居民点的布局摆脱了圩田和河流的约束,沿道路、支港河汊均可分布,因此原泖河地区的聚落分布自由度较高,其聚落分布形态不必沿河道呈长条形分布。因此与北部崇明不同的是,其聚落尽管也沿着河流呈带状分布,但带状的延续程度不高,自然村之间的界限比较明显,尽可能接近农田的小规模散居成为主要的聚落分布模式(图 5-11)。

图 5-11　泖河地区聚落分布景观(廊下西部)

3) 东部高沙平原

尽管同为江海泥沙堆积形成的冲积平原,但东部沿海平原与崇明沙岛的不同在于,已成陆地区一直保持稳定并不断增加新的成陆地区,因此东部滨海高沙平原具有相对稳定的聚落演化环境。西部地区村镇聚落具有较长时期的发展演化历史,因此聚落规模分化组织情况较为完善,形成了空间分布较清晰、组织较有序的镇村聚居。里护塘以外的新滨海平原地区,则由于聚落形成发育时间较短,早期开垦时的圩田影响依然存在,形成了类似崇明的连续长带状、间隔不明显的分布模式。高沙平原东西部的差异,体现了演化时间对聚落空间分布模式的重要影响(图 5-12)。

(b) 西部老滨海平原　　　　　　　　　　(b) 东部新滨海平原

图 5-12　东部滨海高沙平原聚落分布景观

5.2.3　聚落形态

与行政村相比,乡村聚落(自然村、自然镇)是农村居民的生活居住地和地域共同体的基本单元,其规模形态更具有实质性意义。作为调研单元的行政村经历了多次村庄合并,具有较强的随意性,由行政村界定的地域范围并不具有地方自组织的内生特征,如何确定村庄规模的"自然"范围是首先需要考虑的问题。为此,需要先考察乡镇、行政村的组织地域形成过程,在此过程中发现与居民地方组织契合程度较高的政区组织单元。

施坚雅[19]的研究表明,作为国家政区的乡镇和行政村既要考虑利用传统组织地域的效能,同时也要关注消解传统地域导致的地方主义,因此会有意无意地偏离原有传统组织地域,如乡镇范围介于中间市场区和基层市场区之间,行政村设置则介于自然村和基层市场区之间(表 5-2)。上海的行政村是新中国成立后逐步建立起来的政区单元,新中国成立初期的小乡和行政村旨在充分利用地方传统组织以推进乡村政权建设。可以认为,新中国成立初期的小乡和行政村基本反映了基层市场区和村庄共同体的状况。例如,民国时期崇明市镇数量为 70个左右,民国后期和新中国成立初的乡镇数量分别为 78 和 70 个,两者数量基本一致,表明小乡政区设置体现了对基层市场区的传承。同样行政村的设置也基本以生活地域为基本单元进行设置,因此此处以新中国成立初期的行政村作为聚落规模分析的单元,对可以追溯沿革的村庄进行拆分,以探讨更为"自然"的聚落规模结构。以下分别以安庄村、育德村、金石村、山塘村为例探讨不同农业地区聚落规模形态特征以及自然村的界定。

表 5-2　聚落、市场与政区的对应关系

聚落	市场	政区
府县城	城市或中心市场	府县
中心市镇	中心市场	县或区
中间市镇	中间市场	区或大乡
基层市镇	基层市场	小乡或行政村
村行	准市场	行政村
村庄	(村庄共同体)	(自然村)

1) 淀泖地区的短带状村庄:安庄案例

　　安庄村位于联系淀山湖和泖湖的拦路港中段东侧,面积 3.7 km²,户籍人口2 560 人。因扼苏松水路要冲,来往船只多在此过夜,故名安庄。明代形成安庄镇并移淀湖巡检司于此,新中国成立后曾一度设安庄乡,合作化时期被撤并,安庄集镇亦因拦路港拓宽而废弃。地域范围内有周方港、南港、白潭、车路浪、北安庄、田杜浜、外港、西埭、庄湾里、南宅基 10 个自然村,新中国成立初期置北安庄、田杜浜、车路浪、谢宅关 4 个行政村,人民公社时期合并为安庄(北安庄、车路浪、田杜浜)、和平两个大队,改革开放后改为安庄村、和平村,2002 年合并为安庄村(表 5-3)。

表 5-3　安庄村所辖自然村一览表(2006)

村庄	面积 (ha)	户数	户籍 人口	住宅面积 (万 m²)	楼房 (栋)	平房 (栋)	形成期	初居姓氏
北安庄	3.9	140	469	2.56	96	110	明	不详
车路浪	2.9	140	377	1.91	96	106	清嘉庆	杜
田杜浜	2.4	88	294	1.6	66	75	清嘉庆	杜
白潭里	1.87	66	230	1.21	60	70	清嘉庆	谢钟卫夏潘李
庄湾里	1.19	42	153	0.77	29	34	清后期	徐潘姚
南宅基	1.46	52	165	0.96	30	35	清雍正	潘沈
南港	3.4	117	421	2.16	74	85	清雍正	谢钟张夏孙朱
外港	0.8	30	95	0.55	—	—	清弘治	
西埭	0.57	20	66	0.37	—	—	明嘉庆	
周方港	0.76	30	96	0.56	—	—	清康熙	
合计	19.25	725	2 366	12.65	—	—		

资料来源:《青浦区地名志》编纂委员会.青浦区地名志[M].上海:上海辞书出版社,2011.

　　安庄所辖 10 个自然村中,人均建设用地面积多在 77~88.5 m²,变化很小,因此其聚落规模的用地表征和人口表征基本一致。10 个自然村中,最大的北安庄村面积 3.9 ha,人口 469 人,最小的西埭仅 0.57 ha,人口 66 人,多数自然村人口在 100~300 人,面积在 1~2.5 ha。尽管村庄规模普遍不大,但也具有较大程度的分化,因此行政村组织时采取大小村庄搭配的形式,较大的北安庄、车路浪、

图 5-13　安庄村所辖自然村分布及形态

田杜浜形成独立的行政村,相互接近的其他自然村则形成谢宅关行政村,集体化时期前三个行政村合并为安庄大队,谢宅关因原有规模较大而保持不变,更名和平大队,直至 2003 年两者合并。

尽管自然村呈沿河带状分布,但是并未出连绵长带的状况,而是呈现出自然村空间较为清晰的短带状。尽管北部的南港、白潭、庄湾里、南宅基等自然村已经相互衔接为一体,但依然保存着原有自然村名称,表明这些自然村在过去是相互隔离的。假如在传统社会其规模继续增长,则有可能形成具有统一名称的大型村庄甚至市镇(图 5-13)。

2) 淀泖低地南部地区的短带状聚落:山塘村案例

泖湖淤积平原地区的乡村聚落也具有同样的短带状特征,但不同的是,受泖湖、泖河影响,其河沟水系以南北向为主,而聚落形成较晚的泖湖地区村庄出现时已经基本完成干田化过程,村庄受圩田形制的影响已经大为减弱,因此村庄的形式更为多样化。尽管也以沿河沿路的短带状布置为主,但村庄住宅多采取垂直于河道的南北向布局,以下以山塘村为例进行阐述。

山塘村位于廊下镇西南部,面积 4.3 km²,户籍人口 2 680 人,下辖朱家宅、陈马、三塘、泥桥头、山塘、褚家宅、严家宅、邱家宅、猢狲浜、姚家宅、金家宅、陈家浜、俞家宅、彭家宅、南彭、牛角浜等 16 个自然村,是多次行政村合并而成的大型行政村,最近一次合并为西部的山塘村与东部新建江村合并。山塘自然村位于南部浙、沪边界的山塘河北岸,与南岸的浙江省平湖市广陈镇的山塘村共同形成山塘市镇,是形成于顺治年间的山塘镇的一部分。通过 CAD 图度量可得,山塘村内的自然村面积大都在 5 ha 左右,人口在 100 人左右。最大的山塘自然村面积超过 10 ha,而最小的则不足 0.3 ha,户数不到 5 户(图 5-14)。

山塘村的村庄聚落特征表现为村庄组团的随意相对较大,自然村由较为接近的多个住宅组群形成,将其视为一个自然村还是多个较小的自然村比较难以判断。例如南彭自然村,位于原山塘河以北,因此在行政区划上属于金山,但由于新山塘河的开通,所在区域介于新老山塘河之间,区内村庄由两片较大且邻近的住宅群和两片较小且孤立的住宅群组成。按照连片建成区的概念该区似乎可以划分为三至四个自然村,但按照地域共同体的概念,则几个住宅组群之间形成

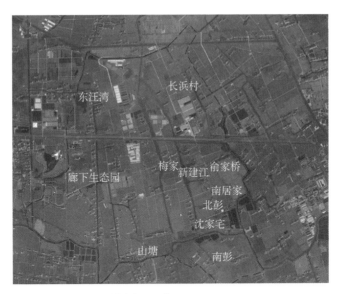

图 5-14 山塘村自然村分布及形态

了较为密切的联系,似乎为一个自然村(图 5-15)。国家标准中常用的"连片建成区"物质形态判别方法,用于自然村鉴别的最大困难在于"似连非连"的模糊状态无法确定,同时,自然村作为一种聚落具有很强的地域社会特征,似应基于社会空间边界进行划定,但基于地域社会视角的社会认同鉴别方法则基本尚属空白,迄今无成法可用。

图 5-15 南彭附近的居民点:1 个自然村还是 8 个自然村

3）滨海平原的带状团块型：金园村

滨海平原西部地区体现了从长带形向紧凑型的转变，演化时间的影响使得聚落发生了分化，干田化使得住宅选址具有更高的自由度，因此较大村庄逐渐形成了由沿河向腹地的进深拓展，形成了第二甚至第三排住宅群而非单纯的沿河线形伸展。其中以浦东大团镇金园村最为典型。

浦东新区大团镇金园村代表着不同大小的紧凑聚落混合类型，聚落间间隙较明确，但聚落大小差异较大，较大的聚落被拆分为多个普查小区，较小的则组合为一个普查小区，由此造成自然村和普查小区的不对应（图 5-16）。各普查小区人口相对均衡，人口多在 150～300 人，但拆分合并为自然村后人口规模差异较大，最大的树园村人口达到 865 人，最小的仅 76 人，但多数自然村人口在 150～250 人（表 5-7）。

图 5-16　金园村聚落分布及村域范围

表 5-4　金园村自然村 2010 年人口

普查小区	自然村名	住宅数量 （栋）	占普查小区份额 （%）	常住人口 （人）	外来人口 （人）	户籍人口 （人）
合计		1 210	—	4 122	232	4 850
Ⅰ		63	100	213	8	253
	Ⅰ-1（钱家宅）	32	50.8	108	—	128
	Ⅰ-2	31	49.2	105	—	124
Ⅱ		83	100	288	6	333
	Ⅱ-1	29	34.9	100	—	116
	Ⅱ-2	33	39.8	115	—	132
	Ⅱ-3	21	25.3	73	—	84
Ⅲ	Ⅲ-1	63	100	191	12	253
Ⅳ		58	100	154	2	232
	Ⅳ-2	9	15.5	23	—	36
	Ⅳ-3	49	84.5	131	—	196
Ⅴ		65	100	199	4	261
Ⅵ		49	100	173	14	196
	Ⅵ-1	14	28.6	49	—	56
	Ⅵ-2	35	71.4	124	—	140
Ⅶ		51	100	160	2	204
Ⅷ		50	100	208	0	200
Ⅸ		63	100	161	31	253
Ⅹ	潘家村	56	100	171	1	224
Ⅺ	长安村	48	100	168	23	192
Ⅻ		38	100	150	11	152
ⅩⅢ		57	100	200	6	228
	ⅩⅢ-1	26	55.3	110	—	104
	ⅩⅢ-2	21	44.7	90	—	84
ⅩⅣ	王家宅	54	100	134	1	216
ⅩⅤ	王家宅	57	100	186	11	228
ⅩⅥ	戚家宅	53	100	215	58	212
ⅩⅦ		54	100	166	8	216
ⅩⅧ	树园村	65	100	214	4	261
ⅩⅨ	树园村	66	100	258	6	265
ⅩⅩ	树园村	25	100	146	1	100

（续表）

普查小区	自然村名	住宅数量 （栋）	占普查小区份额 （%）	常住人口 （人）	外来人口 （人）	户籍人口 （人）
XXI	树园村	73	100	247	6	293
XXII		52	100	180	7	208

资料来源：根据卫星影像图住宅数和"六普"资料普查小区人口数计算。

4) 沙岛地区的长带状聚落：邻江村案例

崇明三星镇的邻江村聚落为长带状聚落，自然村界线不清晰，只能通过河流、道路和较大间隙判断。基于不同的断点判断，其农村聚落沿河流形成10个沿河带状片段，但管理上分为18个村民小组。根据2010年"六普"数据和卫星影像的住房数据，可将各普查小区各类人口分配到带状片段中，从而估计"自然"村的人口状况（图5-17）。分析结果表明，其自然村户籍人口规模多在50～150人，以户均3.5人计，则多数自然村为15～45户。就普查小区而言，多以百户为标准，则满足要求的普查区应达到350人以上，但各普查小区多数不超过300人，说明该行政村以小型散村为主（表5-5）。长带状连绵的聚落形态也从侧面表明崇明的乡村社会组织化程度较低，除较大的市镇和小市以外，可以明确界定的

图5-17 邻江村住宅及村界、普查小区界

自然村比较少见。值得注意的是,邻江的"自然村"不仅不明显,而且很多还缺乏自然村名,表明地域社会认同或身份认证尚未完全完成。其行政村组织也与历史悠久地区不同,后者行政村是在各个具有独立身份的自然村基础上整合而成,而崇明则在田地的基础上整合,行政村已经获得名称但自然村大多未有名称,表明行政地域整合先于社会地域。

表 5-5　邻江村自然村(住宅群)状况

普查小区	自然村	住宅数量 (栋)	占普查小区份额 (%)	常住人口 (人)	外来人口 (人)	户籍人口 (人)
合计		350	—	732	12	1 017
Ⅰ		91	100	156	6	264
	Ⅰ-1	28	30.7	48	—	81
	Ⅰ-2	28	30.7	48	—	81
	Ⅰ-3	35	38.6	60		102
Ⅱ		114	100	291	3	331
	Ⅱ-1	60	52.6	153	—	174
	Ⅱ-2	54	47.4	138	—	157
Ⅲ		77	100	141	3	224
	Ⅲ-1	31	40.2	57	—	90
	Ⅲ-2	14	18.2	26	—	41
	Ⅲ-3	32	41.6	58	—	93
Ⅳ		68	—	135	1	198
	Ⅳ-1	46	67.6	91	—	134
	Ⅳ-2	22	32.4	44	—	64

资料来源:根据卫星影像图住宅数和"六普"资料普查小区人口数计算。

5.2.4　聚落空间结构

村庄主要是农村居民生活居住的地方,因此住宅用地构成了村庄的主体。居住以外的其他用地占比很少,主要包括以下各种类型。

以公共管理和公共服务为主的村部综合体,包括村委会、文化室、图书室、老年活动室、卫生室、健身场所等各种室内外活动场所,一般规模较小,甚至在用地选择上也选择行政村位置适中、交通便利的非村庄所在地。

小型商店,除少数由市镇衰退而来的村庄以外,多数自然村的商店很少,以杂货铺、农资销售为主,且多为村民利用住宅开设(图5-18)。

图5-18　乡村店铺(王金村)

农业用地与城镇建设用地不同,村庄用地中包括了以林地、园地为主的农业用地,这些农业用地以家庭为单元组织,形成了围绕住宅分布的菜地和林地。就此意义而言,乡村聚落并非一种用地类型而是一种功能区,是以各种建设用地为主,兼有林地、园地的生活居住功能地域(图5-19)。

图5-19　村庄中的园地(金石村)

宅前场地平时通常用作交流场所,收获季节用作晾晒场地,集体化时期各生产队有集中的晾晒场地,改革开放后多以家庭为单元围绕住宅设置,多利用宅前空地设置(图5-20)。

农业乡村地区中拥有产业用地的较少,但在2000年以前,很多村庄仍拥有一些民营或村办企业用地,随着上海市的土地整治开展,村集体出租土地或厂房的工厂多被作为违章建筑拆除,如安庄村在2000年已经成为"无违建"先进村庄。此外,尽管一些行政村拥有养殖场,但因气味扰民多布局在村庄以外。

图 5-20 晾晒场地(大团镇团新村)

　　休闲娱乐设施,除少数以乡村旅游为主的农业乡村外,农业乡村外围为农田,生态环境相对较好,居民对公园绿地广场等休闲娱乐场所的需求不高,因此配置公园广场绿地的村庄较少(图 5-21)。

图 5-21 村庄广场绿地(张马村)

　　总体而言,从用地结构上看,尽管并未对村庄用地进行定量化的研究,但可以判断,建设用地中九成以上为住宅用地,除村部综合体、农业用地普遍存在以外,其余用地因村庄规模和发展状况而异。俗称自留地的园地、四旁林地等非建设用地通常也位于村庄内,占比约在一至二成,主要为居民就近提供蔬菜产品和树木、花卉等观赏功能,但随着对人均住宅用地指标的严格控制,以及居民追求更多的住宅面积,园地、林地逐渐消失,由于缺乏足够的用地空间支撑,村庄的生态景观环境逐渐退化,风貌与城镇趋同。

5.3 经济特征

总体而言,农业乡村在上海都市区的发展格局中处于劣势地位,或因交通区位劣势或因空间规划管控而难以进行以非农产业为主的空间开发,因此尽管其保持了较好的生态景观和农业资源,国家生态文明战略为未来的生态、农业资源描绘了美好的前景,但在当前的工业化、城镇化大背景下,农业、生态资源难以转化为经济优势,如何协调经济产业发展与生态资源保护的关系,一直是摆在都市区农业乡村地区面前的巨大挑战和难题。

5.3.1 乡村农业资源

在都市区、半城市化地区迅猛拓展的背景下,农地资源受到了前所未有的威胁,即使是青浦、金山、南汇等中远郊区,耕地也在迅速减少。1980 年以来,三县的耕地面积分别减少了 50.8%、31.2% 和 17.7%,其中南汇减少幅度较小是因为新垦区的土地补充,农地资源日益成为都市区的稀缺资源(图 5-22)。与此同时,农地资源的意义也在发生变化,不仅是乡村居民的生存依托,同时也成为大都市区的生态支撑,为城市居民新鲜农产品和休闲旅游资源,农地资源正在从农业生产的单一功能转向生态、休闲旅游和农产品保障的综合功能。

尽管农地资源的意义发生了重大变化,对本地农村居民而言,其意义仍然主要在于提供粮食保障和面向城市居民的现金作物生产,生态、休闲旅游方面的价值开发尚处于探索阶段,依赖农地资源发展致富尚面临着流通、组织、管理等多方面的瓶颈。

5.3.2 乡村居民就业和收入

需要再次重申的是,尽管命名为农业乡村,但上海农业乡村的命名只是相对于半城市化程度较高的半城市化乡村而言,实际上其就业非农化已经十分明显。居民家庭全员就业分析表明,农业乡村农业就业者仅占 17.2%,加上半工半农,

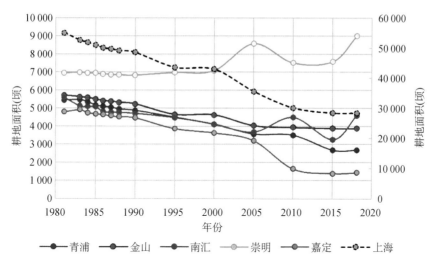

图 5-22　案例区县(左轴)和上海市(右轴)1981—2018 年耕地面积
资料来源:根据 1981—2018 年上海市及各区县社会经济统计年鉴整理绘制。

涉农就业也只有 1/5(20.5%)。其余就业多为非农就业,份额最大者为务工,比例高达 43.9%(图 5-23)。

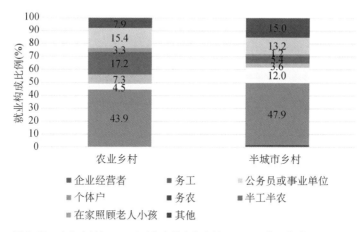

图 5-23　农业乡村(n=1 322)和半城市化乡村(n=167)就业构成

农业乡村的居民访谈表明,被访者年收入中位数为 2 万元,高于同期全国的平均水平(0.99 万元),与上海市农村居民平均收入(2.1 万元)基本持平。中间 50%居民(25%~75%百分位)年收入在 1 万~3 万元(图 5-24)。整体来看,除少数极高收入者外,整体上居民收入分布较为均衡。家庭全部成员收入分布与被访者分布略有差异,但低端部分分布趋势基本重合,表明中老年留居者(被访者样本代表的总体)多为低收入群体,高端收入群体中家庭全员的分布明显高于被访者。

从收入来源看,尽管农村居民收入尚可,但其务农的贡献率较小。被访者家庭全员收入中的非农收入占分布表明,约1/2的居民完全依赖务工收入,务工收入占比在50%以下者不足20%,完全依赖不依赖务工收入者约占13.0%,1/3居民处于兼业状态(图5-25)。由于被访者老年人口偏多,其非农收入占比普遍低于相同百分位的家庭全部成员。

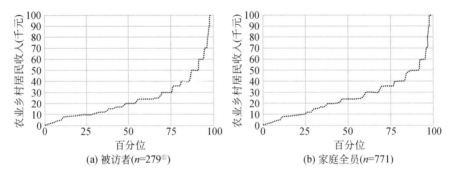

图5-24　农业乡村居民收入分布百分位图
注:为反映普遍状况,图形未显示年收入10万元以上的少数极端值。

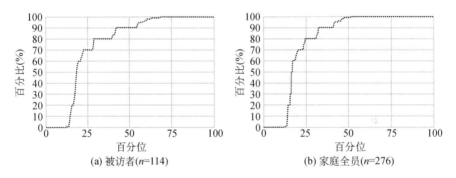

图5-25　农业乡村居民务工收入占比百分位图

进一步的分析表明,务工收入占比和居民收入之间呈正相关关系,两者的相关系数为0.147,相关关系较弱,表明务工是高收入的必要条件而非充分条件。被访者和家庭全员的务工收入占比——年收入散点图(图5-26)十分相似(扣除年收入10万元以上的极高值),可以根据居民的就业收入组合分为四种:低收入务工者、低收入非务工者、高收入务工者和高收入非务工者。低收入务工者人数

---

① 括号内为有效样本数量,下同。

最多,表明农村务工者多从事报酬较低的工作。其次为低收入非务工者,因多种原因无法务工,收入相对较低。第三类为高收入务工者,多为具有技能的务工者,收入水平普遍较高。最后为高收入非务工者,为从事规模经营或商业化农业经营的经营性农业从业者,收入水平在 3 万～6 万元,收入普遍低于高收入务工者,说明农业经营的收入存在一定的上限门槛。

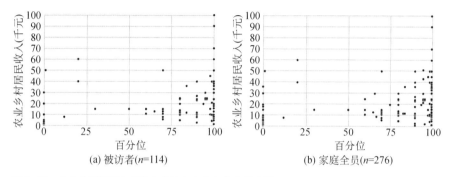

图 5-26　农业乡村居民务工收入占比与年收入分布散点图

5.3.3　村集体经济和特色化经营

由于农业乡村地区就业机会较少,村集体经济薄弱,非农就业者多在本村甚至本乡以外的地方就业。尤其是上海郊区大规模产业用地"拆违腾退"后,原本以非农用地出租的集体收入剧减或消失,农业税的取消也使得传统的"三提五统"取消,村集体领导班子的工资和运转经费主要来自上级政府拨款,有集体收入的村庄很少。

为解决村庄经济发展、带动农民致富,乡镇政府和行政村集体积极谋划盘活农业农地资源,在耕地资源和生态环境保护的底线约束下寻求出路,主要包括以下三种途径。

一是改变农业种植方式,发展面向城市居民的蔬菜、瓜果等"现金作物"农业。南汇在此方面处于领先阶段,充分利用西瓜、水蜜桃等知名品牌,积极发展特色种植,同时积极发展以水果为主的体验农业,如水蜜桃、柑橘、草莓等瓜果的采摘。但由于国家基本农田政策的粮食种植强制要求,商品化农业的发展策略在一定程度上受阻,后发地区很难仿效。

二是为满足国家粮食生产的要求,积极发展生态绿色农业,提倡优质稻米生产和适度规模经营。这种路径主要以西乡淀泖地区为主,因其基本农田较多,只能采取加快土地流转,提高农业规模效益的做法,同时提倡使用有机肥料生产绿色优质稻米。但由于生产成本和价格较高,市场营销仍存在较大困难。迄今为止,尚未实现发展转型的崇明乡村地区也采取此种路径。

三是发展"农旅结合"的生态休闲旅游农业,在保持大规模成片农田以满足粮食生产要求的基础上,积极整治生态环境,美化乡村环境景观,改善生态环境、加强景观建设,恢复生物多样性,发展以乡野田园风光和生态野趣为吸引点的乡村生态休闲旅游,通过传统民俗、农家土菜、传统乡村风貌、乡野景观以及水鸟、蛙鸣、萤火虫等生态环境满足城市居民的田园情结,利用民宿、农家乐、生态科普教育、主题基地等多种形式发展生态农业观光、休闲、体验旅游。

尽管三种策略因国家政策背景的变化具有时序上的先后,但农业乡村地区往往同时采取多种策略。南汇因起步较早,已经建立了具有多种品牌效应的特色农业,并积极向休闲观光方向升级发展。西部淀泖低地起步相对滞后,在受到基本农田政策影响后采取生态农业、利用成规模的农田采取生态田园的策略。崇明区起步最晚,但在基本农田政策的影响下采取与西部淀泖地区类似的发展策略。从现状调查单位耕地的产出看,南汇具有领先优势,如以瓜果著称的金园、赵桥的亩均产出可达到 3 000 元以上,但被限制为粮食种植的其他两区亩均耕地效益均在 1 000 元左右(图 5-27)。

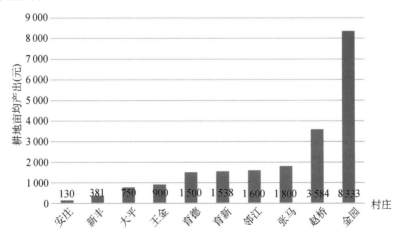

图 5-27　南汇部分调研样本村庄的耕地亩均产出

赵桥村:观光体验商品化农业

赵桥村位于南汇区大团镇西北,明代即以种植桃树而闻名,时人有诗"万千粉桃连天处,飘出罗敷农桑谣"描绘赵桥桃林风光。全村以大团水蜜桃种植为主导产业,2 800亩耕地中桃园面积达到2 230亩,已形成规模化种植和品牌效应,是南汇桃花节的基地。桃树种植每亩净收益达到4 500元,耕地流转费用也达到1 800元/年,远高于淀泖地区的700~800元/亩。从1991年起,赵桥村便结合桃树种植大力发展休闲旅游产业,作为远近闻名的桃园之村,多年成功举办"上海南汇桃花节"。如今在特色种植的基础上,赵桥村也在积极发展农家餐厅、桃园人家、农家土特产、鱼乐园等一系列联动的休闲空间,以实现农旅结合,从单纯的出售农产品转向出售体验服务和旅游服务。

张马村:生态农业和田园农旅

张马村位于青浦区朱家角镇东南的拦路港东侧,泖湖遗址泖岛(太阳岛)位于境内,耕地2 700亩,占村域面积的60%,具有较大规模的河流水面和连片农田,乡野风光保持完好。经济发展长期以农业为主,盛产水稻、茭白,并结合太阳岛旅游的政策优势发展了具有观光旅游功能的400亩观光香草种植项目(2005年)、引进了300亩蓝莓种植项目(2012年),形成以特色生态农业、田园观光旅游为主,特色观光农业为辅的农旅结合体系,重点打造太阳岛、薰衣草种植园、蓝莓种植园和有机蔬菜农情园四张旅游名片,耕地地均产出在西部淀泖地区名列前茅。

尽管改革开放之后的承包制使农户具有一定的经营自主权,但国家的宏观调控仍具有十分强大的力量,主要体现在对基本农田的保护上。基本农田应以粮食种植为主的规定与农户的经营自主权之间存在的冲突的解决之道至今仍缺乏法理上的依据。就两个案例而言,赵桥村的桃树种植在基本农田保护之前已经具有很大规模,张马村的特色种植也得益于太阳岛旅游的相关配套项目,因此政府主导和政策特许依然对特定村庄的发展成败具有决定性影响。但对于一般村庄而言,涣散的组织使得农户很难面对市场的不确定性和政策规范形成的约束。就这个意义上而言,政府及其政策决策依然是农业增长方式转变的有力推手。

5.4 人口特征

5.4.1 人口变化过程

传统社会直至改革开放前夕,由于人口的低流动性,上海乡村地区以本地人口自然增长为主。计划经济时期的鼓励生育导致了人口结构的年轻化,但随之而来的计划生育政策导致了人口的老龄化。但是,即使到改革开放前期,由于人口流动性依然较低,年轻人口依然留在村庄,因此自然变化导致的老龄化十分缓慢。

改革开放后期尤其是 2000 年以来,交通条件的改善、沿海工业化的兴起在很大程度上提高了人口的流动性,持续的经济发展空间不均衡必然导致人口迁往就业机会多、收入高的地区。因此作为上海都市区中的落后地区,人口外流成为农业乡村的典型特征,但由于各农业地区所处区位不同和就业机会的差异,不同农业乡村的人口外流程度也有一定差异,人口外流导致的就业机会如农业种植等也会被外来人口所补充。

5.4.2 "乡里无郎":年龄性别构成

自然结构包括年龄、性别构成,由于调研对象存在着老年人和男性人口比例较高的偏差,被访者无法准确反映总体人口结构,因此拟以调查村落的"六普"资料反映村庄的状况,尽管"六普"与乡村调查时点(2015 年)具有 5 年的时间差距,但仍可在一定程度上反映调查村庄的人口结构特征,本书人口分成以下 4 个年龄段:14 岁及以下的未成年人,15～34 岁的年轻成人,35～60 岁的成人和 60 岁以上的老年人。其中未成年人和老年人比例是判断少子化和老龄化的重要依据,也是判断抚养比或人口红利的重要依据。

由于本地年轻人口外流较多,乡村地区老龄化程度较高。19 个样本农业村全部进入老龄化阶段(老年人比例>10%),其中崇明区的 5 个村均进入严重老龄化阶段(>23%)并接近超级老龄化阶段(>30%),淀泖地区的乡村多数为中度老龄化(＞17％)。东南片区老龄化程度较轻,主要原因在于该片区周边就业机会较多,人口不易流失且可以吸引外来年轻人口,从而减缓了老龄化。

与备受关注的老龄化相比,更为严峻的问题是少子化,即未成年人比例的迅速下降。调研各农业村 2010 年的未成年人比例均在 15％ 以下,进入严重少子化阶段,其中育德、育新两个崇明乡村低于 10％,进入超级少子化阶段(图 5-28)。少子化与以年轻成人为主的人口流出关系密切,生育能力最为旺盛的年轻人口流出将不可避免地影响出生人口,并为未来的老龄化埋下隐患。

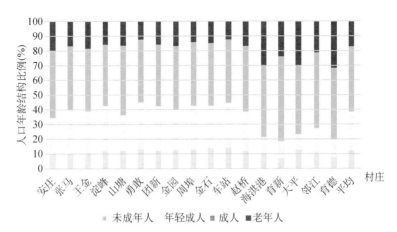

图 5-28　调研农业村 2010 年人口年龄结构
资料来源:根据"六普"数据绘制。

相比较而言,农业乡村地区的性别比较低,2010 年调研农业村的性别比为0.98,低于上海市"六普"时的 1.06。其中崇明的育德、育新、海洪港三村性别比不足 0.9,体现了典型人口流出村的性别构成特征。其主要原因一方面在于年轻男性较年轻女性具有更强的外流趋势,另一方面在于份额较高的老年人口具有较低的性别比例,"乡里无郎"成为年轻人口外流的农业乡村地区的典型写照。

5.4.3　人口流动性:户籍构成

上海市在 2017 年后取消农业、非农业户籍,统称居民户口,但户籍附着的权益却一直没有厘清,如农业户口中附着的土地所有权权益以及户籍类型中附着的社保福利。在户口性质弱化的同时,户籍状态即本地人口和外来人口的差异却日益凸显。本地人口即拥有村户籍的人口,享有土地所有权和集体经济红利,外来人口包括上海市内流动的人口和外省人口,在农业乡村地区前者的数量较少,主要指外来务工人员。

2010 年的第六次人口普查保留了户籍性质的分类。从城乡户籍分类看,村集体成员均为农业户口,乡村地区应基本为农业户口。但由于上海实施"土地换保障(非农户口)"的政策,导致上海郊区乡村内具有相当比例的非农户口,各级政府因各种项目(工程项目和生态项目)给予被征收土地的农民城市社保、镇社保等不同户口福利。从非农业户口的比例看,偏远地区开发需求不高(主要是生态公益林、水利建设等)的崇明区,非农户口比例普遍不高,其中育德村、海洪港村在 20%～25%,其余三村均在 15%左右。西部淀泖区各村因是否涉及征地而差异很大,例如张马、淀峰村在 40%以上,安庄为 35%,而偏僻的王金村仅为7.2%。东南片区普遍在 30%～40%,较高的车站村接近 50%。非农业户口即享受城保、镇保的人口同样也是村集体的成员,农业、非农化统一为居民户口后,乡村居民按照福利状况分为城保人口、镇保人口和农保人口。上述措施体现了上海对户籍制度改革和土地所有制改革的初步探索,除缺乏数据的育新、周埠以外的 17 个农业乡村中,截至 2021 年 3 月,约 1/10(9.6%)的户籍人口具有城保,1/5(20.8%)具有镇保,超过 1/3(35.1%)为农保,仍有超过 1/3 人口(34.6%)无任何社保(表 5-6)。

表 5-6　调研农业乡村人口户籍性质

村庄	非农人口(%)	总人口(人)	户籍人口(人)					外来人口(人)
			小计	无保人口	农保人口	镇保人口	城保人口	
安庄	33.8	2 856	2 364	—	1 395	886	80	165
张马	43.6	2 468	2 018	251	125	780	862	450
淀峰	49.1	1 649	1 413	56	496	500	125	236
王金	6.2	2 529	2 364	0	1 395	889	80	165
山塘	19.6	2 644	2 615	1 243	735	338	272	29
勇敢	40.0	4 418	3 420	1 421	724	1 157	118	998
万春	45.9	3 033	2 795	1 237	250	1 088	220	58
车站	48.3	5 448	4 245	2 753	680	610	202	1 203
赵桥	24.3	4 551	4 151	427	2 682	376	666	400

（续表）

村庄	非农人口（%）	总人口（人）	户籍人口（人）					外来人口（人）
			小计	无保人口	农保人口	镇保人口	城保人口	
金石	30.5	4 867	4 725	1 623	1 700	910	420	142
金园	24.4	4 886	4 400	1 174	1 936	840	450	486
周埠	28.6	3 201	2 640	—	—	—	—	561
团新	38.1	4 694	4 014	3 042	502	350	120	680
大平	15.2	2 128	2 083	331	1 231	156	365	45
育新	11.9	1 378	1 360	0	1 015	218	126	18
育德	23.0	—	3 040					50
邻江	13.8	1 063	1 057	0	356	81	170	6
海洪港	23.7	1 792	1 774	0	482	135	10	18

资料来源：农业人口比例来自"六普"，其余数据来自博雅地名网①和地名网②，其中育德、周埠数据来自调查，空白表示缺数据。

随着农业—非农业户口的淡化和大量外来人口迁入，另一种户口差异——本地户口和外地户口的矛盾逐步凸显。按照户籍政策，户口附着的福利只在户口登记地有效，无法在全国范围内流通，流动人口在异地无法享受当地的医疗、教育、就业、社保等方面的公共服务和社会福利。从社会学角度而言，由于外来人口在居住地无法获得各种权益，因此对居住地也无法产生认同感和归属感。从经济学意义上看，长途的跨省人口流动主要受经济机会驱动。上海农业乡村地区为经济吸引力较差的地区，外来人口比例十分有限，在调研村庄中，崇明各村的外来人口比例很低，均不足7%。西部淀泖低地除山塘（7%）、安庄（15%）较低外，多在25%~30%。东南滨海高沙平原地区与淀泖低地类似，除靠近惠南镇的团埠较高外（25%），其余地区均在20%以下，其中金桥、金园、赵桥等以农业为主的村庄比例均不足10%。

尽管常住人口中外来人口比例能够体现本地对外来人口的吸引力，但无法体现出本地对户籍人口的外推力，因此选择以常住/户籍人口之比来综合反映人口的吸引力外推力。从调研村庄看，农业乡村的常住户籍比为0.92，整体上以人

① http://www.tcmap.com.cn/shanghai，访问日期：2021-3-31。数据未标明年份，但多在2010—2015年间。
② https://www.diming5.com/place，访问日期：2021-3-31.

口流出为主。比值大于1(流入大于流出)的村庄多数位于就业机会较多的东南片区和新农村社区建设试点的万春、勇敢,其余多数比值均小于1,呈人口净流失状态,其中以崇明各村最为严重,比值多在 0.8 以下(图 5-30)。若以比值>1.2为高流入区,<0.8 为高流出区,则农业乡村除万春、勇敢之外无一为高流入区,万春、勇敢两村的高度迁入乃是村庄集中建设的行政干预结果,并非源自自发性吸引。崇明、青浦各村均为高流出区。

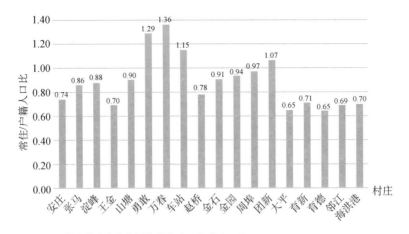

图 5-30　调研样本农业乡村的常住人口户籍人口比
资料来源:常住人口来自六普,户籍人口来自调查[1]。

常住户籍比能够反映总体人口的流动状况,但难以揭示其过程机制。例如,户籍人口比为1的地区也可能具有较高的人口流动性,即外来人口流入刚好抵消本地人口流出,为此必须对外来人口流入和户籍人口流出状况进行详细考察,方可揭示其过程机制。为此,需要厘清几个概念,即户籍人口、常住[2]人口、户籍常住人口和非户籍常住人口、非常住户籍人口。户籍人口包括户籍常住人口和非常住户籍人口即流出人口,常住人口则包括户籍常住人口和非户籍常住人口即外来人口(图 5-31)。

户籍制度下,户籍人口为统计的常态口径,出生、死亡、迁入、迁出等人口动态过程统计主要基于户籍人口而非常住人口。随着人口流动性的增加,常住人口与户籍人口的差异逐渐扩大,并因实际使用各种土地、公共服务而具有逐步取

---

① 鉴于户籍人口变化很小,时间敏感性较低,可与"六普"数据进行比较。
② 常住通常指连续居住半年以上。

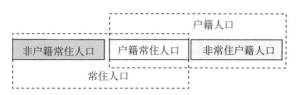

图 5-31　主要人口口径的关系

代户籍人口的趋势。但除普查年份外,常住人口很少被统计,多数中间年份为估计数据,村居层面的非普查年份数据尤其难以获得。上海乡村为加强社会治安管理重点加强了对外来人口即非户籍常住人口的登记统计,但仍忽视对非常住户籍人口及流出人口的登记统计。因此在操作实践中通常采用总人口数据,即户籍人口 + 外来人口,其中并未扣除流出人口。

　　为克服非普查年份村居常住人口难以获取的困难,需要以普查年份为节点分析人口流动性,但普查年份未提供户籍人口数据。为解决此问题,可以基于户籍人口的高稳定性假定村居户籍人口一直稳定不变,其原因在于:首先,上海户籍人口自然增长变化很小,尽管 10 多年来一直为负增长,但绝对值一直很小,基本上不低于 -1‰。其次,机械迁移即户籍迁移发生由于严格的户籍落户政策管控较严,数量也对较大的人口基础影响很小。最后,行政村作为集体经济组织,其土地产权的关系具有较强的稳定性,村民不会轻易放弃集体土地产权。因此,将 2010 年以来的户籍人口视为稳定不变对分析结论不致产生较大的影响。在此基础上,将调查年份的户籍人口视为“六普”户籍人口,并通过普查年份常住人口减去普查年份外来人口可以得到普查年份户籍常住人口,以计算得到的普查年份户籍人口减去户籍常住人口即可得到普查年份流出人口,并可计算出村居的户籍人口流出率。

　　计算结果表明,所采取的分析方法基本能够反映出人口外流的趋势。北部沙岛和西部淀泖低地的户籍人口流出率普遍在 30%～40%。鉴于这些地区劳动力比例约为 70%、年轻成人比例约 30%,因流出人口主体为年轻成人,可以判断出这些地区约占劳动力的一半的年轻劳动力基本全部流失。由于“六普”外来人口以上海市户籍为界定标准,因此“六普”户籍常住人口包括了市域内部流动的非本村人口,“六普”户籍常住人口范围大于本村户籍人口,实际为“沪籍”常住人口,因此可能导致对人口流出的高估,但影响不致太大。表中勇敢、万春、车站等几个市内人口集聚村的流出人口出现负值也是由这种差异所致,但数量都比较轻微,反映出农业乡村吸引的市内流动人口数量很少,说明就业机会较多的东南片区农业乡村地区人口流出十分轻微,人口流失比例多在15%以下(表5-7)。

表5-7 调研农业乡村人口流动性

村庄	总人口	外来人口	户籍人口	六普常住人口	六普外来人口	六普户籍常住人口	六普户籍流出人口	六普户籍外流率(%)	常住户籍比
关系计算	a	b	$c = a - b$	d	e	$f = d - e$	$g = c - f$	$h = 100 * g/c$	$i = d/c$
安庄	2 856	165	2 560	1 897	296	1 601	959	37.5	0.74
张马	2 468	450	2 018	1 739	506	1 233	785	38.9	0.86
淀峰	1 649	236	1 413	1 249	312	937	476	33.7	0.88
王金	2 529	165	2 364	1 651	669	982	1 382	58.5	0.70
山塘	2 644	29	2 615	2 359	132	2 227	388	14.8	0.90
勇敢	4 418	998	3 420	4 415	942	3 473	− 53	− 1.5	1.29
万春	3 033	58	2 795	3 811	876	2 935	− 140	− 5.0	1.36
车站	5 448	1 203	4 245	4 888	579	4 309	− 64	− 1.5	1.15
赵桥	4 551	400	4 151	3 243	188	3 055	1 096	26.4	0.78
金石	4 867	142	4 725	4 284	285	3 999	726	15.4	0.91
金园	4 886	486	4 400	4 122	232	3 890	510	11.6	0.94
周埠	3201	561	2 640	2 571	68	2 503	137	5.2	0.97
团新	4 694	680	4 014	4 280	430	3 850	164	4.1	1.07
大平	2 128	45	2 083	1 358	90	1 268	815	39.1	0.65
育新	1 378	18	1 360	966	37	929	431	31.7	0.71
育德	3 090	50	3 040	1 962	74	1 888	1 152	37.9	0.65
邻江	1 063	6	1 057	726	13	713	344	32.5	0.69
海洪港	1792	18	1 774	1 242	33	1 209	565	31.8	0.70

资料来源:博雅地名网,"六普"数据。

5.4.4 智力流失:文化构成

自近代社会乡绅城居化以来,乡村地区就面临着知识阶层流失的问题,以城市为中心的现代国家政权建设后,优质教育、医疗资源和知识型就业岗位均集中在城市地区,进一步导致了农村人力资本的流失,从农村通过招生、招工、招干等措施经过严格选拔人才进入城市,农村也成为城市有过失者的下放地。因此,无论从经济机会还是制度安排而言,农村都难以留住人才。

由于年轻人口外流和老龄化,农业乡村地区成为上海都市区人力资本的塌陷区。但与半城市地区相比,农业乡村地区的劣势并不明显,主要原因在于高教育水平人口均集中在城市地区和少数开发导入型城市飞地中,高教育水平人口呈孤岛状分布,而大量的乡村地区,无论是半城市化乡村还是农业地区乡村,均以初中及以下文化程度人群为主导,比例均在 75% 以上。

调研农业乡村家庭全员(未包括在学子女)文化程度构成以初中和小学为主,分别占 24.1% 和 33.7%,初识比例依然较高,达到 14.6%,高中中专及大专以上分别占 15.1% 和 12.5%,两者合计占 27.6%,初中及以下程度者仍占72.4%,稍低于半城市地区(67.7%)(图 5-32)。为考察这种差异的原因,可以通过本地人口和外来人口文化程度比较分析进行判断,若外来人口文化程度高于本地人口,则可能是由于外来人口造成的乡村、半城市地区文化程度差异。比较结果表明,两种地域类型的差异并非完全由本地、外来人口的文化差异导致,外来人口具有更高的初中和高中文化程度比例,但大专以上文化者占比较低,暗示着有部分高学历年轻人口由农业乡村迁往发展机会更多的半城市化乡村,换言之,文化程度构成差异也体现了乡村地区、半城市地区在城乡梯度上的差异(图 5-33)。

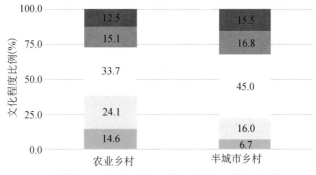

图 5-32　农业乡村和半城市化乡村调研家庭全员文化程度

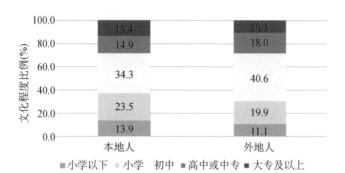

图 5-33 　农业乡村本地人口和外来人口家庭全员文化程度

5.5 　社会特征

现代化冲击下的传统农村社会转型是研究的热点，因此上海农业乡村地区也应置于此大背景下进行探讨。总体而言，作为大都市区的组成部分，上海农业乡村地区处于城市—农村序列或传统—现代梯度的中间环节，未来都市区的农业地区将何去何从？该探讨对未来的发展政策制定具有重要的指示价值。

国家政权建设（下沉）尤其是集体化时期政府强力支配的制度惯性，商品经济和契约社会对传统价值观念的瓦解，外来资本和人口涌入导致的地方社会重构是上海郊区乃至全国发达地区乡村面临的普遍问题。但在上海都市区内，尽管就业、收入来源等已经非农化，但与半城市地区相比，农业乡村地区仍保留较多的传统社会特征，处于城乡过渡区间中较靠近乡村的一端。

5.5.1 　村庄聚落依然保持完整

农村或乡村的含义不在于是否保留行政村的建制，而在于是否保持了相对完整的村庄聚落和赖以为生的农业生产系统等要素。从调研样本村庄看，各村庄依然保持了较多耕地资源和较为完整的村庄聚落。调研各村庄的农用地面积占比均在60％以上，保持了较好的乡村景观和农业生产系统。工业用地比例很低，多数村庄的原有工业用地已废弃或被拆除，目前保留工业用地最多的勇敢村、团新村也仅剩 200 亩和 100 亩,占村域面积的 2.6% 和 1.5%,其余各村的工业用地均不足 50 亩,其中崇明各村和王金、团新、山塘等村完全没有工业用地或已经拆除殆尽。工业用地的清理腾退,为生态修复奠定了基础。崇明各村和淀泖各村为改善生态环境,加强了生态林网建设,育新、海洪港的林地面积均超过 1 000 亩。

各农业村仍保留了完整的自然村分布格局及农田系统,为农业村庄的持续发展奠定了经济和社会基础。村庄是社会关系和生活方式长期演变的产物,凝聚了较多的社会文化内涵,而非仅仅是功能性的居住空间。其中历史文化内涵深厚的山塘村具有较为浓厚的传统风貌,但一些村庄也进行了较大规模的拆并,形成"新农村社区"。

5.5.2 "三集中"与"迁村并点"的双重影响

改革开放以后,随着乡村地区劳动过密化的缓解和人口大量非农化,农业乡村居民与农业、土地的关系也逐渐弱化,例如超过 1/2 的农业乡村居民收入来源完全为非农就业,就业、收入主要依赖农业的居民数量不足 1/5。"机耕机种"的机械化耕作也使得单个劳动力的耕作能力大大提升,尽管耕地承包权仍然分属各个农户家庭,但农业耕作专业化的趋势已经出现,多数调研村庄中过半农地已经流转。因此上海在 2004 年提出"三集中"政策:产业向园区集中、人口向城镇集中、土地向规模经营集中。大批乡村居民的脱农和耕作方式的变化,使得原来小而分散的村庄布局"优化"被政府提上议事日程,除鼓励脱农人口向城镇集中外,在相对偏远的农业乡村地区,也提出了"迁村并点"或"集中居住"的策略,即将分散的自然村拆除,选择交通相对便捷的地区建设新农村社区,以达到"节约"用地的目的,通过"增减挂钩"为城市地区建设提供必要的土地指标[47]。但这种做法无论在法理层面还是实施层面存在较多的争议。在法理层面[48],居住用地与产业用地不同,关注的重点是其使用效益而非单纯的土地产出等经济效益,即居民通过居住而获得的价值或幸福感,因此无法用度量产业用地的土地产出指标对居住用地进行评价。换言之,"低效用地"只能针对产业而不适用于居住用地,在土地节约中,明显的收益是政府通过"增加挂钩"获得的土地指标,而作为使用者的村民丧失了独立使用的宅基地,能够获得的补偿是较新的住房质量和政府供给的住房配套,而这在原有散布的村庄中很难获得,且严格的住房建设审批基本禁止了农宅的翻建。所有这些现象的背后,隐藏的是对开发土地指标的巨大需求。在实践层面,由于大部分村民家庭和部分务农村民仍与土地具有密切的联系,因此存在着向镇集中和村内平移动归并的争议[48],前者节地率较高,能够提供更多的土地指标,但建设成本高,对迁并农民而言具有更大的负面影响,诸如就业安置、耕作不便、生活不习惯等;后者为折中策略,在集体所有制的行政村内集中归并,仍采用传统宅基地建设方式,优点在于成本较低并尽可能保留农民户口、宅基地、农村生活习惯等,缺点在于节地率低。

调研乡村中的廊下镇万春村和勇敢村为集中居住的典型案例,尽管仍保留了较多农田和村民,但其开展的集中居住活动拆除了原有的自然村,而将其集中在集中居住区内,集中居住区的建设和村落的消失,不仅改变了村庄风貌,也导致附属于村庄的社会关系完全打破(图 5-34)。勇敢村也采取集中居住方式,但在 2010 年后划出西南部分地区设置了景展社区,包括一片公寓式住宅和一片小区式独栋建筑的文化花园。尽管文化花园采用了独栋住宅形式,但小区式的布局方式仍与传统聚落具有很大的差异。

(a) 集中居住前   (b) 集中居住后

图 5-34 万春村集中居住前后对比
资料来源:(a)廊下镇规划村镇体系现状图;(b)根据百度影像地图绘制。

5.5.3 熟人社会的消解

乡村社会生活与城市社会生活的显著不同在于,乡村社会或传统社会是建立在感情和责任基础上的熟人社会,个人对亲属、邻居、乡人等不同社会关系角色负有不同的义务,即费孝通所言的"差序格局",村民对其他关系人群十分熟悉,亲缘和地缘关系是决定行为准则的依据。城市社会或现代社会因接触较多的陌生人且处于激烈竞争的市场氛围中,因此感情因素(责任)在居民行为中的影响作用削弱,等价交换即利益关系成为人们处于与陌生人关系的主要准则,即建构基于对等责权的契约社会,从伦理社会向契约社会转变的过程使功利逐步侵蚀并取代了伦理。对此,西汉的贾谊在《治安策》中便对完全建立在功利基础上的秦国变法改革提出了批评:"商君遗礼义,弃仁恩,并心于进取","假父耰鉏,虑有德色;母取箕帚,立而谇语",反映了功利社会导致的人情寡薄。熟人社会和契约社会的优劣也长期争论不定,伦理社会给人以安全感和归属感,但也会过多干预个人自由,"街谈巷议""乡评"等对个人的不符合传统规范的行为进行道德审判,契约社会固然人情淡薄,但也具有很高的包容性。

农业乡村地区仍然具有较强的熟人社会特征,主要原因在于作为基本地域生活单元的自然村多为具有血缘关系的群体,从样本村落所辖各自然村名称看,多数村落以姓氏命名,表明聚落为宗族聚居之地,血缘关系使村民保持较密切的联系和地方认同感。安庄村的 10 个自然村有三个以姓氏命名,即使多姓聚居的村庄也形成按照各自的宗族组合在一起。山塘村的 15 个自然村中,以姓氏命名的自然村更是多达 13 个,聚族而居成为村庄的常态。

传统村庄具有各自权威在各自领域中发挥着不同的作用,其中最著名的是具有文化权威的乡绅阶层,此外还有能人组织的会社组织,族长领导的宗族组织等。

近代以来国家政权建设中,一度将传统礼教斥为封建而予以废除,但在废除旧的地方秩序时并未为人们在新的社会秩序组织中提供足够的机会,由此导致了各自地方社会组织的崩溃,行政管理包办一切。人民公社时期实行政、社一体,居民的生产、生活等很多涉及公共领域的内容均由政府组织实施。人民公社体制废除后,行政职能从乡村退缩到乡镇一级,村成为居民自治组织,但长期计划经济下形成的"万事靠政府"的思想一时难以转变,村委会主要负责落实上级任务和上下情报传达,自主权十分有限,宅基地审批、农村住宅翻建等管理审批权限多集中在乡镇甚至区县,由此导致村民自治步履维艰,乡村组织涣散,村民参与村庄事务的主动性不高。例如,在问及是否愿意参加"美丽乡村"建设时,406 份有效问卷中,选择"愿意"的多达 87%,但在问及"是否参加过美丽乡村建设"时,选择"是"的仅 99 份,占 24.4%,考虑到被访者具有迎合问题的倾向,其真实比例应当更低。这充分说明,村民缺乏真正的村庄主体意识,认为村庄建设是"公家"①的事。

5.6 建成环境特征

5.6.1 居住水平

农业乡村是传统居住方式保留得最多的乡村类型。与城市地区和半城市地区相比,农业乡村的传统居住方式特征主要体现在以下方面:独栋式的低层住宅或平房、宅园结合的布局形式、依托宅基地的自建模式。但改革开放以来受到城市文化的影响,住宅建设方面也初现了求大、求洋的趋势。

1) 独栋低层住宅或平房

从建筑高度上看,农业乡村地区具有最低的建筑层数和居住用地开发强度。但从"六普"数据分析看,居住在平房中的人口比例却以半城市地区最高,主要原因在于半城市地区的翻建控制较严但违章搭建房屋很多,且人均居住面积小,因此从居住者统计看,居住在平房住宅中的人口比例以半城市地区最高。然而,从实际调查中发现,半城市地区混杂了较多的高层建筑,而农村地区的高层建筑十分少见。因此从总体上而言,乡村地区保留了较多的低层或平房建筑形式。村民调查的住宅层数也表明,各村均值多在 2.0 左右,表明 1～4 层建筑为常见方式,仅在万春村、景展社区出现高层公寓式建筑(图 5-35)。但即使是万春村、景展社区的高层多层建筑也多为"集中居住"政策的产物,旨在节地,但由于不受居民青睐,景展社区的文化家园尽管仍采取小区式集中居住,但采用了独栋低层的方式。

---

① 村民对政府的称呼。

传统时期的平房住宅十分普遍,因住宅用地充裕,常有"五亩之宅""三亩之宅",没有必要纵向发展,因此,楼房成为罕见的地标建筑,常被用作地名,如召稼楼、黄楼下等。此外,由于上海地处风潮多发地区,出于防风考虑,居民也很少楼居。如光绪崇明县志载:"邑人鲜楼居,亦鲜有高其闬闳者,避海风之暴也。"[①]

改革开放之后,低层建筑开始增多。计划经济时期尽管也划拨宅基地,但对宅基地的供给十分宽裕。20 世纪 80 年代之后,随着土地资源日益紧张,宅基地面积不断缩减,为保证足够的居住面积,逐渐兴建两至三层的楼房。楼房兴建的另一个原因在于居民的攀比心理,楼房意味着财富和能力,对于未婚子女尤其是儿子娶亲而言是较好的保障信息。从家庭宅基地平均面积看,北部沙岛的崇明各村最高,多在 200 m² 以上,最高的育新村可达 300 m²,其次为西部崇明、金山的淀泖地区,宅基地面积多在 150 m² 左右,而被城市地区和半城市地区包围的南汇农业乡村宅基地面积最小,多在 100 m² 左右(图 5-36)。这种宅基地面积的变化空间梯度与建设用地指标需求的迫切性一致,体现了建设管理强大的支配力量。

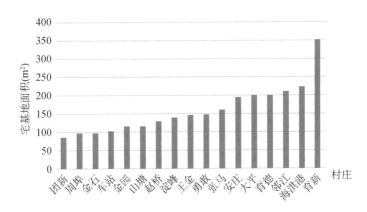

图 5-35　样本村居民家庭宅基地面积值

2) 宅园结合

传统时期受诗意栖居文化的影响,人们不仅关注住宅的居住功能,也注重住宅在果蔬供给和庭院休憩方面的功能,是集农业生产与休闲绿地于一体的生活单元。不仅城市、市镇遍布大小园林,即使乡间僻壤也多园宅。园宅结合不仅限

---

① 上海市地方志办公室,上海市崇明区档案局.上海府县旧志丛书,崇明县卷[M].上海:上海古籍出版社,2011.

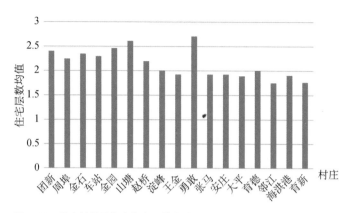

图 5-36　样本村居民家庭住宅层数均值

于士人,平民也十分讲究居住的舒适,如宅前植树,宅后种竹。即使在缺少山水
景观的崇明,人们也十分注重栖居地小生境的营造,形成了富有地方特色的"四
桯头宅沟"住宅:"筑宅必环凿沟渠,门前架小桥,通出入,朝施而夕撤之。两岸植
榆柳桃杏之属,外编荆为篱(或以枝杨)。屋皆茅龙,岁一更易。宅后种竹,沟中
养鱼,春夏树影㸐㸐,波流㳂㳂,好鸟时鸣,游鳞自得,濠濮不啻焉。"①

　　计划经济时期,土地使用归村集体统一支配,但也为居民留出了自留地以解
决蔬菜瓜果的供给,出于照料、看护方便的目的,自留地通常布置在宅基地周边,
尽管住宅已经取消了院子,但菜园作为宅园的替代品依然保留了下来,居民通常
在宅前园地中种植各自喜欢的蔬菜瓜果及观赏性树木、花卉,调查中常见的观赏
性树木花卉主要有桃、梨、橘、柿、枣、石榴、紫薇等,具有美化乡村环境的效果。
但由于宅基地的缩小,宅间空地不足以容纳大树生长,树木趋于小型化,村庄中
古树成荫的现象不复多见,树木的用材价值和生态价值已经丧失,取而代之的多
为菜园和仅有观赏价值的花卉小乔木。

　　尽管受到宅基地缩小的影响,但到目前为止,农业乡村地区仍是居住面积
最宽裕的地区。"六普"数据表明,农业乡村地区 50% 以上的居民居住在面积
120 m² 以上的大型住宅中,而城市地区和半城市地区该比例不足 20%,显示
了农业乡村地区居住条件的优势(图 4-29)。村民问卷表明,农业乡村地区的

① 　上海市地方志办公室,上海市崇明区档案局.上海府县旧志丛书.崇明县卷[M].上海:上海古籍出版
　　社,2011.

居民家庭平均宅基地面积为 162.9 m²，建筑面积达到 201 m²，远高于半城市化乡村（图 5-37）。比较农业村的宅基地面积和建筑面积均值，可以发现两者呈现出不符合预期的反比关系，在传统乡村色彩浓厚的崇明和部分淀泖低地村落，具有较大的宅基地面积，但建筑面积却相对较小，表明在这些地区，住宅的功能以服务于生活居住的使用功能为主，较多的宅基地并未导致更多的建筑面积；而在开发潜力较大的东南部地区，住宅更多被视为可以增值的资产，因此在较小（100 m² 左右）宅基地上通过建设多层楼房以追求更多的建筑面积，住宅的生活居住舒适性反倒被忽视。这点也可以通过建筑层数和宅基地面积的关系看出，两者呈明显的负相关，相关系数为 −0.64，即较小的宅基地面积和更高的建筑层数均来自对土地升值潜力的预期，而对于开发潜力较小的北部沙岛和部分淀泖低地，较大的宅基地和较低的层数主要基于对生活舒适度的诉求而非经济利益的诉求（图 5-38）。

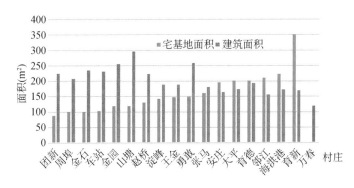

图 5-37　调研农业村庄家庭宅基地面积和建筑面积

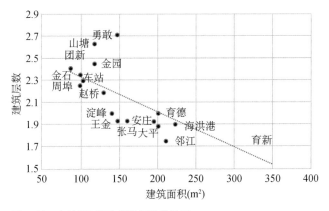

图 5-38　宅基地面积和平均层数的关系

3) 乡村自建房模式

村庄住宅建设多为集体划拨宅基地再由农户自行建设。从"六普"资料居住在自建房中的居民比例看,农业乡村居民80%以上居住在自建房中,该比例在城镇中不足2%,而在同为乡村地区的半城市化地区中不足20%。自建房的优势是居民可以按照自己的意图建设中意的住宅,并合理利用宅基地种植树木、花卉进行美化,但在配套方面必须依赖外部公共设施建设。相反,政府部门积极推导的统建房则具有基础设施配套的优势,但也具有居住方式上的缺陷,如采取统一建设模式,房型的选择有限,更重要的是,采取小区式统建后,即使采取独栋式住宅,外部环境的配置仍是供给式服务,居民无法像在宅基地中那样自由处置住宅周边的绿化种植。调研时不止一次发现,在集中建设的独栋小区中,农民尤其是老人会在绿化用地中种植玉米、蔬菜等作物,其重要意义不在于获得蔬菜副食品,而在于种植果蔬花卉已经成为农民生活中寄托情感的一种休闲方式。统一建设的最大问题在于出于节省土地的目的,将居住方式由独栋式住宅改为层叠的公寓式住宅,导致农民的粮食储藏、农具堆放、畜禽饲养等需求无法得到有效满足。同时,集中居住的方式也打破了原有乡村的社会文脉,使入住居民特别老人群体产生孤独封闭感。

随着国家对土地资源的管控日益严格,农业乡村居民住房建设的自由度也受到了很大限制,为方便推行集中居住从而得到宝贵的建设用地指标。上海自2000年以后采取严格控制自建房的政策,将宅基地审批的权限由村回收到镇,再由镇回收到县,导致农民申请宅基地建设的手续极为复杂,审批下来的可能性很小,在一些村庄已经成为居民上访的主要原因。除宅基地审批基本停止之外,农村自建房的翻修也受到很大限制,在未取得许可的情况下不得翻建,导致乡村地区的住房老化严重,产生很多危旧房屋。从2000年后新建住宅住户比例看(图5-39),农业乡村地区的比例多数在30%以下,部分地区甚至在10%以下,调查也表明七到九成农村乡村居民住房建于20世纪八九十年代。按照住房30年的使用寿命估计,这批住房多数到了翻建时期,但在翻建审批基本不可能获批的情况下,多数乡村地区居民住房只能等待旧改或集中居住时拆迁。

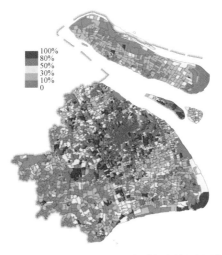

图 5-39　居住在 2000 年后新建住宅的居民比例
资料来源:根据"六普"住房建成年代数据绘制。

5.6.2　公共服务

1) 教育

中华人民共和国成立后小学基本设置在行政村一级,个别较小的行政村则 2~3 个村共用一所小学,如 1984 年崇明县有行政村 460 多个,但小学数量仅为 304 所,考虑到县城和城镇的小学数量不止 1 所,则平均大约 2~3 个村庄共享一所小学的情况比较普遍。1990 年以后随着小学生源数量下降,上海开始了大规模的小学撤并,村庄小学基本全部撤销,小学的配置下限设在乡镇一级,较大规模的"撤置镇"仍保留小学。

乡村小学的撤并极大增加了乡村地区小学的就学距离。村庄调研居民问卷表明,村庄小学平均就学出行时间最长可达到 30 分钟以上,平均时间为 12 分钟。从农业村庄和半城市村庄的比较看,两者的小学就学出行时间无显著差异,表明各村小学就学平均出行时间与各村距城镇的距离和家长选择的学校有关,具有很大的偶然性。同时也表明自小学撤销后,教育服务水平的评价已经由村庄内在属性转变为外部的区位属性。

2）医疗卫生

医疗卫生是与居民生命安全和健康密切相关的基本公共服务设施,因此在乡村布置的卫生室不仅未被撤销,还存在继续强化的趋势,目前正在推行的社区全科医生制,旨在增加村庄社区层面的医疗人员力量,提升服务水平。

目前村卫生室基本按照标准进行配置,每个行政村设置一所卫生室。每个卫生室有医护人员 1 名,主要职责为进行小病诊疗,村民对村卫生室的满意度为3.9 分,评价不是太高,主要问题是医护人员的水平有待提高,以及村卫生室的业务范围有诸多限制,如不能打点滴等,因此居民大病还是要到镇或城市的医院。从各村对卫生室的满意度看,农业乡村与半城市化乡村无明显差异,具体情况因村而异。

农业乡村医疗设施面临的主要问题为老龄化和少子化。针对前者,需要按照未来医养结合的趋势,利用乡村田园风光发展养老产业的同时,加强针对老年群体的保健养生医疗也是医疗服务体系需要考虑的重点,将单纯的医疗服务提升为健康服务,是农业乡村医疗事业发展的趋势。针对少子化问题,随着计划生育政策的逐步转向,可结合村镇卫生设施建设生育服务照料中心。

3）文化娱乐

在长期的历史发展中,上海乡村地区形成了众多具有地方色彩的文化,但在国家政权建设中,这些地方文化被当作封建迷信而遭废弃和取缔,其中最典型的是形形色色的宗教祭祀文化。《吴地记》记载江南"俗好鬼神,多淫祠",遍布城镇乡村具有众多的寺庙庵堂记载,表明传统社会中宗教建筑极多,且围绕寺庙祭祀举办各种迎神赛会,成为乡村居民的主要娱乐活动。近代以后,宗教寺庙势力遭到多次打击。其中最重要的有两次,第一次来自民国初期,民国肇建提倡科学、民主、文明、开化,寺庙作为封建迷信被废弃,大量庙宇被用作学堂地址,庙产被充作学田,宗教活动由此衰落。第二次为"文革"时期的"破四旧",古寺庙遗存遭到大量破坏,保留至今的少量寺庙多成为文物古迹,如淀峰村关王庙。当前文化娱乐设施主要结合村委会布置,与半城市化乡村基本无差异,存在的问题仍是居民参与度不高。

4）基础设施服务

上海农业乡村基础设施特征总体上与上海乡村类似,较值得关注的是城镇基础设施服务网络难以解决的环境卫生问题。近年来通过建立垃圾收集清运队伍已经获得了较大的改善,垃圾收集清运率都接近100%。但是单纯处理的措施并不能从根源上解决问题,污水、粪便、垃圾问题根本是现代化生活方式导致的,由于农业乡村地区工业企业较少,其污水主要为生活污水,尤其以水冲式厕所产生的粪尿为主。

在传统社会,粪便是重要的肥料,农民为获得肥料而饲养畜禽或向人口密集的城镇购买粪便作为肥料。但随着化学肥料以其高效、清洁取代了粪肥,粪便逐渐成为废物,需要通过造价昂贵的排水设施将其处理后排入河流土壤,因此以工程方式在农村建立污水处理设施并实施污水纳管只是权宜之计,如何使粪便得到有效的资源化利用才是解决问题的根本之道,此外,过度的化肥使用会造成地力衰竭、减少土壤生物多样性并造成河流面源污染等重大环境问题,如何使农家肥能在性价比上部分取代化肥也是一大挑战。

就垃圾而言,以塑料为主的生活垃圾构成了垃圾的主体,有机垃圾可以通过堆肥等方式资源化利用或自然降解,但塑料垃圾成为难以处理的棘手问题。传统时期的农具工具多为木质铁制,报废后可作为燃料或资源回收,但塑料以低廉的价格逐渐取代了木制品、竹编草编等工艺,从日常器具到玩具用品,无不用塑料制作,从生产生活方式上探讨如何重新使竹木制品取代塑料制品,将比单纯加强垃圾清运和焚烧填埋更有意义。

5.6.3　生态环境景观

1）村域生态环境景观

农业乡村从生态景观上看,依然保持了传统乡村的基本特征,诸如较大面积和比例的农田、林地和河湖水面,为农业乡村聚落提供了生态背景,同时也是上海都市区重要的生态空间和休闲空间。

但在这种美丽的表象背后隐藏着较大的生态危机,主要体现在环境恶化和生态退化。就环境质量而言,长期的工业发展和城市扩张对整体生态环境造成了巨大的压力。在作为一体的都市区生态系统中,农业乡村地区无法独善其身,外围地区河流污染、土壤污染和大气污染等都会对农业村庄的环境质量造成影响。改革开放初期,大量的农业乡村空间构成生态本底,城镇与工业建设用地为绿色生态本底中的斑块。但经过近四十年的工业化和城市化过程,上海都市区基本完成了"图底"反转,建设用地成为用地基底,而被建设用地挤压到边缘(西南地区)①或包围(东南部地区)的农业乡村地区反倒成了日益破碎化的斑块。2015 年 7 月 20 日《解放日报》报道②,在上海市居民身边挑选的 100 条河道水质量检测结果表明,优良仅占 10%,轻度污染 9%,中度污染 16%,重度污染 65%,其中黑臭水体 24%。生态恶化问题也不容乐观,尽管近年来结合污染企业整治、美丽乡村建设取得了环境的改善和景观上的美化,但生态恢复的任务依然艰巨。内陆河流原本富饶的水生生态系统基本崩溃,陆生生态系统的生物多样性也大为下降,一些生态敏感性指示物种如虎斑蛙、萤火虫在很多地方已经绝迹,土壤生态系统受长期污染和化肥使用而板结退化。

图 5-40　上海农地分布

2) 聚落生态环境景观

　　尽管农业乡村聚落依然保留了较多的传统村庄印记,但受城市化、工业化的

---

① 同时受到邻省城市化工业化地区的包围。
② http://huanbao.bjx.com.cn/news/20150720/643810.shtml

影响,其聚落景观发生了较大的变化,主要表现为生态空间的压缩和消失、住宅开发强度的增加和小区式统建模式的侵入,其中宅基地压缩导致的植被景观和建筑景观的变化在农业乡村地区普遍存在,城市小区式统一建设尽管不那么普遍,但对乡村生态景观以至社会文化氛围的瓦解具有"推土机式"效应。

第一宅基地压缩导致村庄内生态空间日益减少。随着耕地资源日趋紧张和土地资源管控力度的加强,宅基地标准逐步压缩,如崇明地区乡村户均宅基地面积可达 200 m² 左右,而靠近开发热点的南汇则仅为 100 m² 左右。宅基地和宅间空地的压缩,使农村居民首先缩减四旁树木的种植,村庄树木也从高可遮阴的高大乔木(银杏、楝、榆、柳等)变为仅具观赏价值的小乔木(石榴、紫薇和各种果树),古树名木成为日益稀缺的资源,村庄的林木郁闭度大幅下降,导致原可栖居村中大树的鸟类消失,航拍图上的村庄斑块从类似林地变为类似裸地。实际上,分散布局的村庄内居民住宅之间的空间,并非规划上所说的空地或废弃地,而是重要的生态空间,无须栽种的树木(自生树)可以在此生长,成为改善村庄生态的重要空间。

第二宅基地的缩小也导致了建筑高度的增加,建筑由原来的平房、两层住宅变为三四层住宅,同时传统的院子退化为天井,最后消失,乡村住宅变为非院落式住宅,风貌正日益向城市看齐。建筑风貌上也逐步抛弃了粉墙黛瓦的特色,而采用现代建筑或欧式建筑,使得村庄建筑风貌缺乏统一性和协调性。

改变更彻底的是采取居民集中居住的小区式统一建设,无论是独栋式还是叠层的多层公寓式住宅,都使村庄丧失了多元主体自建所形成的多样性、历史文脉和空间肌理,形成单调、呆板的行列式布局或围合式布局。

第6章 上海半城市化乡村的人居环境

6.1 地域概况

半城市地区环绕上海中心城市分布,涉及嘉定、宝山、川沙、闵行四个近郊区的大部,并沿黄浦江向奉贤中部延伸,面积 3 065 km²,约占上海市域的 48.3%,2010 年常住人口 634 万人,占上海市的 27.5%。

受上海城市区位的影响,半城市地区位于东部高沙平原西部的沿江高沙平原,自然条件具有滨江临浦的内在一致性,大致可分为吴淞江沿线和黄浦江沿线两大区域。在水运为主的传统社会,吴淞江、黄浦江两岸沿线形成了较为发达的市镇和水陆交通,也促进了城市化的空间拓展。尽管环绕中心城区分布是半城市地区分布的主要模式,但拓展方向的差异依然体现了自然环境的路径依赖效应。

鉴于半城市化地区较大,本次调研的样本村庄位于嘉定区南翔镇,因此拟以吴淞江流域的嘉定为案例阐述半城市化乡村的地域特征。

6.1.1 自然环境

嘉定区的当代自然地理条件是自然环境和人类活动长期变迁的结果。传统时期的变化以水系变迁和丰水环境向干田化的转变最为重要,而近代以来则以城镇化和工业化等人类活动影响为主。

嘉定地形为沿江高沙平原,历史记载中土壤多被描述为"沙瘠斥卤",即土壤贫瘠、含盐度高。但经过长期的垦殖熟化尤其是中华人民共和国成立后大规模的"旱改水",土壤肥力有所改善。据 1980 年土壤调查,当时的约 51 万亩农地均为高产熟化土地,其中水稻土占 90% 以上,熟化程度不高的潮土不足 10%。但沉积泥沙的成土母质导致腐殖质含量较低,有机质含量为中等水平(2.22 ± 0.26%),尽管钾含量较高,但氮、磷等与有机质有关的元素含量偏低。因此对农业而言,肥料一直是关注重点,传统时期豆饼、人粪尿、畜禽粪尿、河泥等多种肥料被广泛收集,直至化肥普及后才打破了肥料的瓶颈。

由于长期的农业耕作和改革开放后的半城市化发展,嘉定的植被以人工植被为主,自然植被极为稀少且斑块小型化。因成陆和农业开发之间的时间间隔也相对较短,自然群落演替过程以"白茅黄苇弥望"的草本群落为主,未能达到森林演替阶段。目前原生植被已开垦殆尽,以水田、菜地、苗圃为主的农田生态系统是嘉定的主要生态景观基质,残存的次生植被主要集中在田间荒地、河滩和池塘苇沼等小型斑块生境内。乔木树种多为栽培树种,主要为竹林和村落杂植树木。改革开放后随着半城市化进程加快,农地资源大幅度下降,使缺乏先天优势的生态系统进一步恶化,不仅次生野生植被无法得到保护,作为生态本底的农田生态系统也受到了巨大威胁。1984—2018 年,嘉定区的耕地面积由 47.5 万亩下降到 14.4 万亩,下降幅度达到 70%,占比也由 68% 下降到 20.7%,农田植被也逐渐斑块化,体现了生态空间—农业空间—建设空间的空间演替趋势。

6.1.2　社会经济

尽管近代以来嘉定受到了现代化的冲击,计划经济时期国家的社会控制加强,但总体而言,直至改革开放之前,以农业为主的传统乡村特色尚十分显著,巨大的社会变迁冲击来自改革开放以后的半城市化过程,因此本节主要围绕半城市化过程阐述半城市地区的社会变迁。

1) 半城市化程度

大都市近郊的区位优势,使近郊农地的潜在价值和实际利用价值之间存在巨大落差,对追求经济增长的政府和追求利益的资本而言极具诱惑力,由此也揭开了改革开放以来空间急剧变迁。改革开放前期地方乡镇企业主导的工业化开发和后期外来资本主导的土地城镇化开发构成了近郊空间开发的两个阶段。伴随空间开发的是三种城镇化进程,即中心城市产业和人口疏散、本地人口就地城镇化和外来人口的异地城镇化,经济发展、土地开发和人口变化共同促成了快速的城镇化过程,形成了围绕中心城市分布的半城市化地区。

　　度量半城市化的指数通常包括三个方面:城市性(或乡村性)、多样性和动态性。前两者反映了特定时点的静态特征,后者体现了时间动态特征。根据半城市化的含义,城市性取中间值,而多样性和动态性取高值。其中城市性指数选择人口密度、高中及以上文化程度人口比例、非农就业者比例、非自建房比例、房屋租金500元以上者比例5个指标,采取简单的指标极差标准化和等权重加权方式计算;混合性从城乡混合程度出发,选择农业-非农就业和自建房-非自建房两对结构数据,计算其熵值,并以两者熵值均值度量城乡混合导致的多样性;由于普查数据为时点数据,动态数据较少,故仅以2000年以后新建住宅比例度量。

　　从嘉定案例看,城市性具有沿着城乡梯度逐步下降的趋势,其中较大的突变点发生在城市和乡村地区之间,在乡村级内部,半城市化乡村普遍高于农业乡村。混合性分析结果表明,乡村地区的多样性高于城市地区,而其中又以农业地区的多样性程度最高,对此的解释是就总体而言,嘉定的乡村地区已经具有非常高的非农化程度,农业乡村地区只是相对于城市性很高的半城市地区而言。动态性分析表明,城市地区外围和半城市地区的动态性总体上略高于老城区和乡村地区,但由于指标较少导致的偶然性,其分布规律性不太明显(图6-1)。

　　从总体上看,嘉定多数村居具有较高的混合性、动态性和中等程度的城市性,无论就嘉定区整体而言还是多数村居而言,均具有典型的半城市地区特征。

2) 经济非农化

　　传统农业时期的嘉定经历了干田化和棉业商品经济的变化,干田化之前的唐宋时期仍为适于水稻种植的地区,如安亭为"十田九稻"的"江乡乐土"。明代中期以后,随着干田化后果的凸显,嘉定经历了艰难的生态适应转型,田土荒瘠,户口逃亡,沿吴淞江沿线形成了大规模的"荒区",几乎至于废县。此后改稻为棉,形成"棉七稻三"的格局,成为明清江南地区重要的棉花、棉布产区,也促进了棉业专业市镇的崛起。近代以后,由于机器纺织业的竞争,商品化棉织手工业衰退,计划经济时期,嘉定成为服务城市的粮棉油生产基地,改革开放以后开始了快速的非农化进程。

　　因邻近上海城市,嘉定在上海郊区中属于非农化起步较早的区之一。根据嘉定县志记载,清末民国时期已经出现了少量纺纱、毛巾、碾米、榨油等农副产品

(a) 城市性　　　　　　　　　　　　　　　　　　(b) 多样性

(c) 动态性

图 6-1　嘉定村居的半城市程度
资料来源:根据"六普"数据计算绘制(图例由高到低反映为红色到绿色)。

加工厂。民国八年(1919 年),嘉定从事非农产业的人口为 4.8 万厂,约占就业人口的 24%,主要从事交通运输(1.9 万人)、工业(1.5 万人)和商业(1.3 万人),公务员、教师、医生等现代职业也为知识阶层提供了非农就业岗位(0.1 万人)。1949 年第二、三产业产值占比分别为 26.5% 和 17%,合计占 43.5%。1958 年第二、三产业产值占比分别为 49.8% 和 11.8%,第二产业成为主导产业。1970 年社队企业的兴起进一步促进了经济非农化,至改革开放前夕的 1978 年,三产产业比例为 35∶50∶15。尽管产值上已经实现了非农化,但这种非农化处于国家严格支配下,其吸纳就业的能力十分有限,1978 年非农产业就业人数仅 3.7 万人,份额为 14%,尚低于民国八年(1919 年)的比例。

改革开放前期(1978—1992 年)是乡镇企业和个体工商业者蓬勃发展的黄金时代,短缺经济的市场缺口、大量农村剩余劳动力的释放和城市国营经济的衰退均为其提供了有利的发展机遇,不仅产值结构的非农化进一步加强,更重要的是促进了就业机构的非农化,释放了长期被束缚在土地上的农业剩余人口。1978—1990 年,农业就业比例由 86% 迅速下降到 16.8%,表明制度约束是影响就业结构的关键因素,一旦制度瓶颈被解除,居民的行为就能够对此迅速做出适应性调整(图 6-2、图 6-3)。

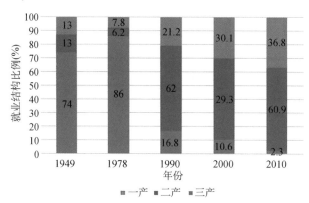

图 6-2　嘉定区历年就业结构
资料来源:嘉定县志,嘉定人口普查。

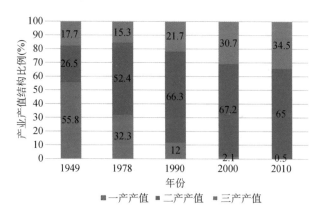

图 6-3　嘉定区历年产业结构
资料来源:根据嘉定县志、"六普"数据绘制。

　　20 世纪 90 年代浦东开发标志着上海的对外开放正式启动,得益于跨国投资(FDI)和全国资本的集聚,上海也开始了迅速的城市空间拓展,经过改制后的城市国营企业也开始复兴,在市场逐渐饱和、外国资本注入和城市工业兴起等多种因素综合作用下,乡镇企业在人才、资本、市场、资源利用效率等多方面的短板开始凸显,逐渐退出历史舞台或经过改制后以民营企业的面貌重新登场。与此同时,1994 年的分税制改革也刺激了地方政府积极寻求工业发展和土地开发的机会,城市开发和招商引资成为地方政府发展地方经济的主要途径。乡村地区的发展由地方政府—乡镇企业为主的内生型发展模式进入了由上位政府—外来资本主导的外生型发展模式,乡村、地方在发展过程中日益丧失了话语权,体现了"新自由主义全球化"影响下的尺度上推。从上海和嘉定的发展过程看,频繁的行政区划调整恰好发生在 90 年代中期以后,体现了上位政府—外来资本对地方发展主导权的强化,更加强势的上位政府—外来资本组合进一步加快了经济和就业的非农化进程。1990—2018 年,嘉定的农业产值和就业人口均由 10%～20%之间下降到微不足道的 3%以下。与改革开放前不同,市场经济主导下的就业产值关系相对均衡,即产业结构与就业结构保持大致相近的比例,表明导致产业收益不平等的制度性因素被不断被市场因素消解。但是,必须看到,在产业内部仍然具有大量产业门类保持者较高的准入壁垒,如工业中的原材料工业、第三产业中的金融、电信等制度壁垒依然较强,劳均相对产值的差异逐步由产业之间转移到行业之间。

3) 土地非农化

　　与农业乡村不同,半城市化乡村的非农化不仅局限于经济、产业非农化,也发生了快速的用地非农化,形成了普遍分布的半城市地区。Webster(2002)认为半城市地区由差异较大的内外两个圈层组成——其间界线大致为距离城市50 km 处。内圈所受的中心城市影响以直接影响为主,包括城市新功能的拓展和旧功能的疏散;而外圈所受的影响主要为通过功能联系导致的间接影响,如通过市场需求对其经济活动产生的影响。相较而言,内圈所受的影响更为强烈而直接,导致了常被诟病的半城市现象:生态恶化、景观破碎、非正式经济、管理无序等。导致这些现象的原因很多,其中用地非农化对生态恶化和景观碎片化的影响较为直接,也是半城市地区物质景观风貌变化的主要动因。

　　嘉定长期以来以农业为主,耕地、草荡等农用地与生态空间为县域用地的主要部分,其中分布最广的耕地是建设用地拓展所占用的主要用地类型,在草荡基本开垦殆尽的情况下,耕地的变化情况最能够体现用地非农化的发展情况。此处拟以垦殖率即耕地占县域用地比例的变化说明此问题。

　　中华人民共和国成立初期的嘉定以农业乡村景观为主导,在 1951 年的 483 km² 用地中,建设用地仅占 4.89％,主要为村镇用地和交通、基础设施用地,其余 95％以上为农用地和未利用地。1990 年以前建设用地比例增长依然较为平缓,达到 21.2％左右,其中半数以上为集镇村庄用地,城镇和工业用地占比相对较小。1990 年后乡村集镇用地基本没有增长,而城镇建设用地和工业用地成为非建设用地占比迅速提升的主要推动力量,2009 年非农建设用地占比达到 56.2％,建设用地成为景观格局中的本底,非建设用地逐渐成为被隔离的斑块(图 6-4、图 6-5)。由于嘉定建设用地的空间分布多数集中在中南部,剩余不多的非建设用地多集中在西部和北部地区,东南部地区的生态空间和农业空间碎片化程度更为严重。

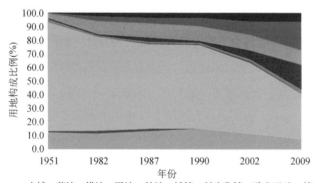

图 6-4　嘉定用地构成变化图
资料来源:根据嘉定县志、嘉定区土地调查资料绘制。

　　1985 年嘉定区面积为 483.66 km²,耕地面积为 46.93 万亩,占县域面积的 64.6％。与 1949 年相比,该比例下降了 9.2％,年均下降 0.25％。此后耕地面积持续下降,到 2005 年该比例降至 44.2％,年均下降 1.02％。2005—2010 年是嘉定大规模开发的时期,耕地份额呈直线下降趋势,2010 年份额降为 22.7％,5 年间下降了 21.5％,年均下降 4.4％。2010 年随着耕地保护政策的严格执行,以及上海环境治理力度的增强,耕地份额下降的势头基本被遏止,2015 年以后基本维持在 20％左右(图 6-6)。

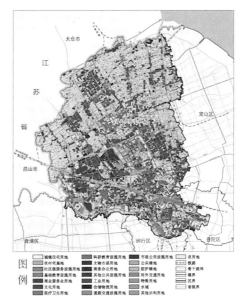

图 6-5 嘉定区 2017 年土地利用现状图
资料来源:上海市嘉定区总体规划及土地利用总
体规划(2017—2035)。

图 6-6　嘉定 1949—2018 年耕地面积占比
资料来源:根据嘉定县志及统计年鉴数据绘制。

4) 农业休闲化

半城市化过程中,生态空间和农业资源面临着很大的威胁,但也因此提高了其作为资源的稀缺性。在周边地价高企的背景下,保留的生态空间和农业资源并发挥其潜在优势成为高度半城市化的嘉定面临的主要挑战。

1980—2000 年间,由于嘉定尚保留较多的耕地面积,此阶段乡村农户的主要思

路是调整种植结构,发展面向上海都市消费市场的蔬菜瓜果种植产业。嘉定作为
上海西郊的主要蔬菜基地之一,长期进行蔬菜瓜果栽培。联产承包后,其他作物
(主要指蔬菜瓜果)播种面积比例迅速攀升,20 世纪八九十年代早期,粮棉油以外的
其他作物比例一直保持在 20%~30%,但在 1995 年以后迅速攀升到 60%左右(图
6-7)。此种变化应与 1995 年以后建设用地的迅速扩张和农业用地面积的急剧减
少有关,对较少的耕地而言,粮食种植规模太小而无利可图,种植蔬菜瓜果能够提
高土地产出效应,且与未来发展的休闲旅游具有良好的衔接契合。

　　20 世纪 90 年代中期以后,嘉定的农业发展逐步从农产品提供转向休闲旅游、
体验农业等方向,目前正在加强环境整治和生态修复,打造以生态环境、乡野景观、
特色农产品为主题的乡村农旅产业,典型代表有马陆葡萄采摘园、嘉北郊野公园。

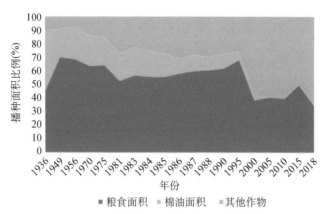

图 6-7　嘉定粮食、棉油和其他作物播种面积比例
资料来源:根据嘉定县志、统计年鉴数据绘制。

5) 强化政府管控

　　改革开放前期以地方乡镇企业为主导的半城市化过程产生了大量的负面效
应,诸如土地效益低下、生态退化等。21 世纪以来,为践行生态文明国家战略以
及获得对土地资源的掌控权,城市政府加强了对郊区空间开发的统筹管理,通过
撤县设区、集中土地管理权等措施加强对市域空间开发的管理。但无论地方政
府主导还是城市政府主导,均涉及与乡村的土地交涉问题,为减少地方本位主义
的阻力,改革开放以后,加强了行政区划调整的力度,总体趋势是减少县下政区
的数量、扩大县下政区规模以及设置更多的城市型政区或特殊政策区。

　　中华人民共和国成立后乡镇政区与全国的社会环境变化保持步调一致,经历

了中华人民共和国成立初期的区-小乡制,集体化时期的大乡-人民公社制,计划经济时期经调整后规模略有缩小,但改革开放后期的乡镇化合并又出现了大政区趋势。从总体趋势看,20 世纪 30 年代和 50 年代初期以小乡制为主,其余多数时期均以大乡制为主。一般而言,小乡制更有利于增强地方的凝聚力,大乡镇则有利于避开地方传统的干扰而加强国家政令的贯彻,大乡镇的范围均超过传统基本市场区的范围,体现了国家政权建设中加强政府控制的意图。尤其是 2000 年以后,由于上位政府和外部投资等力量的强势主导,出现了弱化乡镇地方政府的行政区划措施,主要包括撤乡镇设街道、成立开发区或园区管委会等准政区(图 6-8)。

(a) 1950年　　　　　　　　(b) 2018年

图 6-8　嘉定乡镇政区的扩大化
图片来源:(a)《嘉定地名志》; (b)根据嘉定政区图绘制。

　　2000 年之前村级政区变化不大,1999 年有 127 个居委会、245 个村委会。其中居委会面积相对较小,多数集中在县城和东南部靠近中心城区的街道、工业区和大镇中,嘉定镇、真新街道、新成街道、工业园区、南翔镇、安亭镇、菊园小区的居委会数量达到 103 个,其余 13 个镇仅有 24 个,多数镇仅辖 1~2 个居委会。到 2000 年后加强了村居合并,2010 年有村居 271 个,其中居委会 120 个,村委会下降到 151 个,与 1999 年相比,11 年间减少了近 40%。2010 年以后,由于居委会的大量设置,村居数量上升,但村的数量仍持续下降,2018 年村庄数量为 143 个,较 1999 年下降了 42%,较之新中国成立初期减少了 73%(图 6-9)。

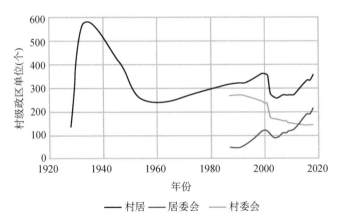

图 6-9 嘉定村居政区数量变化
资料来源：根据嘉定县志、嘉定地名志、嘉定统计年鉴等资料绘制。

　　同样，在行政村不断扩大的同时，村庄命名的去地域化趋势也十分明显，尽管自然村多以姓氏、寺庙、河流、桥渡等地方特征命名，但行政村多以具有强烈政治色彩的祈愿命名。现存 151 个村庄中以政治术语命名的村庄数量达到29.8%，其次为姓氏（14.5%）、河流（11.9%）、桥渡（7.9%），四者合计占村庄总数的 64.5%（表 6-1）。

表 6-1 嘉定行政村名称类型

类型	联名	政治	姓氏	河流	桥渡	其他	合计
数量	9	45	22	18	12	45	151
百分比	6.0%	29.8%	14.5%	11.9%	7.9%	29.9%	100%

6.2 空间特征

6.2.1 村庄规模

　　从上海 2010 年"六普"数据看，半城市地区的居委会、村委会平均面积为3.5 km² 和 2.5 km²，均小于农业地区的居委会（4.6 km²）和村委会（3.1 km²），其原因在于较高程度的土地开发，促使在原行政村域范围内切块设置居委会缩小了行政村的面积。人口规模分别为 5 714 人和 5 519 人，均高于农村地区的居委会（1 429 人）和行政村（2 403 人），主要原因在于大量外来人口的涌入。

人民公社时期村域面积急剧扩大,1957 年高级社 241 个,当时县域面积 495 km²,平均规模超过 2 km²,辖自然村 12 个,此种规模一直保持到 20 世纪 90 年代。90 年代后由于城镇化发展,居委会数量开始大量增加,2013 年后数量超过村委会,但由于整村改居者较少,居委会面积一般很小,为避免误差,1990 年后扣除居委会,相应用地比例按照城镇建设用地比例扣除,1990、2000 和 2010 年分别按 10%、15%和 20%扣除,自然村总数按 2 500 个左右估计(中华人民共和国成立后因城镇工业建设而消失),由此可得到 1990 年后的村庄平均规模和自然村数量。

从以上分析可以看出,20 世纪 90 年代半城化地区的行政村规模在 1.6～1.7 km²,所辖自然村为 7～9 个,与人民公社时期相比略有下降。但在 2000 年后面积和辖自然村数量急剧增长,21 世纪前十年平均面积在 2～2.5 km²,自然村在 10～15 个;2010 年村域面积均在 2.5～2.6 km²,辖自然村均超过 17 个(图 6-10)。村域规模的不断扩大有利于削弱地方的凝聚力,从而最大限度地减少空间开发过程中的地方阻力,因此村域规模扩大通常伴随着政府支配力度的加强。

鉴于嘉定总面积和自然村数量变化不大,行政村数量和范围的变化,导致村域面积和自然村数量变化高度相关,两者的相关性高达 0.986,村域自然村数量和村域面积的变化曲线基本保持同步(图 6-11)。极高的相关性表明了嘉定的自然村较强的稳定性,自然村生境(聚落+周边农地)在不同时期相差极小,均值围绕 0.16 km² 上下波动不到 20%。以六边形蜂房状格局计算,则村庄的最远耕作半径为 0.25 km(即 250 m 或半里地),自然村的平均间距不足 1 km(433 m)。

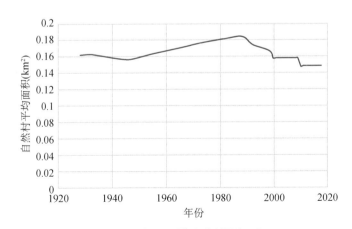

图 6-10　1929—2018 年嘉定不同时期自然村平均面积
资料来源:根据图 7-18 数据计算绘制。

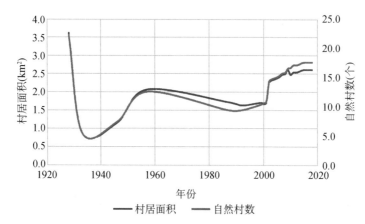

图 6-11　1929—2018 年嘉定村居面积(左轴)和所辖自然村数(右轴)
资料来源:根据村居数量和县域面积数据估算绘制,1990 年后扣除居委会及其用地。

6.2.2　乡村聚落分布

　　半城市地区是传统乡村受到现代化冲击最大的地方,目前所言的"三农"构成了乡村地区的三要素:血缘组织的人群、传统风貌的村庄和农业生产的土地。现代化进程中的冲击也体现在对传统三要素的冲击:合作化、征地和拆迁,依次削弱甚至消解了血缘群体、农业土地和农村聚落。概言之,计划经济时期以合作化为主,成功实现了去地方化,祛除了国家政令在乡村地区顺利推行的地方阻力。改革开放后,政府力量和资本力量的联合,形成了半城市进程中的主导力量,在城市化、工业化的浪潮中,农地征用使得乡村成为失去产业依托的"城中村"。最后的冲击来自拆迁改造,乡村的痕迹彻底消除。

　　尽管民国以来街村、闾邻、保甲、行政村等基层农村政区的设置改变了农村社会的组织方式,但是作为物质实体的聚落却在较长时期内保持稳定。就嘉定而言,直至 20 世纪末,除部分因公共工程(如蕴藻浜开凿、京沪铁路复线建设、南翔编组站建设等)导致的村庄搬迁、合并外,村庄分布与传统社会末期并无根本性的重大变化。

　　根本性的变化发生在 2000 年之后。计划经济及改革开放早期尽管建立了国家政权对乡村的绝对支配,但因社会经济发展力量尚不足以改变乡村的经济结构。改革开放早期的乡镇企业尽管占用了一定的农业用地,但总体而言,建设用地的比例在 2000 年仅为 10% 左右,对乡村的影响较小。但 2000 年以后,随着对外开放的日益深入,国内外资本和全国农村剩余劳动力大量涌入上海郊区,同时长期受到压制的城市生活居住用地需求也因房地产市场化得到释放,城市功能的空间拓展和外来投资的工业化发展共同促进了上海郊区尤其是近郊区的快速工业化和城市化,计划经济时期积累的国家权力资源与外部资本相结合,产生了巨大的威力,在某种程度上可以说主导了郊区乡村的空间开发过程,本来就处于行政体制末端的乡村地方又面临着市场、资本行为的冲击,造成了新世纪以来日益严重的"三农"问题。

依据影响程度不同,半城市地区乡村所受到的冲击,可以分为三种类型:失去农地的城中村,失去农地和村庄但保留了血缘群体的新农村社区,失去了农地、村庄和血缘人群的"空壳村",后者仅有行政村的名称,但乡村三要素(血缘人群、聚落和农地)均已失去。此外还有一种在上海不常见的类型,即整体保护的历史村庄,村庄和农地均保留下来,但其中的居民已被全部搬迁,改造为商业化经营的旅游地,由于失去了原生生活人群而成为所谓的"化石"村。

从上海各区的行政村所辖自然村数量看,存在着自半城市地区向农业乡村地区逐渐增加的趋势,表明自然村庄数量在减少。为避免行政村合并导致的面积变化影响,可以通过行政村面积—下辖自然村数量散点图进行判断(图 6-12)。分析结果表明:位于村域面积-自然村数量趋势线上方的多为半城市程度较低的远郊区,即相同的面积下具有较多的自然村数量,而位于下方的多为近郊半城市化地区,在相同面积下自然村数量减少。在嘉定区内部也存在着自然村数量-村域面积比值自中心城区向外衰减的情况,靠近中心城区的半城市化乡村各街镇位于趋势线下方,而西北部的农业乡村各街镇均位于趋势线上方。

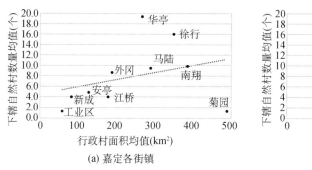
(a) 嘉定各街镇

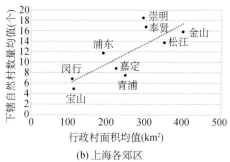
(b) 上海各郊区

图 6-12　行政村面积均值(横轴,km^2)—下辖自然村数量均值(纵轴,个)关系
资料来源:根据 2017 年村庄建设统计年报绘制。

21世纪以来,随着半城市化的快速发展,村庄以惊人的速度消失,由1999年地名普查时的2 500多个下降到2015年前后的1 280个,数量减少了一半。其中以东南部的半城市地区最为明显,南翔镇由137个下降到79个,主要分布于蕰藻浜以北的新丰(20)、浏翔(15)和西南部的永乐(17)、新裕(10),其余四个行政村仅有17个自然村。其行政村消失的主要原因为城镇、工业用地扩张导致的拆迁。即使保留下来的自然村,其农地资源也多被征用或用于工业建设,成为厂中村,典型的如永丰村,尽管村庄依然保留,但农业用地已经所剩无几。按照相关政策,这些工厂和村庄不久也将被拆除用于城市开发(图6-13)。

图6-13 南翔镇永丰村用地现状(2014年)
资料来源:上海城市规划设计院嘉定分院。

6.2.3 聚落形态结构

1) 聚落形态

受上海所处区位的影响,半城市地区主要分布于吴淞江和黄浦江沿线的沿江高沙平原地区,聚落形态也具有较强的相似性,表现为介于长带状和紧凑团块状之间的短带状紧凑组团。住宅多为行列式布局,但村庄的进深较大,多数在4~6排,村庄长、宽比变化多在1.5以下,很少超过2(图6-14)。

尽管滨水而居是上海乡村聚落的普遍特征,但高沙平原与淀泖地区仍存在差异。主要体现在沿江高沙地带河流多浅窄易淤,无舟楫之利,滨水而居的目的

图 6-14 嘉定区娄塘(左下)、徐行(右下)和华亭(右上)间的村庄景观

在于防涝和用水。由于圩田的"仰盂"形微地貌,圩岸地势高敞,为住宅的理想选址,且有利于就近解决生活用水问题。从南翔厂村庄分布来看,除南翔、江桥、封浜等较大市镇因航运需求沿较大河流分布之外,多数村庄主要沿着较小河浜分布,横沥河、走马塘、吾尚浜等干河沿线村庄较为稀疏,表明与淀泖洼地的水乡聚落相反,高沙平原村庄的对外联系主要依靠陆路而非水路,大量的巷、弄等地名反映了对陆路交通的依赖,滨水仅为解决防涝和用水问题。

同为高沙地区,沿江高沙地区为何未出现长带形聚落而是以短带聚落为主?这需要进一步从文化的角度进行分析。上海的乡村形态具有随演化时间由长带形向紧凑型变化的趋势,在聚族而居的情形下,初始定居尽量相互分散,以占据最佳的住宅区位并保障充足的农田供给,因此沿着圩岸河流并列分布成为理想选择。但对于具有较长演变历史的地区而言,宗族的力量促使衍生家庭尽量布局在一起,从而使村庄向河流纵深方向拓展,并开凿与圩河垂直的沟池,形成围绕沟池分布的短带状或团块状村庄(图 6-15)。当耕作半径内耕地不敷使用或遭遇邻村边界时则会发生分村,即部分人口迁出另辟村庄。嘉定地名志记载了这种分村状况,典型的如二房村、八房村即该房人口从原村庄分出而另立村庄。

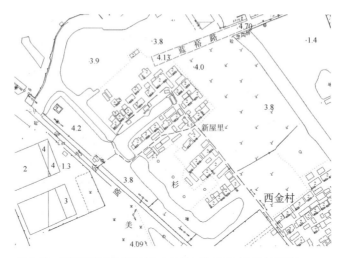

图 6-15   短带聚落中的港汉(永丰村新屋里,2013 年,现已拆除)

2) 聚落空间结构

从聚落的角度看,与上海其他地区村庄相似,村庄以住宅用地为主体,居住以外的其他用地主要是标准配置的公共管理和服务用地,如村委会、文化室、图书室、老年活动室、健身场所等。但由于公共管理和服务用地是以行政村而非村庄(自然村)为单元进行配置,通常配置在某个较大的村庄甚至在非村庄所在的空地上,因此多数村庄并无这些公共设施用地。

然而,由于半城市进程的影响,半城市地区乡村聚落与农业地区乡村聚落依然存在较大的差异。首先是农用地减少,由于土地大规模开发和外来人口涌入,土地资源急剧升值,不仅周边农地用于开发,村庄内的农用地也多被用于(违章)搭建外来人口出租屋,晾晒场地被围墙圈起后用于搭建出租屋,种菜的自留地也基本消失。村庄用地开发强度增强,导致难以为庭院、绿化留出足够的空间。其次是商业用地的迅速增长,由于大量外来人口提供了巨大的市场机遇,在管控较松的半城市村庄内,非正式经济蓬勃发展,无证摊贩、商店迅速兴起,为低收入外来人口提供了便捷但安全难以保障的商业、服务和娱乐。

更为严重的是,由于村域的大规模土地开发,村庄成为被工业区、城市住宅区包围的"厂中村""城中村"或"无地村",赖以生存的农业用地和生态保障均已完全消失。这种"厂中村"多数已经丧失了村庄的生态农业特征,仅在建成环境和血缘人群方面保留了村庄特征。

　　另一种类型为新农村社区,是按照城市小区模式建造的村民集中居住区。尽管部分村庄采取了独栋住宅形式,但是按照这种方式组织的住区形式中,原有的血缘人群和地域组织已经逐步消失,即使周围依然保留了农业和生态空间,但作为有血缘关系的核心人群和以自建房为核心的建筑风貌已经消失,能否算得上本质意义上的村庄依然值得质疑。

　　因此,南翔镇的乡村按照其居民、农地和聚落所受冲击程度可分为混合村、厂中村或城中村、新农村社区和空壳村四种类型。

　　空壳村主要位于镇区周边,由于城市拓展,其农地被征用、村庄被拆迁、居民被安置,所剩的仅为行政村建制。其中以静华村最为典型,静华村面积 3.6 km²,依照 0.16 km² 的自然村域计算,应有农村居民点 22.5 个,但目前基本已经全部开发建设,仅剩 2 个等待拆迁的自然村。

　　厂中村、城中村主要位于交通较为便捷的城镇外围,由于城市居住区拓展和工业用地拓展,村域土地基本被全部征用,仅剩下没有耕地的村庄。主要分布在工业区所在的西部地区,其中以永乐、永丰两个村庄村最为典型。永乐村面积 2.7 km²,有 17 个自然村,尽管村庄密度与传统时期十分接近,但耕地已经基本用于居住区和工业建设,成为没有耕地仅保留聚落和居民的城中村。

　　混合村的人群、聚落和耕地基本保持完整,多数处于交通区位较差的蕰藻浜以北,最典型的为新丰村,面积 2.8 km²,下辖 20 个自然村,基本保持了传统的村庄密度,但仍有相当部分耕地被出租给工业企业。

　　新农村社区型村庄,与混合村庄较为类似,工业用地占用了大量耕地,但与混合村不同的是,新农村社区采取了集中居住的方式,逐步拆迁原有村庄,将居民集中到统一建设的小区式住宅中(通常为多层公寓式住宅和独栋住宅),尽管新农村社区保留了耕地,但血缘人群和传统居住方式不复存在,因此所受冲击较仅失去耕地的城中村更为明显,调研村庄中的浏翔村即为此种类型。

6.3　经济特征

　　因地处具有较高半城市化程度的上海市郊区,半城市化乡村经济中的乡村成分已经所剩无,半城市经济特征明显,体现为就业多元化、非正式经济。与农业乡村相比,半城市地区的非农化程度更为明显,其中既有原农村居民在市场趋利行为下的"主动"选择,也有因农用地(主要是耕地)资源被征用后的被迫应对。

6.3.1 农地减少

改革开放以来,随着城市居住、工业等职能疏散以及分税制后地方各级政府的工业、房产处开发的利益驱动,嘉定以耕地为主的农业资源以惊人的速度衰减,耕地面积从 20 世纪 80 年代初的近 50 万亩下降到 2000 年的约 36 万亩,20 年之间减少了 14 万亩。2000 年以后尤其是 2005 年后耕地迅速减少,2005 年尚有 32 万亩,2012 年不足 15 万亩,此后耕地面积基本稳定在此水平。2005—2012 年的 7 年之间减少 17 万亩。考虑到耕地转变的空间不均衡性,南部半城市地区的农业资源消失尤为严重,其中以南翔、安亭等镇最为典型。

1983 年南翔镇有耕地面积 2.92 万亩,约占镇域面积的 58.7%;2006 年降至1.31 万亩,占镇域面积的 26.4%,较 1983 年下降了 55%;2014 年耕地面积下降到不足 0.2 万亩(图 6-16);2019 年耕地面积仅存 0.16 万亩,占镇域面积的3.2%,耕地占比已经微不足道,主要分布在较为偏远的新丰、浏翔和新裕村,其余各村已经基本没有耕地。

图 6-16　南翔镇土地利用现状图(2014 年)
资料来源:上海城市规划设计研究院嘉定分院提供。

农业资源的稀缺化导致了其利用向综合效益方向发展,农产品产出的职能重要性大大下降,生态、旅游职能增强。但总体而言,与具有良好乡村景观的农业村庄相比,半城市地区的农业景观和生态环境破坏较为严重。从目前南翔状况而言,农业生产依然停留在农户解决口粮和副食品需求阶段,未来如何充分利用不多的农业农地资源仍值得进一步探讨。

6.3.2　产业非农化

改革开放以后,大量工业产业和城市人口的导入提供了丰富的就业机会。早在民国时期,嘉定的工商业发展已经具有较好的基础,尤其在日占期间,因上海实行物资统制,县城、南翔、娄塘等成为走私粮棉加工集散中心之一,时人估计工业产值已超农业。1949 年,嘉定第一产业产值比例仅为 55%,1958 年降为 38.5%,至 1978 年则不足 1/3。可以说,嘉定的经济非农化起步较早,仅以产值而言在 20 世纪 50 年代已经实现了工业化,但这种产值的工业化以严重扭曲的工农产品价格为基础且受政策干预的影响极大,例如 60 年代初对社办企业实行整顿时,除黄渡、马陆等保持几家供外宾参观的社办企业之外,其余企业均被关闭或划归市属,1962 年非农产业产值比例下降到 39%,1970 年受政策影响,社办企业再次恢复。从就业结构来看,1978 年第一产业就业比例高达 86%,以第一产业为主。改革开放后,第一产业就业比例迅速下降:1982 年降至 50% 以下,1990 年为 16.8%,2000 年为 10.6%,2010 年下降至微不足道的 2.3%。可以说,直至改革开放以后,才真正实现了市场经济意义上的产业非农化(图 6-17)。

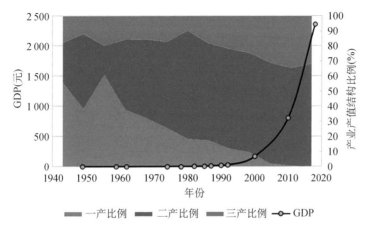

图 6-17　嘉定经济结构变化
资料来源:根据嘉定县志、嘉定统计年鉴数据绘制。

南翔作为嘉定靠近上海中心城区的大镇,其产业非农化速度和程度应当快于嘉定全县,产业非农化特征更为明显。南翔镇以商业繁盛著称,向来为嘉定首镇,东南邻接上海,为上海西北门户。新中国成立后,南翔编组站和沪嘉高速公路的建设,进一步强化了南翔交通门户的地位。改革开放以后,尤其是 20 世纪 90 年代中期以后,南翔的快速非农化过程大致可以分为工业(乡镇企业、民营企业)驱动和城市化(地产)驱动(城市大居、楼宇经济)两个阶段。2013 年和 2017 年《解放日报》的两篇报道,描述了南翔镇从工业驱动向房地产驱动的转型。2013 年名为《古镇南翔的转型之路》报道中描述了工业驱动型非农化(半城市化)景象:

> 十多年前(沪嘉)高速公路还没修通时,遍地农田刚开始变成星罗棋布的工厂,农民收起农具,进了厂子,风风火火"洗脚上楼"。沪宜公路边上,"永乐村"的铭牌还在,可村里找不到下地干活的农民。在十年前(2003)的第一波城镇化浪潮中,比永乐村更远的许多沪郊农村,村办企业、外来私企遍地开花,永乐村变成一个名副其实的"厂中村"。村民房屋与厂房犬牙交错,几乎家家户户都有人在村内工厂上班。①

2008 年金融危机后,小型民营企业为主的"草根工业"发展遭遇瓶颈,失地农民面临失业的风险,工业企业利税锐减,由此倒逼了由工业驱动向地产驱动的转型。由于大量耕地已被工业占用,同时国家基本农田保护政策收紧,新兴转型产业发展空间必须从存量建设空间中寻求土地。因此租用集体土地、缺乏产权的乡村工业用地成为主要"存量资源",低效、污染和违章建设成为工业用地被清退的理由。2010 年后,南翔镇私营企业鼎盛时期达到 2 000 多家,清理后仅余 50 家,"一年内面积达数平方公里的工业区厂房几乎全部拆除,数十万平方米的违章建筑、小作坊、沿街店铺一概拆除。"在腾出空间的同时,南翔镇积极引入城市居住职能和高端第三产业,大型城市住区和商务办公、公司总部、商业服务等知识密集型产业吸引了大量年轻白领入住,使得南翔完成了从工业驱动向城市

---

① 何洛先,徐蒙.古镇南翔的转型之路[N].解放日报,2013-5-22。

化驱动的转型,并明确了"一部六业"的产业导向:中小企业总部、文化信息、电子商务、互联网金融、智能产业、航空卫星产业,在原工业园区和工业用地的基础上建设了南翔智地企业总部园、南翔蓝天经济园等园区。2017 年《解放日报》的一篇报道如此描述了转型后的南翔:

> 曾经星罗棋布的 2 000 多家"小作坊式"制造业企业已不见踪影,取而代之的是 30 栋总部大楼,"近郊 CBD"已渐成规模;和国际上成熟 CBD 的"标配"一样,这里造了银翔湖、留云湖南北两个"中央公园"[48]。

可见,"遍地农田"到"星罗棋布的工厂"再到"近郊 CBD"概括了南翔经济非农化的路径,两个阶段分别体现了非农经济取代农业经济的过程和正式经济取代非正式经济的过程。

6.3.3 就业非农化

由于缺乏乡镇和村级的就业统计数据,本小节拟以"五普""六普"人口就业数据进行分析。2000 年,南翔镇就业人口中从事农业的仅为 1.9%,第二产业从业者比例高达 69.7%,居于绝对优势地位。第三产业从业人口占 28.4%,半数以上从事商业餐饮服务(16.3%),其次为机企事业单位(7.1%),交通运输通信业占 3.7%,金融保险、房地产业从业者仅 1.4%,准入门槛低的传统第三产业(商业服务、交通运输)和体制内的机关企事业单位(公共管理和教育、科研、文化、体育、卫生五大事业系统)成为第三产业就业的主体。2010 年第一、二产业就业比例分别下降到 0.3% 和 64.5%,而第三产业比例上升到 35.2%,其中商业餐饮服务比例仍超过半数①(18.9%),机关企事业单位就业者占 5.8%,交通运输业上升到 6.9%,信息服务、金融保险、房地产等行业比例为 3.5%,高端第三产业比例略有上升,但较之 2000 年并无明显改变。

在南翔镇内部,半城市化乡村地区与城市地区之间也存在着较大的差异,相

---

① 含批发零售、住宿餐饮、居民服务和租赁商务。

比较而言,半城市化乡村的人口就业更加低端化,将"六普"数据中的居委会(城市地区)和村委会(半城市化乡村)就业结构进行对比可以发现,两者的农业就业比例均很低,但半城市化乡村具有更高的第二产业就业比例,在第三产业就业中,两者的商业服务和交通运输业从业比例基本相当,但机关事业单位就业人口和高端第三产业就业人口高度集中于城市地区(图 6-18)。

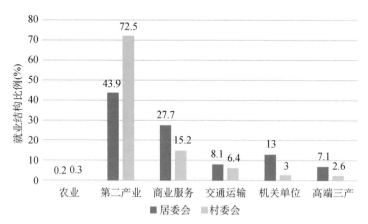

表 6-18　南翔镇城市地区和半城市化乡村就业结构
资料来源:"六普"数据。

从被访者家庭成员收入及来源调查看,其年收入中位数为 2 万元,与上海平均水平基本相当,略低于农业乡村年均收入中位数(2.5 万元),表明半城市地区居民较之农业乡村居民在收入方面并无优势。家庭全员收入在低位端与被访者基本相同,高位端则显著高出留守的被访者(图 6-19)。

从收入来源看,因被访者有效问卷数量过少($n=14$),只能以被访家庭全员数据($n=67$)进行分析(图 6-20)。数据结果表明,务工收入占比的中位数为80%,与乡村地区过半居民完全依赖务工收入相比,半城市化乡村对务工收入的依赖程度反低于农业乡村,但完全依赖农业的比例(3%)也远低于农业乡村(13.0%),表明半城市化乡村的居民在第三产业就业机会方面较之农业乡村有更多的选择机会,收入来源更为多元化。从村民家庭成员的就业调查来看,农业从业者比例达到 6.6%,远低于农业乡村(20.5%),而工业企业员工者(47.8%)、机关事业单位就业者(12.0%),却高于农业乡村地区,其中后者多为不住在本村的外出年轻人口。因被访者多为本地户籍人口,因此农业就业者比例高于"六普"数据,而工业就业比例低于"六普"数据,机关单位就业比例相对较高,体现了调研侧重本地人口选择的样本偏差。

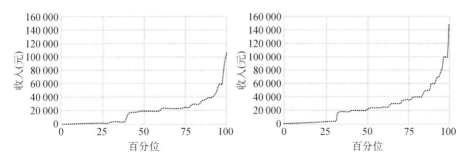

图 6-19　样本半城市化乡村居民收入分布百分位图

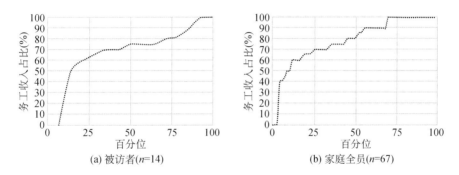

图 6-20　样本半城市化乡村居民务工收入占比分布百分位图

6.3.4　非正式经济

非正式经济是半城市地区经济的重要特征之一,由于地处政府支配力相对较弱的郊区,兼之外来人口、私营企业的大量涌入,在一定时期内尤其是工业驱动型阶段,以租借集体土地、租用村民农宅为特征的工业企业、商业店铺发展迅速。但在 2010 年以后,在产业转型升级的过程中,随着大量农村集体土地被征收为国有土地,建立在廉价出租土地上的非正式经济难以生存。高层政府和大型外来资本的强势介入,在正式经济取代非正式经济的同时,也导致了地方尤其是村庄的话语权进一步被边缘化。在工业化驱动时期,村集体可以通过出租土地获取收益,农民可以在工厂就业;非正式经济被取代后,村集体收益主要依赖财政支付转移和留存的"楼宇经济出租"收入,导入的新兴产业与本地劳动力质量之间也存在着较大的落差。此外,在工业化驱动时期,作为本地居民家园的村庄依然保存较完整,也为外来务工人员提供了"落脚地",但随着正式经济的建立,村庄违章搭建房屋甚至村庄本身也面临着被拆除的危险,乡村社区和乡村聚落将不复存在。

因外来人口的大量需求难以通过正规途径得到满足,一些非正式经济也渗入体制内的公共服务领域,如私营教育、医疗服务等,但其数量相对较少且受到了严格的准入管控。与相对较为稀少的基础公共服务不同,非正式经济更多体现在商业服务设施方面。在外来人口大量涌入前,由于各自然村的人口规模相对较少,其商业服务设施多为杂货店。

20世纪90年代以后随着外来人口的大量涌入,产生了巨大的市场需求,村庄以非正式经济为特征的商业服务业迅速发展,2010年南翔八个村庄的常住人口规模少则也在5 000人以上,多则达到15 000人。外来人口多以工厂务工为主,生活节奏紧张,空闲时间少,就近提供基本商业服务的需求催生了村庄商业服务的发展。例如在永乐村、新丰村等村庄内均产生了具有多种业态的自发商业街(图6-21)。其中新丰村的商业街位于新勤路上,沿线有网吧、电信服务、医疗诊所、超市、路边菜市等多种商业业态,形成了较为繁盛的商业街。这些商业店铺多为利用所租民宅私自开设,属于非正式经济范畴,其发展轨迹与历史上的市镇十分类似。但在现代经济管理制度下,这些非正式经济常面临着因无证经营而被取缔的风险。非正式经济的从业者通常因拆迁查处等经常变更经营地,如外来人口被访者在江桥所开的鞋店因拆除而被迫迁往永乐村。

(a) 新丰村   (b) 永乐村

图6-21　村内商业街
资料来源:百度地图实景图。

6.4　人口特征

6.4.1　外来人口涌入

　　半城市化地区是上海市外来人口的主要集中地。根据"六普"数据,半城市化乡村中外来人口比例为 73.2%,远高于农业乡村(27.8%)和城市地区(25.7%),半城市化地区也成为外来人口主导的地区,外来人口与本地人口的比例超过 3∶1。半城市地区同时也超过城市地区成为最大的外来人口承接地,承载了 51.7%的外来人口,不仅高于农业乡村(5.5%),也高于城市地区(42.8%)。

　　就嘉定区而言,自 2000 年外来人口的涌入导致了常住人口由 75 万人增长至 2010 年的 147 万人和 2018 年的 159 万人,2000—2018 年的人口年均增长率达到 42.6‰,其中 2000—2010 年的年均增长率高达 69.6%。与常住人口的迅猛增长相比,户籍人口增长十分平缓,由 2000 年的 50.8 万人增长到 2018 年的 63.9 万人,年均增长率为 12.8‰。考虑到嘉定的人口自然增长率已经进入负增长阶段,户籍人口增长主要是落户政策的结果。人口迁移尤其是非户籍迁移已经成为嘉定人口增长的主要动力。

　　南翔因具有较多的非农产业就业机会,成为典型的外来人口集聚区。2000—2010 年常住人口由 7.5 万人增至 14 万人,年均增长率 64.4‰,略低于嘉定同期增长率,其主要原因在于南翔在 2000 年之前已经迁入了较多数量的外来人口。2000 年南翔镇的外来人口数量已经达到 3 万人,占常住人口的 40%,2010 年常住人口中外来人口达到 8.7 万人,占常住人口的 62.1%,外来人口已经超过常住人口。

　　南翔镇外来人口主要分布在半城市化乡村,约 84%(7.3 万人)的外来人口分布在八个村庄中。本地常住人口则具有相反的趋势,在 5.3 万本地常住人口中,68%(3.6 万)分布于城市居委会中。"五普"到"六普"之间的变化也具有相同的趋势,半城市化乡村的外来人口从 2.3 万人增长到 7.3 万人,而户籍常住人口由 1.9 万人下降到 1.7 万人(表 6-2)。表明半城市化乡村和城市地区分别构成了外来人口和本地人口的"生态位",在半城市化乡村外来人口对本地人口的侵入—接替过程不断加快,外来—本地常住人口之比从 2000 年的 1.2 上升到 2010 年的 4.3。

表 6-2 南翔镇村委会和居委会人口状况(人)

年份	2000 年			2010 年		
人口类型	常住人口	外来常住	户籍常住	常住人口	外来常住	户籍常住
村委会	42 573	23 263	19 310	89 328	72 503	16 825
居委会	32 175	7 171	25 004	50 527	14 061	36 466
合计	74 748	30 434	44 314	139 855	86 564	53 291

资料来源:上海市"五普""六普"数据。

　　2010 年后,随着村庄拆迁力度的加强,本地人口"城居化"趋势更为明显,外来人口与本地人口之比进一步扩大。在课题调研开展的 2015 年,红翔村实际居住本地人口约 630 人(180 户),但外来人口达到 4 596 人,为户籍常住人口的 7.3 倍;永乐村户籍常住人口仅 900 人,外来人口近 1 万人,为常住户籍人口的 10 倍以上,新丰村则达到了 14 倍(5 600/400)。南翔镇的半城市化村庄已成为外来人口主导的地区(表 6-3)。但随着村庄和工厂的拆除,本地户籍人口和外来人口的数量都在下降,为城市功能的未来拓展腾出了空间。

表 6-3 南翔调研村庄常住人口构成(人)

来源	人口类型	静华	曙光	永乐	永丰	新裕	红翔	新丰	浏翔
"五普"	户籍常住	2 874	2 079	2 004	2 880	1 133	3 465	1 752	3 123
	外常住来	4 118	4 455	3 098	2 031	1 001	4 137	1 147	3 276
"六普"	户籍常住	2 092	2 058	3 300	1 736	661	2 887	1 400	2 691
	外来常住	3 493	9 260	13 335	12 400	7 517	3 922	11 823	12 153
2015	户籍常住	3 618	3 000	900	400	746	630	950	630
	外来常住	2 500	20 000	10 000	5 600	8 672	4 596	13 668	4 596
	户籍人口	3 618	3 000	2 817	4 123	1 866	4 536	2 229	4 365

资料来源:"五普""六普"数据,2015 年源于南翔镇统计资料,部分数据为调查访谈约数。

6.4.2 户籍人口外流

　　尽管从总体情况来看上海市、嘉定区、南翔镇为人口高迁入区,但具体到村居一级,在外来人口迁入的同时,也发生了村庄户籍人口的大量外流。在名义

上,村户籍人口为村集体土地的共同所有者,也是地方社会的构成主体,但随着
工业发展、城市建设导致的农地消失,外来人口涌入导致的环境退化,大量村庄
户籍人口谋求在城镇获得住房和就业岗位,年轻人口纷纷迁出,村庄留守人口以
老人为主。通过比较其名义人口(即户籍人口和实际居住的户籍常住人口)可以
发现,对户籍人口而言,即使是半城市地区村庄,也存在着"空心化"的趋势。对
南翔 8 个村庄的调查表明,由于 2003 年的村庄合并,村庄户籍人口规模均很大,
多在 2 000～4 000 人。2015 年的调查表明,除了大型居住区所在的静华、曙光村
尚具有较多的常住户籍人口之外,其余半城市各村均存在严重的户籍人口流失,
户籍常住人口多不足千人,户籍人口留村率(户籍常住人口/户籍人口)除村庄保
留较多的浏翔、新丰村尚能保持在 40% 左右之外,其余各村均远低于 40%,其中
永丰村不足 10%,在 4 123 人的户籍人口多数已被动迁,居住在残存村庄的人口
仅 400 人。

　　村民访谈表明,40.4% 被访者家庭实际居住家庭人口数小于家庭人口数,最低
者仅 0.2,表明子女外出、老人留守十分普遍(图 6-22)。在 59.6% 的实际居住者等
于家庭人口数的家庭中,其中近 20% 为户口人数仅为 1～2 人的空巢家庭。表明半
城市化乡村中,即使不考虑举家外迁者,剩余的农村家庭中有四成为分离家庭。家
庭人口数和留存率呈微弱的负相关(-0.07),表明较大规模家庭更易分离。

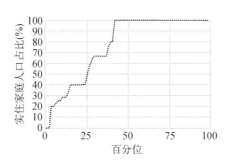

图 6-22　样本村被访者实住家庭人口占比

　　半城市化乡村户籍人口的流失,并不完全是居民"自愿"的结果。2015 年村
庄调查表明,八个村庄的户籍人口为 2.7 万人,由于上海市村庄居民户籍迁入迁
出者较少且自然增长率接近于零,因此该数据与 2000 年、2010 年的户籍人口数
相差不大,尽管也存在行政区划调整的影响,但总体而言影响较小。以此数据作

为户籍人口总量估计,可以得到 2000 年、2010 年、2015 年的户籍人口留存率为 0.70、0.63 和 0.46,表明半城市化乡村家庭日益分离化。如扣除以村内就地安置为主的静华、曙光两村,其余六村户籍人口总量为 2.0 万人,2000 年、2010 年和 2015 年的户籍人口留存率为 0.72、0.63 和 0.28,表明 2010 年各村具有相似的留守率,2010 年后则差异巨大,也表明 2010 年之后的村民外迁不单纯是自由迁移的结果,而是拆迁安置的结果。

6.4.3　人口自然构成

外来人口和本地人口的侵入—接替过程极大改变了半城市化乡村的人口结构,使常住人口整体结构上仅显示出年轻成人较多的特征。鉴于两类人口之间的社会融合仍存在很大障碍,因此从各自人口来看,其自然构成均存在各自特有的问题。由于外来常住人口与本地常住人口具有较大差异,因此探讨人口自然构成应对两者分别讨论。"六普"提供了详尽的年龄性别数据,据此可以对各自的人口年龄性别等自然结构进行分析。

2010 年南翔 8 个村庄的常住人口数为 8.9 万人,由于外来人口以男性居多,性别比高达 132.7。且由于外来人口多为年轻成人,因此并未出现老龄化趋势,老龄化率(60 岁以上占比)仅为 6.9%,同样未成年人(14 岁以下)比例也很低,仅为 6.2%。年轻成人(15~40 岁)比例高达 64.7%,反映了以外来年轻成人群体为主的特征。由于外来人口的暂住性质,年轻成年子女难以随迁,导致极高年轻成人比例和极低未成年人比例共存的独特现象。

外来人口是半城市化乡村常住人口的主体,在南翔 8 个村外来人口数量达到 7.3 万人,占常住人口的 82%,因此也主导了常住人口的自然结构。由于人口迁移的选择性,外来人口以年轻成人男性为主体。"六普"数据对外来人口仅给出抽样年龄构成但未区分性别,而就业调查中给出了 15~70 岁的性别年龄统计,因此将 70 岁以上假定为女性,鉴于外来人口会偏重将男孩带在身边,其性别比设定为 140.0①。据此可以估计出 2010 年外来人口的性别比为 160.0,年轻成

①　由于 0~14 岁和 70 岁以上占比很低,因此对结果总体结果影响不大。

人比例为 67.4％,老年人和未成年人的比例分别为 1.1％和 6.4％,表明外来人口迁移是典型的劳动力迁移而非家庭迁移。外来人口在性别选择上具有强烈的男性选择倾向,除老年人口外的所有四个年龄段的性别比均远大于 100,性别比随着年龄而不断增长,表明婚后女性作为家庭主妇迁移倾向下降。

通过"六普"分年龄段外来人口抽样数据扩样可推测分年龄段外来人口数量。利用分年龄段常住人口分别减去对应分年龄外来人口,可以得到户籍常住人口即本地人口的年龄构成。分析结果表明,本地人口以中老年人口为主,40～60 岁的中年人和 60 岁以上老人比例为 40.4％和 31.8％,已经处于超级老龄化阶段,并且还有 40％以上即将步入老龄化阶段的中年人口。未成年人和年轻成人比例分别为 5.5％和 22.3％,年轻成人及其子女大部分迁往城镇,导致半城市化乡村处于超级少子化。另外值得注意的是,人口外迁的男性选择倾向导致户籍常住人口具有较低的性别比,户籍常住人口的性别比为 60.3,除未成年人口略超过 100 之外,其余年龄段均小于 100,其中最严重的为年轻成人,"乡里无郎"的现象同样也发生在半城市化乡村。

户籍常住人口和外来常住人口的自然结构异常,表明随着外来年轻成人迁入和本地年轻成人迁出,劳动力迁移导致的分离家庭成为当前人口流动大背景下的主要模式(表 6-4)。人口自然结构的不完整性表明了外来人口不仅无法在半城市地区扎根,同时也通过侵入—接替过程瓦解了原有的人口结构。仅当家庭迁移取代劳动力迁移时,方有可能改变这种人口自然构成解体的危机。

表 6-4　样本村 2010 年常住人口、外来人口和户籍常住人口自然结构

年龄	常住				外来				户籍			
	男	女	合计	性别比	男	女	合计	性别比	男	女	合计	性别比
≤14	3.6	2.7	6.3	131.5	3.7	2.7	6.4	138.9	2.8	2.8	5.5	100.4
15～34	34.9	26.4	61.3	132.1	40.8	26.6	67.4	153.8	1.9	20.4	22.3	9.5
35～39	15.3	10.2	25.5	149.4	16.2	8.8	25.0	185.3	18.5	21.9	40.4	84.5
≥60	3.3	3.6	6.9	90.7	0.9	0.2	1.1	161.9	13.5	18.2	31.8	83.0
合计	57.0	43.0	100.0	132.7	61.5	38.5	100.0	160.0	37.6	62.4	100.0	60.3

资料来源:常住人口来自"六普"数据,外来人口性别构成根据"六普"数据和 0～14 岁、70 岁以上性别构成假设估算,户籍常住人口根据外来人口估计推算。

6.4.4　文化程度构成

总体而言,以外来人口和农村留守人口为主的半城市地区乡村常住人口文化程度不高,从上海市分村居文化构成看,初中以下文化程度者占比多在 75% 以上。2015 年村民调研统计了家庭人口的文化程度,结果仍较一致,初始、小学和初中文化程度合计占比为 68%,略低于农业乡村地区,高中中专和本科以上比例分别为16.8% 和 15.5%,均高于农业乡村地区,表明半城市地区人口文化程度稍优于农业乡村地区,但总体而言与农业乡村地区处于同一水准,与城市地区存在较大差距。

6.5　社会特征

半城市地区乡村是受城市化、工业化发展冲击最大的地区,主要的冲击来自上级政府的支配、外来人口的涌入,二者共同导致了乡村地方社会的解体,新的社会结构正处于重构之中。

6.5.1　政府支配

半城市地区乡村因其接近中心城市的区位和可开发土地资源而成为多方经济竞争的舞台。在"科层式"行政区划的大背景下,行政村作为最末端的准政区,在决策博弈中的话语权十分有限,村庄的土地所有权在政府决策面前难以得到有效保障,"政府开道、资本跟进"的"推土机式"开发成为半城市地区乡村空间开发的主要模式。以上海闵行区九星村[①]为例,1985—2010 年,累计征地 29 批次,面积 3 320 亩,占全村土地面积的 2/3 以上,在失地的威胁下,九星村决定利用剩余的土地建设建材市场,成为"中国建材市场第一村",促进了村域经济的发展,但在 2017 年初最终以升级改造的名义被拆除。

就南翔镇而言,1999 年的南翔尽管以村土地出租的形式形成了大批的所谓

---

① 　吴恩福编,王孝俭总主编.九星村志[M].上海:上海人民出版社,2018.

"小作坊式"工业用地,但村庄尚未遭遇大规模的征地、拆迁。2000 年初开始的村庄合并可视为政府大规模介入的先兆,原有 18 个行政村被合并为 8 个,多数为拆二并一,少数为拆三并一,如管弄、三陈、半图三个行政村合并为浏翔村,红翔、翔二、永利三村合为红翔村(表 6-5)。村庄合并往往并非出自村民意愿而是政府的要求,目的在于减少征地拆迁中的交涉对象数量并有效降低地方主义的阻力。此后,接近镇区和上海中心城区的各村尤其是静华、曙光、红翔等村的大量土地成为城市大型居住区和商务楼开发的重点地区,不仅原有出租土地上的工厂被清除,原有的村庄也多被拆迁。截至本次调查时(2015 年),1999 年的 164 个自然村仅剩 79.5 个,且多数处于部分拆迁或半拆迁过程中,仅蕴藻浜以北的新丰、浏翔两个村的自然村尚保持完整。在征地拆迁过程中,原有村庄被拆迁,居民被重新异地安置,原有的血缘宗族和地方社会组织被重新组织。

表 6-5　南翔调研村庄自然村数量变化(个)

年份	静华	曙光	红翔	永乐	永丰	新裕	新丰	浏翔	合计
1999	23	18	24	17	26	14	17	25	164
2015	1	6	6	13	4.5	7	17	25	79.5

资料来源:1999 年数据根据《嘉定地名志》统计,2015 年数据来自调查。

征地拆迁造成的另一问题是村庄范围内被征用土地转为国有土地后,在行政区划上未设置新的居委会之前依然属于村庄辖区范围内,由此也导致了作为集体所有制主体和作为村民自治组织的村委会管辖范围不一致的矛盾。如静华村作为行政村的面积为 3.6 km²,但其中归属村委会管辖的集体土地仅剩 0.33 km²,其余土地虽然仍在行政村辖区内,但性质已经转变为国有土地。失去大部分集体土地后,其作为行政村已经失去了存在的意义,未来的出路是转为居委会。

6.5.2　外来人口的影响

外来人口的不断涌入和本地人口的不断迁出,使得半城市化乡村成为以外来人口为主的地区,南翔各村的外来人口与留村户籍人口的比例达到 8∶1 甚至 10∶1。从外来人口的访谈情况看,作为"劳动力城镇化"的主体,外来人口的定

居意愿并不强烈。众多的相关研究也表明,外来人口在半城市地区的居住仅为
"暂住",且迁出故乡后的连续流动特征也较为明显。以下两条为南翔镇永乐村
的随机采访的外来人口迁移记录及定居意愿。

> 被访者1:男性,50多岁,1992年之前在家乡做油漆工;因收入较低,1992
> 年经朋友介绍来上海务工,在上海北蔡镇干装潢,收入约1 000元/月;2000年
> 迁至徐家汇自己干装潢,月收入2 000元/月;2004年至南翔永乐村开饭店,年
> 收入约10万元;2005年退休照看孙子。其妻自1997年也外出帮助其经营。
> 儿子自2004年后迁入南翔镇务工,媳妇自2007年迁入永乐村在本村务工。
> 无现住地定居意愿。
>
> 被访者2:女性,40余岁,2000年与夫至江桥镇幸福村开鞋店,年收入约
> 4万元;2002年因店铺被拆迁,与夫迁往永乐村开鞋店,年收入约10万元。其
> 夫2008年后在本村工厂务工,年收入约10万元。公婆在老家务农,儿子在
> 老家就学。无现住地定居意愿。

从中可以发现,无论是举家外出务工者还是夫妻外出务工者,均无本地
定居的意愿,"外出挣钱、回乡定居"为外来人口的主要生活模式,因此,对居
住在半城市地区乡村的外来人口而言,目前所居住的地方只是一个"临时"
居所,对所居住的乡村并无归属感和认同感,由此也导致了外来人口集聚村
庄环境卫生状况较差、整治困难等问题,也增加了半城市化地区乡村社会整
合的困难。

对于大都市区郊区的大量外来人口问题,国家新型城市化提出了"农民工市
民化"的政策指引,但在学术界对外来人口聚居区的看法和发展前景迄今仍争议
不断。针对拉美的外来移民占居区(squatter)①,Turner的市内流动模型[49]认为
半城市地区的外来人口聚居区是移民倾向于定居的表现,新移民在郊区定居意
味着愿意由迁移者变为"城市巩固者"(urban consolidator),并会不断通过住宅
投资改善定居地的环境质量,即外来人口聚居区可以通过移民的定居努力而逐

---

① Squatter国内通常翻译为贫民窟,但实际意义为占居,即通过非正式手段租占用地搭建的简易住区。

步改善。桑德斯(D. Sanders)[50]则认为郊区外来人口聚居区为外来移民的社会
上升提供了落脚点,日后地位改善后将会迁出,外来移民聚居地发挥了"中转站"
的作用。但这两种解释的潜在前提是将移民视为"永久迁移者",忽视了大量移
民其实时"临时迁移者",以国内的乡城移民而言,大部分的目标是"打工挣钱、回
家造房",其巩固的定居地未必是当前落脚的城市,而可能是家乡的村庄或城镇。
Hirse,S. O[51]也表明,临时迁移者不会致力于巩固在城市的定居,并通过努力
改善在迁入地的居住环境。因此,目前对外来人口聚居地的应对措施处于进退
维谷的困境,"农民工市民化"尽管在政治上或道义上是正确的,但却有悖于我国
大多数移民为"临时移民"的现实,如何采取合理的应对措施,折中外来人口的
"落脚"需求和本地人口的"家园"需求,仍是未来值得进一步探讨的重要议题。
大量国内的研究调查也表明,尽管定居意愿差异较大,但总体而言,外来人口在
大都市定居的意愿不高,调查结果差异的原因在于问卷询问方式的差异,如无条
件限制,则大部分选择愿意,若考虑条件限制,则很多会选择不愿意。例如,本次
调研中对于"是否愿意在农村一辈子",外来人口被访者的有效问卷仅 8 份,但其
中 7 份选择"是",而 6 份选择的原因是"买不起房子",表明主观意愿离不开客观
条件的约束,要求当前背景下的外来人口定居是十分不现实的。

6.5.3　地方社会消解

　　传统农业社会中,乡村的特点是聚族而居,密切的亲缘关系是将乡村地域社
会整合在一起的重要黏合剂。从南翔的自然村看,多数自然村以姓氏命名,即使
在非姓氏命名的自然村中,也具有一个或数个主要姓氏,且在地理上较为邻近,
形成了具有内在联系的地方社会。但在近代国家政权建设中,行政村取代了自
然村成为生活地域单元,国家政令对宗族、会社等地方传统的压制也导致了地方
社会的解体,农村家庭"原子化"的现象明显。进入 21 世纪以后,村庄的拆迁和
集中居住、外来人口的大量涌入、本地家庭的居住分离等,进一步加速了地方社
会的瓦解。
　　南翔镇的 8 个村庄中的村民问卷中,被访者的村内亲友状调查表明,选择
"亲友很多""不多不少"和"亲友很少"的分别占 55%、29% 和 16%,亲友关系上,

选择"往来密切""年节婚丧往来"和"很少往来"的分别占 47%、50% 和 3%，表明半城市化乡村仍具有较为密切的亲缘联系。但与农业乡村相比则明显弱化，农业乡村的亲友状况相应选项比例分别为 72%、20% 和 18%，亲友关系相应选项比例分别为 86%、11% 和 3%。

6.6 建成环境特征

6.6.1 居住状况

半城市地区因大量外来人口的涌入，其居住水平出现了本地人口与外地人口的分化，总体而言，半城市地区的人均居住面积最少。同时随着城市化的发展，出现了以小区、楼盘为标志的新农村社区，多为本地居民居住。统建方式对自建方式的取代，改变了传统村庄的风貌，出现了城乡风貌的趋同。

1) 城乡混合的居住形式

从"六普"数据看，半城市化地区居住在平房、小面积住宅中的居民比例最高，也拥有最高的租房者比例，主要原因在于半城市地区在院内搭建的小型出租平房最多。尽管半城市地区出现了较多的多层、高层商品楼盘，但对村民住宅层数调查却表明，半城市化乡村居民（主要本地居民）的居住方式与农业乡村地区并无明显差异，村民住宅平均层数为 2.1 层，宅基地面积 145 m²，家庭住宅平均面积 204 m²，表明了乡村居民对传统居住方式的偏爱（图 6-23）。在 79 户调查居民中，仅 9 户没有宅基地，居住在小区式住宅中，但住宅仍采取传统的独栋建筑形式。各调查村庄的平均层数差异很小，除浏翔村（2.7 层）、曙光村（2.1 层）外，其余各村平均层数均为 2 层。建筑面积和宅基地面积虽略有差异，但差异不大，多数宅基地变化在 108~330 m²。其中吊诡的是，保留较多自然村的新裕、新丰、红翔的宅基地面积较小，反而是实行小区式集中居住的静华、浏翔、永乐等村具有较大的宅基地面积，反映了政策制定对自发建设的抑制和对集中居住的利诱引导。

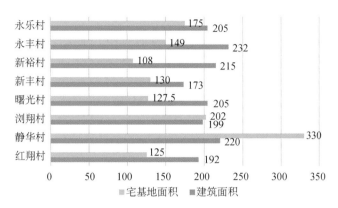

图 6-23　样本村调查居民宅基地面积和住宅建筑面积(m²)

　　由于调查样本中外来人口较少,因此可以结合六普数据和现场踏勘状况阐述外来人口的居住状况。根据"六普"数据统计,小住宅面积(<30 m²)、中住宅面积(60~120 m²)和大住宅面积(>120 m²)的居住人口比例,在城市地区为45:41:14,农村地区为28:20:52,而典型半城市化乡村为81:6:13,该比例与半城市地区人口户籍状态构成相匹配,大量居住在小型出租屋中的外来人口、少量居住在中型住宅中的城市导入人口和居住在大型农宅中的村庄留守人口。同样,租房者比例在半城市地区也达到68%,远高于城市地区的28%和农业乡村地区的14%。调查中发现,大量外来人口居住在临时搭建的院内平房中,面积多在30 m²以下,典型的出租屋农户在院内可建出租屋5~6间,以低廉的价格出租给外来人口。在租房者中,半城市化乡村中月租在500元(2010年价格)以下者比例高达94%,远低于城镇地区的31%,略低于农业乡村地区的96%。可见,尽管存在违章建设、安全隐患、景观较差等诸多不利因素,半城市地

图 6-24　外来人口出租屋(永乐村)

区乡村依然以其低廉的出租农房和靠近非农产业就业地的良好区位,成为外来务工者的理想定居地。但 2010 年后,随着政府对郊区建设管控力度的增强和大量工业厂房、村庄的拆迁,外来人口的数量也在逐步下降。

2) 住宅休闲功能的退化

住宅是生活的场所,受诗意栖居文化的影响,传统时期的住宅不仅是居住的地方,更是生活的家园,宅园结合的居住形式使得住宅不仅能满足居住需要,也能满足在果蔬供给和庭院休憩方面的需要,是集农业生产与休闲绿地于一体的生活单元。半城市地区的嘉定,在传统上也曾经为诗意栖居的场所,地方志中的古诗文对此多有描述:"田园竹树自成林,结得茅屋依绿荫。……纵横阡陌棋枰密,远近村庄画意深。"[1]嘉定的园艺业具有悠久的传统,居民多喜宅前屋后种植竹木、花卉、果蔬,尤以竹园著称,"竹园甚多,凡宅基之旁莫不栽之"[2]"护居竹,乡人多栽屋后,故名,又名哺鸡。叶大而密,生笋极美"[3]既可美化环境,又可提供果蔬或货卖以增加收入。竹园也体现在地名上,如竹筱村、竹小弄等,原槎山村的赵家弄也因竹林而得名:"中间石子路,竹园密集,路面阴暗潮湿,称潮街弄,讹为赵家弄。"[4]

中华人民共和国成立后,随着农村居民对土地使用的支配权日益弱化,除自留地以外的农用地在村庄中已经十分少见,竹林也多被砍伐以增加耕地,园宅结合的居住方式逐步消失,作为住宅用地的宅基地也逐渐缩小,使得宅旁树木也逐渐消失,住宅仅仅保留了居住功能和必要的农具储藏功能。改革开放后,随着居民的普遍脱农和耕地的消失,集中居住被提上议事日程,拆迁村庄的居民多被安排在统一建设的小区式住宅中,统一供给式的小区绿地取代了居民的自发绿化种植。在保留的村庄住宅中,随着外来人口的涌入,原本可用于绿化的宅前空地多被用于搭建出租屋,导致住宅的美学休闲功能彻底消失,环境景观日益恶化,住宅沦为纯粹的居住功能。

---

① 夏根福主编. 七宝镇志·诗文[M]. 上海:上海人民出版社,2010.
② 陆立纂. 真如里志·物产[M]. 上海:上海书店出版社,1992.
③ 张承先. 南翔镇志[M]. 上海:上海古籍出版社,2003.
④ 张裕明,《嘉定地名志》编纂委员会. 嘉定地名志[M]. 上海:上海社会科学院出版社,2002.

3) 新农村社区的集中统一建设

村庄拆迁后,村庄用地被征用为国有土地,用于城镇、产业园区或道路市政设施建设,原有村庄完全消失,被动迁居民多被安置在指定的城镇居住区或集中建设的大型拆迁安置基地内,原有村庄社会文脉彻底消失。但一些村庄即使未有建设拆迁需求却出现了被称为新农村社区的居住形式,为的是通过集中居住达到节地增效指标或集中配置公共基础设施的目的,其住宅建设采取小区式的统一建设模式,以安排本村被拆迁居民或其他村庄的被拆迁居民,原先的邻里关系也被打破,尽管出于尊重农民的居住习惯采取独栋住宅形式并在设施配套上较为齐全,但却失去了村庄自然建设中所形成的自然肌理和文脉,成为非城非乡的居住形式(图 6-25)。半城市化乡村的小区式统建住宅也存在着环境异化的问题,居民对这种集中式居住的环境缺乏认同感和活动自由度,造成入住居民尤其老人群体产生孤立封闭感,因此很多老人也会在绿化用地中种植玉米、蔬菜等作物,以满足其亲近自然的诉求。

(a) 浏翔村的公寓式小区住宅　　　　　　　(b) 静华村的独栋小区住宅

图 6-25　集中居住的新农村社区

新农村社区建设旨在通过农民集中居住以达到拆迁复垦原有村庄用地,节约土地的目的,但这种做法值得商榷。首先,村庄中的农村住宅之间的确存在很多空地,这些空地的存在导致村庄人均建设用地面积较大,但是,这些空地并非浪费的土地。尽管乡村中的绿地率为零,但传统乡村的生态环境景观却远优于城市,甚至也优于周边的农业用地,主要原因在于这些空地是野生树种和宅旁竹木生长的场所,如宅间空地足够充裕,则树木不用人工栽种也可实现自然增殖。这些用地对于改善村庄的生态环境至关重要,并非土地的浪费。其次,节约用地是与用地效益相关的概念,但问题的关键在于,居住用地的效益如何判断? 与产业用地不同,产业用地具有价值评判标准,即单位产出越多越好,但对于作为满足人们基本生存的居住用地而言,是不是也存在着用地效益的度量,单位面积居住人口越多越好?很明显,与产业用地不同的是,居住用地的效用与人们居住的满足感有关,在考虑用地效益时必须同时考虑居住的满足感,单纯居住功能的公寓式住宅其效用肯定无法与独享且具有多功能的独栋庭院式住宅相比,而具有优美自然环境的独院式住宅又优于缺乏这些环境的独院式住宅。因此,压缩村庄中的所谓"空地"实际上是剥夺了住宅赖以依托的外部生境,而进一步压缩宅基地则剥夺了庭院经济及其休闲功能,将独栋住宅改为公寓住宅则进一步剥夺了住宅所具有的家的归属感。如果土地节约是以降低人们的生活质量为代价,这种节约是否有意义?

6.6.2　公共服务

由于政府政策标准化配置以及上海雄厚的经济实力,政府部门负责的公共服务在农业乡村和半城市化乡村地区并无本质差异,农业乡村地区的政府公共服务状况均适用于半城市地区,但主要差异在于半城市地区的主要居民为外来人口,这部分人口在很大程度上被排除在政府公共服务之外,因此催生了作为替代的非正式公共服务。

1）政府公共服务供给:教科文体卫

与农业乡村相同,半城市化乡村的教育、医疗卫生、文体娱乐设施等均为按照行政等级标准化配置的公共服务设施。相对而言,半城市地区因更接近城市地区,可以利用更为优越的城镇公共服务,由此也降低了对村级公共服务的需求。总体而言,半城市地区的公共服务配置标准与农业乡村地区差异不大。但与农业乡村地区不同的是,半城市地区拥有数量居于绝对优势的外来人口,但这些人口在设施配置上并未被单一按照行政等级或户籍人口配置的村级公共服务所虑及。

以对居民最为重要的教育医疗为例,与全国很多地区一样,村级学校大多已经撤并,村级卫生设施因医疗设施配置和人员配置较低而居民满意度和使用率不高,文化娱乐设施因与居民生活习惯兼容性较低而利用率较低,由于高水平的公共服务多位于城市地区,因此乡村人居环境中的教育水平实际上取决于村庄与外部设施之间的区位。总体而言,获得公共服务的能力日益取决于与城市地区的区位距离而非村级公共服务设施的配置。在城乡格局日益扁平化的半城市化乡村,村级公共服务设施配置的重要性逐渐下降,从城乡统筹的角度按照空间均好性统一配置已经成为日益盛行的策略。概言之,半城市化乡村相对于农业地区乡村的优势在于与城市地区更高级公共服务的接近性而非村级服务设施的水平。

半城市化地区本地居民的公共服务基本不存在太多问题,构成问题的是外来人口的公共服务可得性。由于受户籍与社会福利挂钩的制度性安排影响,外来人口在很多公共服务诸如子女教育、就医等方面仍存在较高的准入门槛,尤为重要的是外来人口子女入学和医疗保障异地报销等问题。2010 年以来随着上海市对低端产业(及人口)清退力度的加强,外来人口获得公共服务的难度也随之增加。

2) 非正式公共服务

在我国的当前制度下,公共服务多数由政府部门提供,形成了具有垄断性和排他性的领域。鉴于半城市化地区作为主体的外来人口在获得政府公共服务方面具有较高的门槛要求,因此在一定程度上催生了非正式公共服务,诸如民办学校、私人诊所等,在一定程度上解决了外来人口的迫切需求,如在新丰村有一所民办民工子弟学校,为嘉定区教育局批准成立的民办小学(图 6-26)。这些非正式公共服务在一定程度上缓解了大量外来人口对公共服务的需求,但由于公共服务本身带有一定福利性质,缺乏国家政策支持的非正式公共服务往往设施简陋,服务水平较低。政府投入和民营社会资本如何相互协作以满足外来人口的公共服务需求,尚需要很多政策层面的顶层设计,诸如社会资本进入公共服务领域的准入许可、设置准入门槛以加强风险防控等。这种种困局表明,目前被称为公共事业的公共服务,其科层化垂直管理已经难以满足具有高度流动性的社会需求,亟须借鉴国际地方公共事业的经验进行改进,如何加强地方社会的自我服务、自我组织、自我供给能力将是未来考虑的主要方向。

民办小学

图 6-26　非正式公共服务

3) 基础设施

外来人口的剧增给基础设施建设带来了巨大的压力,其中尤以污水处理和垃圾处理最为紧张。但有利条件在于,半城市村庄多数接近城市地区,有利于依托城市地区的基础设施服务系统解决其问题,从而减轻了村庄本级即基础设施的压力。

环境卫生问题因外来人口增长而更为严峻,但近年来通过建立垃圾收集清运队伍已经得到较大的改善,垃圾收集清运率都接近 100%,村内的河流治理也普遍设置河长进行分区段管理。环卫设施建设和垃圾收集清运需要投入较大的人力物力成本,目前多由村里负担,如何解决环卫建设运营成本问题需要与上级政府、外来租客、村庄居民、村集体协商。

半城市化乡村的道路状况因与城市地区的整合状态不同,各村之间差异较大。以南翔镇调研各村而言,静华、红翔、永乐、永丰等村因与镇区接近或为工业园区所在地,已经形成了类似城市的路网系统,而相对偏远地区的半城市化乡村则路况相对较差,诸如蕴藻浜以北的浏翔、新丰村和西部的新裕村,道路相对较为陈旧,密集的人口和大量的非正式经济占道经营,使得道路环境和景观状况相对较差。由于多数村庄已经与城市地区一体化发展,半城市化乡村的公交较为发达,所有 8 个村庄均已通村镇公交。但村民对公交的满意度不高,摩托、自行车仍为主要交通工具,相当比例的富裕居民以小汽车为主。

6.6.3　生态环境景观

半城市化地区常被作为可持续发展的反面教材,很多研究将半城市地区的问题应对视为可持续发展的最大挑战之一。在半城市地区的相关问题中,几乎半数以上是针对生态环境景观方面的问题,诸如环境污染、生态恶化、景观破碎化、传统风貌消失等。

传统乡村生态景观经常给人以美好的印象,"漠漠水田飞白鹭,阴阴夏木啭黄鹂"尽管是唐代王维描写辋川别墅的景色,但却特别适用于上海郊区的传统村庄,村庄之外为农田景观环绕,村庄之内林木茂盛。由于林木多集中于村庄中,邱迟的名句"杂花生树、群莺乱飞"更有可能描写的是村庄中的情景,人、建筑、树木、禽鸟和谐相处,构成富有诗意的传统乡村景观。

但随着工业化的发展和人口的增长,尤其是城市型的高密度开发,不仅破坏了原有的生态本底,同时也破坏了原有的传统村庄风貌。从目前调研样本村庄看,普遍存在着环境质量欠佳,生态恶化,建成环境景观缺乏特色等问题,半城市化地区成为"脏、乱、差"的典型代表。

2010 年后,生态修复和环境治理受到高度重视,大量工业企业的关停为环境治理提供了保障,村容村貌和卫生整治、河流垃圾清理等多项任务也被提上议事日程。但从目前所处阶段看,仍处于最基本的环境治理阶段,只有在环境治理好转的基础上,生态修复和特色风貌等问题才有可能进一步改善。

在景观风貌改善上,目前仍存在以下几个方面的问题。首先以技术手段解决非技术问题,典型的表现是将生态问题和环境问题搅和在一起。尽管生态与环境密切相关,健康的环境是良好生态的基础,如污水处理、垃圾处理等各种技术措施,但是,技术仅能解决污染治理问题,无法解决生态修复问题。生态修复在环境治理的基础上需要足够的缓冲空间,但在节约土地和保护耕地的大背景下,留给生态缓冲的空间极为有限。典型的做法是在节地政策指引下,对村庄的建设用地一再压缩,人均宅基地面积不断缩小甚至取消,加之外来人口的涌入,使得村庄中的生态缓冲空间逐步挤压殆尽。其次是政府主导的城市中心主义,计划经济时期形成了城市用地统一规划统一建设的思路,在征地—拆迁—开发的模式下,近郊乡村地区的城市化过程将被擦除所有的地方印记,村庄、村名、村民逐步消失成为城市的一部分,没有为渐进式发展留出余地。在地方特色的形成过程中,时间和多样性是重要的因素,统一规划建设恰恰缺乏这两者,因此也导致了以大绿地、广场为主的所谓现代城市景观,整洁、美观但乡土特色被掩盖(图 6-27)。在提倡生态文明和传统文化的今日,多元主体自发建设的渐进式规划建设如何与已有的开发政策相衔接仍是一个巨大的挑战。正如斯科特(James C. Scott)在《国家的视角》[52]所言,现代性的标准是清晰性、简单化和标准化,而这恰是地方性的大敌,为此提出了对"米提斯"(Metis)即地方多元群体自发活动的重视,认为这是使国家政令与地方传统相结合的关键。

图 6-27 现代都市主义景观:静华村菁英湖

第 7 章 上海乡村人居环境形成的机制解析和展望

7.1 人居环境形成的宏观机制

7.1.1 历史维度:生态约束机制

尽管农业生产构成了当代社会的生存基础,但从历史视角看,自然生态资源对人类社会支撑作用的弱化甚至消失却是近几百年之间的事。就上海而言,大致经历了以渔猎采集为主的自然景观阶段、渔猎采集—农业混合的半农业阶段、以农业为主的半自然景观阶段和非农产业主导的人工环境阶段,在此过程中的生态缓冲逐渐消失,主要体现为自然资源稀缺、农地资源紧张和环境质量恶化三个依次递进的后果(图 7-1)。在历史发展中,上海经历了从边缘地带到农业发达地区和工业城市发达地区的转变,但背后的代价是生态约束的紧张,并深刻影响了上海以及上海乡村的人居环境。

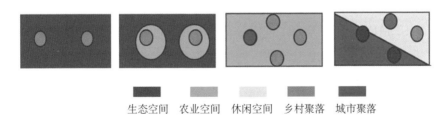

生态空间　农业空间　休闲空间　乡村聚落　城市聚落

图 7-1　上海乡村生态变迁示意图

生态缓冲(Ecology Buffer)指生态系统提供生活资料以减轻饥荒灾害的能力,因此在生态资源富裕的地区很少发生饥荒。秦汉以前的"地执饶食,无饥馑之患",反映的正是这种强大的生态缓冲功能。六朝时期的"封山占水"表明无主的原生环境逐步被私有化并开垦,开启了原生自然环境转为农业半自然环境的漫长过程,并于宋元时期基本完成。上海所在的江南地区开发主要集中于六朝、五代吴越和南宋三个南方政权时期,这与伊懋可(E. Mark)认为的政权干预解释一致。伊懋可认为,导致农业垦殖的人口增长仅是表象而非直接原因,其背后的直接原因是国家政权,即采取短期行为即能够在短期内迅速充分利用自然资源的政权将在竞争中处于优势,这也解释了为何江南农业垦殖和人口增长主要发生在六朝、吴越和南宋三个时期。明清时期上海的生态缓冲除水生生态系统以外基本消失,国家赋税压力和生态压力共同作用,倒逼诱发了江南过密化商品经济发展。近代以后是生态恶化的阶段,残存原生自然环境的开垦利用、农业用地的非农化利用、野生动物过度捕捞和环境污染等多种生态问题随着工业化、城市化而呈现并发趋势,土地资源的紧张进一步导致了生态空间的减少,不仅江海渔汛消失,多数河段的水生生物也已消失。

　　生态环境不仅影响居民生计,也对人居环境产生直接影响。先秦秦汉时期"无城郭邑里,处溪谷之间、篁竹之中"的越人完全依附于自然环境,在享受生态缓冲的同时也面临自然的威胁。农业文明对采集渔猎文明的态度是矛盾的,一方面是对生态富余充满艳羡,如墨子对楚与宋的对比,"荆有云梦,犀兕麋鹿满之,江汉之鱼鳖鼋鼍为天下富,宋所谓无雉兔鲋鱼者也,此犹粱肉之与糟糠也"①;另一方面是将其贬斥为蛮荒落后的不宜居之地,史记记载:"南方暑湿,近夏瘴热,暴露水居,蝮蛇蠚生,疾疫多作"②,未经改造的"原生态"对人类并不都是友好的。六朝时期讲求自然和人工环境的协调,形成庄园或别墅建设的高峰期,原生环境与人工措施的结合,奠定了江南诗意栖居的园宅结合模式,东汉末年的仲长统在《乐志赋》中描述了理想的栖居环境:"使居有良田广宅,背山临流,沟池环匝,竹木周布,场圃筑前,果园树后"③,六朝时的"九峰三泖"成为园宅别业营造的主要地区。唐宋时期随着自然景观全面转变为农业半自然景观,"可控的自然"较之原生自然更受到人们的青睐,人们开始注重在人工环境中引入自然因素,"人家住屋,须是三分水、二分竹、一分屋,方好"④,"日长篱落无人过,惟有蜻蜓蛱蝶飞"⑤的静谧田园风光在田园诗中受到赞赏。明清时期,生态压力逐渐凸显,乡

① 《墨子·公输》。
② 《汉书·严助传》。
③ 汉代仲长统《乐志赋》。
④ 南宋时期周密《癸辛杂识》。
⑤ 宋代范成大《四时田园杂兴》。

村人居环境的诗意景观退化,从山水到田园、从田园到园林、从园林到盆景,鉴赏对象不断小型化、精致化,寄情山水于方寸之间,是生态资源稀缺下的无奈选择,明代陈继儒在《小窗幽记》中强调家居小生境的营造:"方园半亩,便是金谷;流水一湾,便是小桃源。"[①]

　　近代以来尤其是改革开放以后乡村人居环境的退化,更多体现在对村庄聚落内部生态的影响上。住宅的多元功能逐步单一化,诗意栖居的诉求让位于土地效益——严格说来是土地的经济效益。在宅基地政策实施后,园宅结合的做法被废弃,仅保留附近的自留地。随着土地政策的收紧,宅基地面积日益缩小,住宅用地上的容积率逐步提升,庭院经济、宅旁绿化空间消失,村庄生态环境景观退化,进一步降低了村庄的适居性。更有甚者,在半城市特征强烈的地区,小区式的新农村社区和城市风格的大型居住区逐步取代村庄本身,乡村彻底消失。

　　生态历史的视角分析表明,生态变迁对乡村人居环境的作用是长期、缓慢而有力的。通过由外而内的方式逐步剥除赖以滋生的外部自然空间、农业半自然空间,并通过建设用地压缩和居住方式变更的方式使得村庄聚落本身也受到影响,使得乡村建成环境风貌日益与城市趋同。

7.1.2　水平维度:空间组织机制

1) 镇村市场组织

　　市镇是乡村聚落地域组织的核心节点,不同层级市镇及其所属村庄构成了不同层级的市场区。赵冈在中国城市化历史的研究[53]中提出,中国城市化历史具有以市镇为主的独特特征,其深层机制在于内卷化。在市镇未产生之前仅有城、村两种聚落,城市居民的粮食消费等于腹地乡村居民提供的剩余粮食,反之,乡村居民的生活用品需求也等于城市居民提供的剩余生活用品。在农业发展的情景下,余粮率的提高可以在不改变城市腹地的情况下促使部分人口转变为城市人口,从而提高了城市人口比例,表现为城市规模的增长。但在因人地关系紧张导致的内卷化地区,人均余粮率却不断下降,要求城市必须扩大其粮食供给腹

---

① 　明代陈继儒《小窗幽记》卷五。

地才能维持功能，但交易距离的限制导致了城—村之间的直接交易不可行，由此产生了市、镇、行等多种层级的市场中心地，但其交易规模小于原有的城。这也解释了经济过密化与商业市镇发展之间的逻辑关系：市镇不断密集化和层级增加，可视作城市功能——它们原本应该位于城市——在广域范围内稀释的产物。

市镇区分为传统市镇和专业市镇两种类型。传统市镇是农村居民互通有无的场所，农民同时作为卖者和买者参与市场交易，并满足其交往、娱乐等需求，众多小额交易发生在农民之间或农民与小商贩之间，很少有大商人参与其中。而专业市镇是江南地区原工业化的产物，农村居民在非传统市镇上出售的为棉布、丝绸等手工业制品，购买的为粮食和其他生活用品。大范围地区的手工业专业化生产必然要求以外部区域为市场，因此以长途贩运为主的大商人介入了市场交易，本地和全国其他地区之间的米棉长途贸易成为有利可图的行业，吸引了徽州、山右、闽广等地的富商巨贾，商业贸易在众多农户、牙行和少数大商人之间展开，与以传统地方商业为主的市镇形成很大反差。

尽管将市镇划分为两种类型，但是上海以至江南的市镇多数是两种职能类型的叠加。例如南翔镇早在棉业兴起之前的宋代即已经形成市镇，嘉靖嘉定县志记载"百货阗集，甲于诸镇"，似乎仍以传统市镇职能为主；万历县志则记载了"往多徽商侨寓"，嘉庆年间"布商辐辏，富甲诸镇"。民国时期随着棉业的衰落，"此业遂不如前。大宗贸易，为棉花、蚕豆、米麦、土布、鲜茧、竹木、油饼、洋纱、鱼腥、虾蟹，蔬笋之属亦饶"①，尽管棉业衰退之后再次转向传统集聚职能，但长期形成的传统影响力和聚落规模已使市镇具有了内生发展动力。由此可见，基于地方贸易和市镇居民需求的内生发展力量是支持市镇长盛不衰的主要力量源泉，过密化基础上的商业化发展只是起到了"锦上添花"的作用。

中心地理论解释了各级中心地之间的空间组织关系，但未能解释基层中心地与腹地村庄聚落的空间关系。施坚雅[19]认为：1个基本市场区由1个基本市镇和围绕其分布的18个左右的村庄组成，初期大约仅有6个，成熟时期可达30个以上。腹地范围内村庄密集化将会促进基本市场区升级为中间市场区，其下又产生新的基层市场区，乡村聚落组织具有不断密集化的趋势。研究的案例各

---

① 张承先.南翔镇志[M].上海:上海古籍出版社,2003.

县在传统时期均具有市镇密度不断增长的趋势,在清代后期达到鼎盛。但近代后,随着政区系统与市镇系统合二为一,行政支配以及交通出行时距的增长,扭转了市镇密集化的趋势,介于基层市镇和村庄之间的集市型村落逐步衰落。

从上海案例看,由于村庄规模普遍较小且分布密集,在特定的出行距离(半日往返)内涉及的村庄较多,以规模不大的诸翟镇而言,嘉庆时期的腹地范围涉及嘉定、上海、青浦三县,周边村庄数量达到 164 个:嘉定县 50 村、上海县 86 村、青浦县 28 村。以 0.16 km² 的村庄面积估算,则市镇市场区面积约 26 km²,最远半径为 3.6 km,相邻市镇间距离为 6.2 km,与史志记载的市镇常见间距 12 里(6 km)十分接近。

近代以后,乡镇规模的日益扩大和交通条件的改善使得大量基层市镇衰落,原有地域社会逐渐瓦解。如清末江桥镇“市面虽不甚旺,而环镇村落视此为中心点。乃自铁路开通以来,要道变为僻径,顿失过客买卖之利”。[①] 尤其是中华人民共和国成立后官营商业系统的建设,使得农民从互通有无的买卖主体转为了单纯的购买者,乡镇市场由交易市场变成单纯的城市工业品销售市场,集市贸易及其交往娱乐职能逐渐消失,农村居民的生活日益退缩到村庄范围内,地方社会的组织凝聚力被削弱。改革开放以后,尽管商业有所复兴,产生了以贸易营利为主的商贩个体户阶层,但农村居民很少作为卖方参与商业活动。进入新世纪,电子商务的快速发展也影响了市镇的实体商业。乡镇驻地日益变成单纯的公共服务中心和商品销售中心,社会交往和游憩功能逐步消失。

2) 会社组织

中文的“社会”源于结社集会,体现了民间信仰对社会的巨大影响。鬼(祖先)神(神灵)崇拜为中国本土信仰的两大重要特征,由此形成了传统社会中的会社组织和宗族组织。

在众多的民间信仰中,与地方相关的城隍信仰和土地信仰是形成社区或地方社会组织的重要因素,土地神通常被认为是城隍神的下级,分别对应着城镇和乡村,下位的土地庙具有向上位城隍庙(也包括其他寺庙,称中心庙)“解钱粮”的

---

① 李维清《上海乡土志》。

义务。作为官府在阴间的对应者,城隍最初设于州府县城,但随着市镇的兴起,在市镇层面也初现了城隍庙(行宫),例如两县交界处的黄渡镇,具有嘉定城隍行宫和青浦城隍行宫,市镇城隍庙的下辖范围同时遵照行政和市场原则,相应范围约略相当于各自县域内的市场区。

施坚雅认为基本市场区同时也是乡村的基本地域生活圈,但这种观点没有认识到中国乡村地域组织中的多层次性[19]。由于这种类似"差序格局"的多层同心圆式差序格局,因此在基层市镇市场区和村庄之间,仍存在着不同层级的地域组织,其中最显著的是围绕土地庙(村社)形成的"社区","每乡土地庙,各有庙界"。① 如此,"社区"即土地庙辖区的空间划分方式就成为探讨社会组织的关键。

滨岛敦俊[54]的研究表明,一些村民很清楚本村庄属于哪座土地庙的庙界。例如,向娄塘镇中心庙(城隍庙和东岳庙)"解钱粮"的村庙共有 10 座,其中南庙的庙界包括 3 个图的 27 个自然村。在西部淀泖地带,淀峰村关王庙的庙界包括周边 10 个村,泖口村明王庙庙界包括了周边 9 个村。在庙界以下依然存在着各种层级的社,如泖口村的东明庙界内,或多村一社,或一村一社,较大的村庄还有一村多社。尽管由于历史记载的缺失,详情不得而知,但总体而言,依托信仰形成的结社无疑增强了地方的凝聚力。

近代以后,在科学、文明的理念下,宗教及其信仰作为封建糟粕受到压制和取缔,例如民国时期对庙产的没收,将其收归国有并改建为学堂,以及新中国成立后的"破四旧",尽管其后果尚难以准确评估,但无可置疑的是,宗教信仰的缺失使得乡村居民的生活退缩到村庄范围内,行政组织成为单一的地域组织方式,削弱了乡村的地方特征及其凝聚力和认同感。

3) 宗族组织

对中国乡村而言,"聚族而居"成为乡村聚居的常态,尽管近代国家政权建设中尽力压制淡化其影响,但宗族因素在乡村社会生活中迄今依然具有难以磨灭的影响。宗族因素在很大程度上解释了乡村"熟人社会""人情社会""礼法社会"的特征,乡村群体多数为具有或近或远血缘关系的血缘族群,也决定了将其改造

---

① 章树福. 黄渡镇志[M]. 上海:上海书店出版社,1992.

为"契约社会"的困难。

上海多数村庄为"聚族而居",体现在其名称上,绝大多数村庄含有姓氏信息,其中最常见的为姓氏＋园宅姓氏,如姓氏加宅、村、角、弄、巷、街、坟、园等形式,此外为姓氏加地物,如姓氏加浜、港、桥、渡等。当附近有多个同姓地名时,则以方位、大小等加以区分。此外,姓氏联称也十分常见,著名的如马陆、诸翟等。宝山,《江东志》记载:"图境宅港里居,星罗棋布繁矣,或一姓而分几宅,或一宅而居数姓,居人都以姓名宅者也",[①]表明上海乡村的宗族呈现小聚居、大杂居的格局,尽管缺乏跨越大范围地域的著姓,但在村庄尺度上则常呈聚居特征。尽管"江南无宗族"成为学界的一种看法,但对其含义需加以辨析。无宗族指出缺乏较大范围和跨家族组织,但不可否认在小范围内仍存在聚族而居的特征,导致这一状况的原因在于地主阶层的衰微和各姓氏的兴衰更替。

一般而言,相对孤立偏远的地区容易形成较强的地方属性,因此也是宗族(含家族,下同)影响较为强烈的地区,这在上海一些较为偏僻的地区较为明显,如上海嘉定的淞南地区、宝山的江东地区以及东江的九峰一带,多形成了颇具影响力的大家士族。如元明之际淞南地区小涞聚的钱氏,"方十里中,一切田宇,无他姓参杂者"[②],南宋初期定居在蟠龙塘两侧秦家桥一带,"历世阜繁,甲于他姓","田庐坟墓错于两邑之中,历元至明,万历中有秦可成者以役破家,他徙"[③],聚族而居达到较大的规模。明代中期有的崛起的侯氏、沈氏则以功名著称,成为明清时期典型的乡绅阶层。侯氏主要聚居于诸翟,至侯尧封始以功名显,其子侯孔龄在《祖墓记》中称,"追念吾祖以耕自隐里中,豪强无不藐视之际,然则吾父列名朝绅,增光先世",表明士绅阶层对豪强阶层的取代。侯尧封之孙侯震旸以进士官至通政,始移居嫏城,清初侯氏遭难[④],科甲遂衰。沈氏先祖原为吴兴,后徙居昆山、嘉定,元时沈辉祖迁于本地方亭里,改称永嘉里,购置田宅、村塾、宗祠等,所生三子分别定居永嘉里、上海新嘉里和西场,称中、东、西三族,以耕读传家,甲科亦颇繁盛。汪姓则是侨寓客商转为土著士绅的典型,始迁祖汪文明由徽州休宁

① 　佚名.江东志[M].上海:上海书店出版社,1992.

② 　汪永安《紫堤小志》.

③ 　沈葵.紫堤村志[M].上海:上海社会科学出版社,2006.

④ 　侯震旸子侯峒曾为嘉定抗清首领之一。

石田村寓居诸翟,此后数代皆成年后寓居诸翟多达数十年,以经商、开塾为生,年老或死后归故乡,在诸翟、石田之间两栖,直至其六世孙汪永安方始入籍。"本村流寓以休宁汪氏为最,自明朝嘉靖间汪文明始至国朝起及印凡五世,后则入籍本乡为土著。"[①]

豪强向士绅的转化,表明了地方势力对国家政权的依附,财产权的保全依赖远较土地难以掌控的功名,削弱了世族大家的稳定性,因此也导致姓氏兴衰频繁。如诸翟最初以诸、翟二姓为主,元代因二姓参与钱鹤皋抗争,多被籍没流徙,翟姓基本消失,诸姓多迁至附近的华漕,村镇内百姓以侯、童等姓为主,形成多姓混居的状况。

最后,明清时期人口增殖和人地压力的增加,也使得难以产生宋元时期那种拥有大量土地的豪强地主,中小地主取代了大地主,不仅使得一姓难以在较大范围内建立权威,土地资源的紧张也导致了宗族观念的淡薄。《康熙淞南志》敏锐地认识到这一点:"往时风气厚实,地多大户,田园广饶,蓄积久远,往往传至累世而不衰。今则大户绝少,纵有富者,不再传而破败随之","往时民风愿悫,耕织而外无他外务,亲情族谊犹能敦笃,有无缓急,患难相扶。今则惟知利己,不顾情谊"。[②]

7.1.3　垂直维度:政策影响机制

1)"大国小民"的传统社会结构模式

在传统的中央集权制度中,以皇权为核心的国家权力是唯一的权力来源,权力层级自上而下体现为强制性的义务要求,自下而上仅为无力的道德约束,形成了"大政府、小社会"的传统。因此,没有任何中间社会层级干扰政令贯彻的"大国小民"成为集权帝国的理想追求目标,"抑兼并、抑末业"也成为长期一贯的政策导向。

在此政策导向下,中间阶层的地主士绅阶层处于较为尴尬的地位。乡村社会组织中具有重要作用的地方精英与"大国小民"的宗旨相悖。因此,国家、地

---

① 　沈葵.紫堤村志[M].上海:上海社会科学出版社,2006.
② 　秦立.淞南志[M].上海:上海社会科学出版社,2006.

主、农民之间的三角关系成为理解中国传统社会特征的关键。白凯认为,在地方层面,国家、士绅和农民是相互独立的,相互之间进行博弈以达到地方均衡。乡绅和农民一致反对国家的沉重赋役征发,如无法抵制则官民矛盾爆发,酿成社会动荡;国家和农民共同反对乡绅地主的势力增长和重租盘剥,国家打击豪强,扶持小农,创造"大国小民"的社会以增强动因能力;国家、士绅联合反对农民的抗租和对社会秩序的破坏,镇压农民反抗和佃户抗租。

　　皇权为加强统治常以农民利益代言人的身份抑制"豪右",以达到"强干弱枝"的目的,如明初江南的"洪武赶散",清代江南哭庙、奏销、通海三大案实质是"朝廷有意与世家有力者为难"[①]。地主富商等为避免皇权侵害,被迫采取依附策略,通过培养家族子弟读书做官,由此利用身份或权力关系网影响力实现对财产的庇护。一旦财产庇护的目的达成后轻于去官,形成了乡村以退休官员以及虽未做官但通过科举获取功名即做官资格的读书人组成的"士绅"阶层。根据乡村的聚族而居和人际关系的差序格局特征,这种保护视其能级大小还可以覆盖到亲族、乡里甚至整个地方社会,因此在某种程度上士绅充当了地方保护者的角色。如在崇祯中户部欲恢复嘉定本色征收的事件中,侯峒曾等嘉定籍官员和嘉定地方豪族、士绅、官员联手阻止了这一有损地方的政策制定。尽管也有官绅勾结、鱼肉乡里的一面,但将官、绅视为一体[②],似属片面。而在出仕无法保护财产的明初特定情形下,出仕就丧失了其吸引力,如"明初文人多不仕"[③]现象。

　　明清时期,江南地主逐渐衰落,以至出现"江南无地主"的观点,但其所指并非表明江南没有地主,而是江南的地主所有制土地集中程度很低。民国十七年(1928)黄炎培的川沙县调查表明,在 61 户耕种的 947 亩土地中,租佃土地仅占29.8%(278 亩),其中 14.2%(135 亩)为主、客分种[④],即使如此比例的租佃土地也未必尽为地主所有,还可能包括农民之间的土地—劳动力调剂或公地出租。江南地主的衰退乃是皇权长期打压的结果,除明初对江南地主的籍没以外,赋役征发也使得土地田产成为负担,尤其是清代取消了缙绅的赋役优免,清初阅世编

①　王家祯. 研堂见闻杂记[M]. 北京:商务印书馆,1927.
②　费孝道,吴晗. 皇权与绅权[M]. 长沙:岳麓书社,2012.
③　赵翼. 廿二史札礼[M]. 董斌,注,译. 北京:中华书局,1984.
④　上海市地方志办公室,上海市浦东新区地方志办公室. 上海府县旧志丛书. 川沙县卷[M]. 上海:上海古籍出版社,2011.

记载了赋役对田价的影响："一签赋长，立刻破家。里中小户，有田三亩五亩者，役及毫厘，中人之产，化为乌有"①，因此有"田为富字底，实乃累字头"的说法。此外，随着赋役征发的货币化，国家政权有能力直接面对众多自耕农，作为中间层级的地主士绅阶层在赋役征收的作用也大为降低，导致地主士绅阶层的逐步衰微，直至近现代随着国家-农民直接联系加强而趋于消亡。

士绅地位在乡村地位的逐步下降，导致士绅阶层逐步撤出乡村、迁往城市。随着乡绅"城居化"，原有的权力真空被胥吏、能人所填补，由于这些人缺乏士绅所具有的文化权威，因此不得不依赖国家权威和武力进行治理，同时也由于较少受到儒家文化的熏陶，对乡村的态度也由道义上的保护转为实用性的营利，由此导致了乡村领导阶层素质的下降，形成了近代乡村的"土豪劣绅"[55]。社会文化权威的丧失使得乡村的组织管理由"文化"转为"武化"，完全依赖国家或地方能人的强制力，反映了乡村文化凝聚力的丧失。

2) 近代以来的国家政权主导

近代以来的社会变化乃"数千年未有之大变局"。其一是工业化的"矿物经济"取代了基于土地产出的"有机经济"，随着人类经济产出总量"天花板"的急剧扩大，农业的地位不断下降。其二是国家政权建设中对乡村社会前所未有的介入程度，极大改变了乡村社会的结构，国家政权对乡村社会的统治由依靠士绅的间接统治逐步变为直接支配。

近代乡村衰落已经成为学界的共识，但其原因则颇多争议。在乡村原本存在着生态、商业、社会、政治等多重缓冲机制以增强其韧性。然而，生态缓冲在明清时期已经基本消失，过密化商业形成的商业缓冲在近代以来被机器大工业所摧毁。政治缓冲和社会缓冲分别由政府和士绅提供体现为政府、士绅提供的赈济和公共投入，但民国后随着时局动荡和乡绅阶层的撤出，军阀和乡村能人多采取营利的短期行为，不仅不能提供缓冲反而加强了对乡村的索取，政治缓冲和社会缓冲也消失殆尽。

清末民国的地方自治第一次在县下建立了国家政权。国家政权向县下乡村

---

① 叶梦珠.阅世编[M].来新夏，校.北京：中华书局，2007.

的延伸,主要是为了增强国家政权对乡村社会的控制动员能力。但其经费则出自地方,以自治经费为主的苛捐杂税也随之而来,使乡村经济雪上加霜,似乎成为压垮近代乡村的"最后一根稻草"。因此,杜赞奇[16]认为科举制取消后丧失了文化权威的士绅移居城市或退出公共生活,在国家—农民的直接接触下催生了依赖国家政权权威进行统治的营利型经纪人。

中华人民共和国成立后,国家政权在乡村地区下沉,除已有的乡镇政府外,还通过土地改革实现了聚落和土地在空间上的完全统一,从而在全国范围内普遍建立行政村。人民公社时期,乡、村两级形成了政社一体化的集体组织,地主、宗族、会社等中间组织被消灭取缔,政府成为唯一的权力来源和组织者,国家政治生活在乡村的渗透和动员能力达到了极致。传统乡村社会的秩序和治理结构被重构,农村家庭"原子化",地方利益无法得到有效保障。改革开放之后,尽管撤销了人民公社并将生产队改为自治的村民委员会,但长期形成的地方社会组织传统已经不复存在,农村居民形成了对"公家"的强烈依赖。21 世纪以来,国家对乡村地区投入了较多的关注和热情,并开展了"新农村建设""美丽乡村""乡村自治"等运动。另一方面,在一些乡村仍然缺乏有效的地方组织,村民对乡村建设无法给出积极回应。原因大致可以归为以下几点:①范围较大且调整频繁的行政村导致居民缺乏归属感。如果说村民对自己居住的自然村比较熟悉还具有一定归属感,那么对于涉及数十个自然村的行政村的归属感则相当淡漠。②与强势政府相比,乡村居民并不认为自己能够真的影响村庄发展。③由于乡村社会组织能力的缺失,地方层面缺乏与上级政府进行利益协调的平台,个人只有在涉及家庭利益时才会采取上访等形式反映自己的诉求。

在政府主导的乡村建设中,乡村人居环境具有风貌趋同、缺乏地方特色等特征,宅基地的硬性规定、基本农田保护和公共设施服务的标准化配置等均对乡村人居环境产生影响。调研发现村庄公共设施多为缺乏特色的文化娱乐活动室和健身场地,传统社会中富有地方特征的各种寺庙及其公共活动则明显式微。尽管如此,计划经济时期,乡村地区的农地、村庄建成环境和血缘人群依然保持较高程度的完整性,此阶段乡村的主要特征是在传统乡村基础上叠加了政府主导的集体组织等制度空间,乡村整体风貌依然较为完整。改革开放之后,外界的政策、经济、文化因素对上海乡村物质空间产生了极大的冲击,乡村的农地资源、血缘人群甚至核心的村庄本身均难以保持完整。

7.2 乡村人居环境形成的微观机制

7.2.1 个人家庭的个体行为机制

1) 灵活多样的家庭生计

乡村地区的主要居民为农业生产者,尽管从土地关系上而言分为自耕农、租佃经济和雇佣经济,但从经济运作方式上而言,主要为以家庭为单位的小农经济。黄宗智的过密化理论[56]从理论上论证了雇佣经济无法与小农经济进行竞争,小农经济可以利用大量机会成本为零的非主要劳动力,人地关系紧张使得主要劳动力除非尽力耕作否则无法维持家庭生计,由此拉高了劳动力成本。如清代张履祥认为"瘠田十亩,自耕仅足一家之食;若雇人代耕种,则与石田无异"。① 传统社会后期,土地制度朝着更为均平化的方向发展,大地主势力遭到国家政权打压,形成以中小地主和自耕农为主的乡村社会。此外,"田面权""田底权"分离的"一田二主"也保障了租佃权的稳定性。直至今日,乡村地区的主要方式依然为家庭联产承包责任制,即使是非农就业的生计安排也依然以家庭为单元进行考虑,因此了解小农经济的特征对于理解乡村人居环境的特征十分重要。

家庭将乡村地区的生产、生活空间紧密结合在一起,同时鉴于农用地及村中空地宅旁的林木也具有生态功能,因此乡村中的生产、生活、生态空间难以截然分开。乡村农用地主要发挥生产空间职能,但同时也具有生态空间职能,其所提供的田园风光提供了休闲职能的生活空间;村庄中的住宅同样如此,尽管主要是生活空间,但对家庭手工业而言也是生产空间,同时庭园绿化和宅旁绿树也是生态空间。

参照恰亚诺夫(A. Chayanov)的研究[57],可将以家庭为单元的小农经济特点归纳为如下几点:一是精打细算,充分利用一切可资利用的资源和劳动力以维持生计;二是求稳或保守性,在安全和利益选择方面侧重前者,例如宁愿多样化

---

① 张履祥,夏敬观《补农书》。

分配资源以减少风险,而不愿追求风险较大的规模化经营;三是灵活性,尽管小农经济具有求稳的保守性,但并不意味着对环境变化不敏感,在获得安全保障的基础上追求利益最大化;四是小规模经营,经营规模扩大会导致更高的雇佣和监管成本,因此即使在土地资源充足的情况下,传统时期的耕种面积一般不超过30 亩,多余的土地通常会出租。

从上海乡村的发展历史看,小农经济对环境变化的适应力十分灵敏而顽强。如明初以后为适应吴淞江流域的干田化,稻作农业迅速转变为以棉业为主的经济,既适应了土壤墒情的变化,也通过纺纱织布等手工业实现了非主要劳动力的充分利用,妇女从事织布,无法从事农业生产的老妇、少女从事纺纱,从而最大限度增强家庭劳动力的利用。在技术进步的利用上,也体现了精打细算的特点,如明代出现的三锭纺车尽管能提高劳动生产率,但因对劳动强度要求较高,无法充分利用老妪、少女等剩余劳动力而未能普及。再如中华人民共和国成立后家庭经营对政策制度的反应也十分灵敏,家庭联产承包后双季稻因投入劳动力过多而改为单季稻,粮食收购定额取消后粮食播种面积迅速下降,劳动力市场放开后劳动力迅速实现了非农化,现代化大生产和规模化养殖的兴起也使得农村家庭放弃了众多的手工业、农家肥和家庭养殖,这些现象均体现了家庭对制度政策约束和现代化大生产的迅速回应。

2）从离土到离乡——乡村社会的解体

小农家庭经济的规模决定了家庭生活、生产空间较为有限。鉴于家庭同时是血缘家族的一部分,血缘联系和安全考虑使得乡村由一个个聚族而居的自然村及其周边农田构成,因此形成了基于差序格局的人情社会。传统乡村社会中的村民对赖以为生的土地和聚族而居的村庄具有极强的归属感,"安土重迁""叶落归根""歌于斯、哭于斯"体现了对"心灵家园"的依恋。

改革开放后,邻近上海大都市的区位使上海乡村成为我国典型的半城市化地区,在此背景下为乡村家庭提供了更多的生计选择机会。在半城市化背景下,多数乡村家庭——无论外来人口还是本地人口——均采取了劳动力多样化配置的分散家庭策略[58]。本地家庭的年轻子女外出谋求更为稳定的正式就业机会诸如有编制的机关事业单位、大型企业等就业岗位,但与内地农村不同,这些年轻成人有相当比例依然保留了村庄户籍以享受村集体的福利，或者因就学考虑而迁出部分成员户籍。此外，因工业用地扩展、外来人口迁入而恶化的乡村环境景观也迫使很多年轻家庭成员迁往建成环境相对较好的城市化地区。留守村庄的多为中老年人口，主要照料所剩不多的耕地和农村出租旧宅，其中 40~60 岁的中年人口地位最为尴尬，除少量务农之外，大部分无法适应现代城市就业岗位，多数与外来人口竞争较为低端的公共服务就业岗位，如保安、环卫等。外来人口也采取了分散家庭策略，除留守老家的老人外，外来的家庭成员多数居住在半城市化乡村甚至农业乡村地区，一些采取家庭成员合租的方式，但更多的为独租住或群租。分散家庭策略是对多种资源和机遇的多样化利用，乡村集体土地所有权和外出就业机会之间的两难选择促使乡村家庭选择此种策略，但也进一步造成了家庭生活的破碎化，进一步弱化了乡村的宗族和地方凝聚力。

分离家庭策略使乡村人口逐渐摆脱了对土地和村庄的依附感，人民公社解体后将人口束缚在土地上的强制力不复存在，由于乡镇企业的迅速发展，大量人口从农业生产中解放出来转向工业企业和个体工商业者，出现了"离土不离乡"的状况。20 世纪 90 年代中期以后上海乡村因本身为外部资本投资所在，并未产生就业诱导型的"农民工"，人口依然留在乡村，以早出晚归式的通勤为主。21 世纪以来，随着外来人口的涌入和生态环境的恶化，本地年轻人口逐渐逃离乡村迁入城市，乡村地区出现了外来人口对本地村民的"侵入—接替"过程，新时期的二代年轻人口因多数无务农经验，对土地、乡村的归属感和依附感较弱，更乐意生活居住在城市地区，由此产生了"离土离乡"的状况，郊区乡村成为外来人口和本地老年人口居住的场所，并在城市化的空间拓展中逐步丧失耕地和村庄本身，随着本地务农人口的最终消失，乡村的居住主体农民将不复存在，乡村社会逐渐瓦解，为各自类型的社区所取代。

由于农业在国民经济和居民生计中比重的持续下降，农业经营仅对曾经务农的老年人尚有一定吸引力，大部分 80 后、90 后人口并无务农经验，也缺乏对土地的感情，因此改革开放以后，农业过密化的长久趋势第一次得到了扭转。长久以来，过密化下的低劳动生产率一直是小农经济的弊端，随着年轻一代的脱农和老一代务农人口的消失，经过土地流转扩大家庭农业经营规模，通过追加资本和机械化投入提高劳动生产率的趋势初见端倪。2015 年上海乡村承包地流转面积达到 129 万亩,占乡村承包地的 73.7%,其中近郊半城市地区达到基本全部流转①。土地流转的流入对象中,农户占六成以上,两成为农业合作社和农业企业,表明未来扩大化的家庭经营依然是农业经营主体,即所谓的种田大户。上海乡村调查的经验表明,农业规模化要达到盈利的最低经营面积需达到 30 亩,远高于当前的户均承包地面积。随着农业经营的规模化,村庄中从事农业的人口份额急剧下降。鉴于乡村与农业的日益脱钩,如何定位和调整已有乡村已经成为当前亟须考虑的问题。

7.2.2　地方政府的经济竞争机制

1) 我国政府间关系特征

　　近代以来的乡村地区国家政权建设经历了下沉、强化和收缩三个阶段。清代后期逐步认识到需加强乡村政权建设以强化社会动员和赋役征收能力,晚清民国时期县下的区、乡级政区普遍设置,诸如(山西、广西等省份及根据地、解放区)甚至建立了村级政权。中华人民共和国成立后县下普遍设置乡、村两级政权,并在人民公社时期达到控制巅峰,在获取农村剩余以支持工业化建设中发挥了重要作用。改革开放后随着工业化和城市化的发展和整体国民经济实力的增强,国家控制逐渐从乡村地区撤出,基层政府撤退到乡级,行政村(生产大队)改为基层群众性自治组织,简称"乡政村治"。

　　前述分析将国家、政府视为一个整体,尽管存在长期的中央集权和计划经济,但随着改革开放后地方分权思想的出现,不同层级间政府的经济出现了分化,体现了高层与地方政府间的经济竞争,对具有准政府地位的村级政权而言尤为明显。从宪法角度,村委会是基层群众性自治组织,乡镇政府是国家的最低层级政府,但在实践中村委会依然处于政府的掌控之中,实质性为行政村,即乡镇政府在村庄中的代理者。而乡镇政府名义上是一级政府,但众多的事权集中在区县政府手中,乡镇政府沦为县政府的派出机构。在这种塔式行政区划体制下,行政层级在话语权中具有决定性作用。很多乡村民间仍将村委会和乡镇政府称

① 上海市国土资源局,上海市土地流转发展趋势及相关政策。转引自土流网 https://www.tuliu.com/read-40448.html。

为"大队"和"公社"或统称"公家",反映了集体化时期的影响。

中央集权下的政府间层级关系为典型的上下级关系,上下级政府的关系可比拟为"头脑—手脚"关系:前者负责发号施令,后者负责实施执行,由此形成"一级压一级"的压力型体制。不仅如此,由于上级政府规模较大,因此形成了较为细致的部门分工,形成了众多的职能部门,而下级政府规模较小,人员编制均不足,以较少的人员应对众多的上级领导,民间俗称"上面千条线,下面一根针",下级政府疲于应付上级的各项任务、检查。

2）乡村政府间关系

民国时期的村级政权以自然村为基础,百户以上自然村即可单独设置一个行政村,百户以下者则合并为一个行政村。总体而言,行政村的规模较小,如民国时期嘉定的行政村数量达到 700 多个。因行政村规模较小,数量繁多,村级政权机构人员配置不足,并未发挥实际管理作用,村庄的实际运作依然以民间组织为主。地方自治以区、乡两级为主,尽管区乡政区拓展了地方管理和征发职能,增加了更多的捐税征收和警察、学校、道路交通等地方事务办理,但是区乡除捐税摊派以外,对村级事务的干预相对较少。

中华人民共和国成立初期基本沿用了民国时期的小村,土地改革重新调整了村庄聚落和土地的关系,形成了聚落—土地完全匹配的村级政区单元,贫民协会接管了村级政权,与国家政权的关系更加密切,在权力关系上也更加依赖上级政府工作队的指导,从而形成了上下级政区之间的依附关系,村级政区的独立性较弱。集体化时期后,乡村两级成为政社合一的单位,国家政权实现了对乡村社会的全面管控,生产资料、生产经营甚至居民生活均处于高度集中的管控之下,生产大队成为人民公社的下级单位,同时又是以自然村为依托的生产队的上级单位。尽管调整时期规定了"三级所有,队为基础",但三级所有模糊土地产权关系导致了上下级政府之间的领导支配关系,自然村村民的公共活动及影响因素越来越向行政村一级集聚,自然村沦为行政村的附属。在集体化的政治高压下,乡村的自治权被压至最低点。

改革开放后,国家政权收缩到乡镇一级,村级政权改为群众性基层自治组织,形成了目前的"乡政村治"。由于家庭联产承包责任制的实施,政府部门的任务转向赋役征收和公共管理,但在农业税取消和管理事务审批权限收归县职能部门后,乡镇政府实际成为县政府的派出机构,村级政权成为乡级政府在乡村地区的代理者,其存在的实际意义在于行政管理。尽管没有相应的事权和财权发展地方服务和事业,但在贯彻落实国家政令方面依然具有很高的效能。在半城市化地区行政村的调整(合并、撤销、分割设立居委会)、土地征收和村庄拆迁方面,计划经济时期形成的行政等级模式依然发挥了巨大的威力,市—县—乡—村政令下达,如臂使指,处于不同政区等级决定了其在竞争中话语权的大小,由此也导致乡村对涉及本村利益的各种上级政府决策缺乏有效的反馈能力,地方公共利益在半城市化过程中无法得到有效的表达和体现,导致了地方社会的解体甚至消失。

这种如臂使指的政令贯彻效率以及乡村地域社会的解体消失如何评价? 从好的一方面考虑,意味着较高效率的执行力和城市化进程、土地的升值和建成环境的改善,但其代价是什么? 抛开历史文化、生态价值不谈,仅就社会经济方面而言,将富有人情味的乡土社会地域改造为市民化的现代社会,其中损失的是对社会经济发展具有重要意义的社会资源。社会资源是地方个人社会资本的总和,社会资本指基于个体的社会关系网络而形成的发展能力。与现代城市社会以业缘、趣缘为主的社会关系网络不同,乡村社会关系网络以亲缘和地缘为主,诸如家族关系、宗教信仰关系等,在这些社会关系的影响下,人群形成了密切的信任、行为规范,这种社会资本能够有效降低交易产权不明晰劣势下的交易成本、扩大信息源、增强社会凝聚力和集体行动能力。然而,长期的国家政权建设几乎消弭了对社会资本形成具有重要作用的家族、宗教信仰、乡村能人等因素,导致了乡村社会资本的不断消失,但在村庄、人群和农地依然存在的情况下,社会资源还有可能逐步恢复。福山(Fukuyama)认为,社会资本无法人为构建和形成,只能通过长期的历史积淀形成,而且一旦被破坏,则几乎没有恢复的可能,即使恢复也要花费几个世纪的时间[59]。因此,对半城市地区乡村而言,村庄和人群的存在是一笔巨大的历史财富,如何修复已经遭到严重破坏的乡村社会资源形成平台,提高乡村社会的凝聚力和集体行动能力,对于未来的社会经济发展至关重要。

7.3　未来政策导向

7.3.1　认知：都市区与半城市化

尽管将上海乡村分为半城市化乡村和农业乡村，但这仅是其内部分类，与传统农业乡村相比，上海乡村基本上均可视为都市区乡村或半城市化乡村，都市区和半城市构成了上海乡村的显性特征。

都市区最初作为统计概念出现，指大都市及其周边具有密切联系的地区。但都市区绝非单纯的统计概念，也是一个实体概念，对生活于其间的居民具有实实在在的影响。都市区概念的出现，挑战了传统城乡分野的认知范畴，引出了城乡高度混合的地域类型——半城市地区。在都市区内，除少数城市化地区和残存的乡村地区之外，多数地域类型为难以归纳为城市或乡村的半城市地区。

都市区作为城市化发展的高级地域形式，已经得到了广泛认可。但对于构成都市区主体——至少在地域范围上——的半城市地区，却存在着大量负面评价：生态退化、景观破碎、非正式经济、无序、难以捉摸等，与之类似的还有饱受诟病的城市蔓延。城市蔓延、半城市化和都市区可以说是同一现象的不同认知视角，为何都市区获得了高度认同而其余两者却充满负面评价？主要原因在于：人们即使是学者也会对超出自身认知逻辑的现象表现出本能的憎恶，半城市化和城市蔓延因无法纳入条理清晰的城乡认知框架而令人反感，并被认为是发展过程中的反常现象，因此也成为政府和规划学者必欲除之而后快的现象，有机疏散、精明增长、田园城市等规划理念无不体现了对格局明晰城乡格局的向往。

然而，讽刺的是，半城市化、城市蔓延却屡禁不绝，似乎成为都市区发展的常态。此种现实表明，对都市区、半城市地区和城市蔓延等需要从其存在机制角度进行重新审视和反思：半城市化和城市蔓延在世界范围内的广泛发生并非偶然现象，而是具有其内在逻辑支撑。只有了解了这种内在逻辑，才能获得对都市区、半城市化和城市蔓延的正确认知并采取相应措施。研究对象从都市区到半城市地区的转变，表明研究视角由简单的城市影响范围转向关注更为深入的被影响地区空间地域特征及其形成机制。

7.3.2　定位：生态与发展

1) 生态与发展的关系

　　霍华德在田园城市中比较了城乡的优劣势：城市具有发展优势而乡村具有生态优势，由此衍生了在乡村地区建设小规模田园城市的做法以综合城乡各自的优势，但现实中的半城市化地区却表现出"取其糟粕，弃其精华"的弊端，既破坏了乡村的生态环境，也未达到城市的高效益。"播下的是龙种，收获的却是跳蚤"，这种理想与现实的巨大落差，值得人们探讨其中的原因何在。

　　生态、农业优势和经济发展之间的取舍是上海乡村面临的两难抉择，兼具两者优势的田园城市理想在现实中转为兼具两者劣势的半城市地区，由此引出两个问题：首先，生态优势与发展能否兼得，其次，不能兼得的情况下如何取舍。

　　上海乡村人居环境评价表明，村庄适居性和经济机会之间呈弱负相关（相关系数－0.24）：半城市化乡村普遍具有较高的经济机会但适居性较差，崇明和淀泖地区具有较好的适居性但经济机会较少。尽管一些村庄采取措施利用生态农业资源提高发展机会，但总体而言，"既要金山银山，也要绿水青山"面临很多难题，不是轻描淡写地喊喊"建设生态文明，转变增长方式，发展新兴产业"的口号就可以解决的，需要的是切实可行的措施和路径。

　　发展必须建立在产业的基础上，其中物质生产是经济的支撑和基础，而工农业生产必然会带来环境负面效应，即使号称无烟产业的"第三产业"也并非真正"无烟"，大量的客户人群也会给环境带来负面影响。消除发展的环境代价在技术上和经济上为时甚远且成本高昂，至少当前条件无法完全消除发展的环境代价，尤其对于发展中国家而言，不可能采取零发展的"香蕉主义"（BANANAISM，Built Absolutely Nothing Anywhere Near Anything，绝对不要在任何事物边上建立任何东西）。

2) "邻避主义"与策略选择

　　在发展的生态代价短期内无法消除的情况下，"邻避主义"（NIMBYISM，Not in My BackYard，别在我的后院）不失为不同尺度地方间可取的博弈方法。

但是,采取"邻避主义"的前提是在产业链中的地位或话语权。例如,就全球范围产业分工看,尽管我国经济取得了长足进步,但并未改变在全球产业分工中"低端锁定"的现实,高消耗、高污染产业依然是主要支柱产业,发达国家通过科技研发和管理技术掌握了"微笑曲线"中利润丰厚的研发和销售端话语权,发展中国家沦为环境代价最高昂的"世界工厂"。同样,不同尺度下的污染产业转移,如发达地区向欠发达地区、城市向乡村的污染产业转移都是这种"邻避主义"的体现。

就上海乡村而言,上海大都市对国内其他区域的技术、市场优势在一定程度上提升了上海乡村地区的话语权,但对于上海都市区而言又处于弱势地位。因此,强势区域中的弱势地方,是上海乡村在产业话语权博弈中的地位。在未来发展的定位中面临着"绿水青山"和"金山银山"的矛盾,针对乡村的区域差异,存在以下五种选择路径。

一是兼顾策略。在科技发达的前提下,通过优越的生态环境吸引人才、技术和产业,发展新型绿色产业,如"崇明世界级生态岛"的建设要求,形成生态文明建设的示范区。但在目前情况下,新兴绿色产业是极为稀缺的资源,区位竞争者众多,且非经过高层政府的协调安排无法解决,最后形成的也是以外生力量为主导的"嵌入式"发展,乡村居民得到的只是土地补偿和低端服务就业机会。乡村地域社会在获得机会的同时也失去了自我,被成立的开放区机构所取代,这种策略与其说是乡村的主动选择,毋宁说是被动适应。

二是融合策略。是乡村完全被城市所融合,成为城市各种功能区的拓展空间,乡村完全消失。与兼顾策略相同,此种策略也并不完全是乡村地方的主观选择,而是制度安排下的被动适应,尽管仍保留了行政村的建置,但实质上已经成为城镇地区,不久将被转为或拆分为居委会。

三是错位策略。利用自身优越的生态景观和农业资源,以及邻近大都市的休闲旅游和绿色农产品消费市场,发展生态休闲体验农业,发挥乡村生态景观、农业资源的多种优势,通过休闲旅游业发展拉动经济发展。此种发展方式能够有效保持乡村生态农业景观和自身特征,同时拉动产业发展,为多数具有优越乡村生态景观的村庄所采纳,但对发展的拉动作用有限。

四是开发策略。以乡村地方政府为主导,通过土地出租、自建等方式自行开发建设,以农业、生态空间为代价,发展以工业、商业为主导的非农产业。此种发展方式在乡镇企业时期和 20 世纪 90 年代工业化时期最为常见,形成了大量的"厂中村"或"无地村",随着耕地资源保护的强化和生态文明建设要求的加强,此种发展模式已经受到抑制,大量的低端工业厂房和市场被拆迁。但在改造过程中,对于基础较好的集中连片地区,通过工业区的方式予以保留,并成为其他搬迁工业的集中区域,形成以郊区工业区为主的地域,原有村庄被撤销搬迁。

五是生态策略。多为发展区位条件欠佳且生态景观资源较少的村庄所采用,鉴于对乡村自身地位的认知,乡村并不追求产业发展和村民的本地就业,将乡村视为农业生产和生活居住空间,致力于改善村庄的生态和生活环境,适度承接的生态城市适宜型功能。

3) 生态—发展的选择展望

除融入城市的乡村外,开发策略因其巨大的生态代价而难以为继,且因上海工业转移政策的抑制,其未来将面临生态修复或融入城市两种选择。兼顾策略也基本丧失乡村自身的独立性而成为城市飞地式功能区的组成部分。剩余的仅有生态策略和错位策略两种选择,两者具有一定的共性,即以生态和农业资源保护为前提,通过通勤务工和发展乡村旅游等方式改善居民收入,并不追求地方经济的发展。

由此可见,至少就上海乡村而言,在生态与发展的选择中,将会有越来越多的乡村选择生态、弱化发展。对地处都市区的上海村庄居民而言,关注的仅仅是家庭生计问题,就业机会十分充裕,没有必要一定在本村范围寻求就业机会,乡村最大的问题不在于缺少就业机会而在于居住环境恶化。实际上,各级政府十分重视的区域经济或地方经济实质上是个伪命题,仅对力图增加地方财政收入或政绩的各级政府具有意义。但在村庄层面,如何提升乡村居民的凝聚力和共同行动,以更好保护乡村的生态环境和生活居住质量更有意义。在居民生计改善的前提下,未必一定通过村庄经济发展和政府税收与预算之手。换言之,在地域范围较小且异地就业十分常见的上海乡村,村庄经济和居民生计之间并无密切的关联。此外,造成地方政府高度重视地方经济发展的主要原因在于财政税收体制,即 70 % 以上的财政收入为经由企业征收的间接税,个人税收的占比很低。随着财税体制的弱化,地方政府追求经济发展的动力也将逐步弱化,乡村公共投入仅依赖政府财政的状况也将有所改善。

7.3.3　协调:管控与自治

1) 国家和地方

由于我国垂直的层级式行政体制,国家和地方并无明确的尺度界限,而是自行政层级向上都是国家,自行政层级向下都是地方。按照权力来源中的国家和地方关系,可将地方政府分为行政体地方政府、自治体地方政府和混合型地方政府。

行政体地方政府的权力来自上级政府的授予,是中央和上级政府的下级政府,没有独立的法人资格,是国家中央政府在地方上的代表,其管辖事务的范围和权限也是不确定的,仅有行政机关而无代表辖区民意的议政机关,如传统社会的地方政府。行政体地方政府具有强制性、统一、均衡的优点,有利于国家政令贯彻和克服地方主义。但其缺点也同样明显,即"一刀切"执行过程的"水土不服",无法反映和适应各地的不同诉求。由于缺乏代表民意的合法性和无法适应地方需求的弊端,通常设置咨议机构进行辅助。由于缺乏地方民意表达,行政体政府在当前社会已经很少存在。

自治体政府的权力来自地方选举,其管理和负责对象为地方自治体(municipality),即拥有自身权力、义务和独立法人资格的一定地域居民团体。自治体地方政府具有很强的独立性,主要表现在:首先,自治体地方政府与中央和上级政府之间并不存在直接的上下级隶属和服从关系,仅接受其法律监督。其次,自治体地方政府与中央和其他层级政府间有明确的事权分工,自治体政府在依据法律履行地方自治事务不受任何其他政府干预,也不干预范围内的其他政府管辖事务,仅在履行国家委任事务时受国家中央政府或其代表监督指导。最后,自治体地方政府在自治体范围内具有独立的财源或税收权,可以自主设置行政机构和人员配置。地方自治事务权限范围采取白名单制和黑名单制两种形式,前者详尽列举各种自治事务,后者则列举不包括在内的事务。地方自治权限主要包括五个部分:组织权,设置政府机构,选举和罢免相关人员;财政权,拥有公共资产、税收和制定财政预算;公务执行权,维护公共秩序和管理公共事务;立法权,在不违背法律前提下,就自治事务制定法规条例和章程;惩处权,对违法行为进行仅限于行政处分和制裁的处罚。自治体地方政府具有实效、透明等优点,能够体现和适应地方诉求,提高地方的凝聚力和主动性。缺点在于本位主义取代整体大局观,通常采用跨地方联合议会的形式进行磋商协调。由于能够充分反映地方意愿并体现主权在民,自治体地方政府为当代世界绝大部分国家所采取的形式。

混合式地方政府采取权力机关和执行机关分离的形式。权力机关为各级人民代表大会,由地方选举产生,与上级政府之间无上下级隶属关系,类似自治体形式。由权力机关选举产生执行机关即行政机关,行政机关既对本级权力机关负责,又作为上级行政机关的下级单位对上级机关负责。混合式可以看作自治体权力机关和行政体地方政府的混合形式,既有代表地方的选举,又采取行政体地方政府形式,因此也被称为民主集中制地方政府,主要限于社会主义国家。尽管兼顾了政治分权和行政集权,但当权力机关无法对行政机关形成有效约束时,则会出现等同于行政体地方政府的问题。

2) 乡村的管控与自治

乡村地区地处行政层级末端,其地方政府组织形式采取了"乡政村治"的形式。在宪法上,乡级政府被视为基层地方政府,而行政村为基层群众性自治组织,但实际上,行政村仍具有较强的政区特征,尽管法律上不被视为基层政府,但无论从与乡级政府的关系还是实际负责的事务看,多以落实上级政府任务为主,涉及地方自治事务的极少,因此可视为实质意义上的政府或至少是准政府。乡村地区处于国家控制和地方自治博弈的前沿地带,上海作为我国少数几个直辖市之一,行政层级梯度的空间压缩使得这种博弈更为明显。

由于采取接近行政体的混合式地方政府体制,不同层级地方政府间的机构和人员规模差异巨大。高级地方政府机构众多、分工更细致,基层地方政府则机构很少,一则因为基层政府数量众多而难以普遍配置机构和人员,二则基层政府负责的政务较少,多为面向地方居民需求的事务性活动,但在地方自治不发达的情况下需要设置的机构较少。例如上海的区级机构多达四五十个,乡级政府机构多为十余个,重要城镇可达二三十个,行政村一级除两委外基本不设机构。

行政体政府的政府间关系更加强调上下级的管控关系,并不强调政府层级间的分工。各级政府职责主大同小异,主要包括:执行本级人民代表大会及其常务委员会的决议,以及上级国家行政机关的决定和命令。本级人民代表大会职责主要是执行上级国家行政机关的决定和命令,领导所属各部门和下级行政机关的工作,管理本行政区的各项行政工作,办理上级国家机关交办的其他事项。其余各项如人事任命、纠正所属部门命令均属行政工作应有之工作,无任何实际意义。保障财产、合法权益、男女平等、同工同酬等又似乎延伸到法律的领域。综之,各级政府职责似乎更强调的是上下级之间的支配关系,各级政府之间的事权内容也基本雷同,在众多列举上又加上一个"等"字,几乎无所不包。由此形成各级地方政府机构设置雷同,"无所不管又谁都不管"的奇特现象。

在乡村层面的县级、乡级和准行政化的村级中,县级政府与乡级政府是明显的支配关系。随着我国经济非农化的基本完成,城乡关系从农业支撑工业转为工业反哺农业,农业地位的下降和农业税的取消,使得下沉到乡村的乡级政权失去了重要性,同时交通通信的发达也使得县政府的管理能力大为增强,在乡级财政收入主要来自上级拨款的情况下,包括上海在内的很多省区采取了"乡财县管"的做法,乡级政区也由"一级财政"转为"半级财政",尽管财政预算、所有权和使用权不变,但都处于县财政的监管之下。与此同时,很多审批权限也从乡级政府回收到县级政府,如农村宅基地的审批权等,乡级政府实际上成为县级政府的派出机构。

村级政区却有所不同,在宪法上,村委会是村民自我管理、自我教育、自我服务的基层群众性自治组织。《中华人民共和国村民委员会组织法》(2018 修正)规定了村民委员会的职责,包括:支持和组织村民发展经济,管理集体土地和财产,维护社会治安,调节民间纠纷,宣传宪法、法律、法规和国家政策,发展文化教育,普及科技知识,促进男女平等,促进计划生育,促进村庄之间的团结,等等。以上几乎都是上级政府对下级的工作要求,但未提及作为自治基础的权力,主要原因在于,在长期的计划体制下,重要的地方自治事务如警察、医疗、教育、建设等几乎都被纳入政府管理中,几乎没有留下多少自治事务。即使是名义上拥有的集体土地,在行使其所有权上也存在诸多限制,如未经依法征收,不得转让集体土地,不得将集体土地用于商业房地产开发,改变土地用途须依法经有审批权的人民政府批准等。因此,村庄居民自治也只能流于纸上。

政府管控尽管能够保证高效的政令贯彻和执行效率,但其负面效果也十分巨大,即抑制了地方的积极性和创造力,地方自治的不发达导致了乡村地区形成了对政府的依赖心理,如新农村建设、乡村振兴等多种活动很难获得乡村的积极响应。借助当代的发达技术,国家政权控制异常强大,地方自治是实现国家—社会均衡、激发地方活力的有效途径,也是实现社会民主化的重要途径,民主(democracy)中的"demo"即为雅典的地方区划,意思即基于地方的统治。在自治体政府成为全球趋势的当下,乡村治理中如何增强乡村地方自治能力乃是今后的重要途径。从我国的地方自治试点看,选择村庄作为自治试点似有不妥。从国外情况来看,地方自治的重点为城市或镇,村庄因规模较小而难以成立自治体,由于公共服务主要依赖城镇,也缺乏作为自治事务重点内容的公共服务需求。相反,镇及其周边地区具有较高的地域整合和公共服务需求,也是更适于地方自治试点的单元。

7.3.4　导向:适居与就业

1) 城乡适居性和就业差异

随着产业和就业的逐步非农化,非农产业能够提供的就业岗位将远远超过农业。城市因其共享、匹配和"干中学"(learn by doing)导致的集聚效应,将承载更多的非农就业岗位且具有更高水平的污染治理能力,因此从发展条件而言,城市将是产业和就业岗位的主要集中地,乡村地区难以与之抗衡,这也是改革开放以来我国人口城镇化程度不断上升和城市空间不断拓展的主要原因。乡村与城市相比,在经济发展和就业机会方面明显处于劣势,20 世纪 80 年代的乡镇企业和 20 世纪 90 年代的乡村私营企业发展是从计划经济到市场经济转型这一特殊历史时期的产物,充裕的剩余劳动力、廉价的土地和短缺经济下的市场空缺为乡镇企业提供了绝佳的发展机遇。但随着城市工业的改制完成和外资企业的涌入,小而散的乡村工业发展劣势暴露无遗,且造成了巨大的生态环境成本。因此,从规模经济和环境成本而言,高度集聚的城市无疑是经济发展和就业的最佳场所。

随着城市产业和就业优势的日益凸显,乡村未来发展应针对新形势谋求功能定位。与城市相比,乡村地区具有一定优势,主要表现为优越的生态和农业资源、相对充裕的生活居住空间以及独栋住宅的居住方式。尽管受宅基地压缩政策影响,传统村庄风貌正在消失,但较之城市仍保留一定的乡村特色,尤其以农业地区乡村最为明显。但半城市村庄则丧失了这方面的相对优势,因工业发展和外来人口涌入丧失了适居性优势,脏乱差的村庄建成环境使得很多年轻人口迁往附近的城镇地区,未来此类村庄的前途仍很难确定,不外乎以下几种选择:外来人口的落脚地,城市拓展飞地式功能片区,融入附近城镇,生态修复空间。

2) 适居性的人口吸引力

消费城市理论认为,就业等经济因素并非吸引人口的唯一因素,适居性也是导致人口迁移的重要因素,尤其对于地方性短途迁移而言。此外,随着我国财税制度的完善,支撑地方财政的重要因素将是富裕的人口而非产业。在此背景下,地处上海都市区具有优越生态农业资源的乡村将成为吸引人口尤其是中产阶层入住的热点地区。随着生产力水平的提高和产业结构调整,未来的生产空间需求将不断下降,而生活及服务空间需求将持续上升,拥有生态农业资源优势的乡村在吸引人口方面的优势将日益明显。

就目前而言,我国乃至上海仍处于产业驱动型城市化阶段。地方政府发展经济的诉求导致了郊区工业的遍地开花,城市国有土地一级市场的垄断供给导致了城市地区的高房价和乡村的低成本居住优势,使得乡村尤其是半城市化乡村成为外来人口的落脚点。随着发展水平的日益提高和人口老龄化,不断增多的老龄人口和中产阶层人口定居郊区乡村的愿望也将更为强烈。从居住方式上看,居住区规范的存在,使得我国城市和新开发地区的居住方式日益单调化,多层、高层小区式公寓住宅成为城市住房供给的主体,独栋家庭式住宅价格极其昂贵。在生活水平提高和生活质量改善的背景下,可负担的舒适住宅将成为未来发展的一大趋势,为生态农业资源优越、居住空间宽裕的乡村地区提供了机遇。

目前阻止这一发展机遇实现的障碍多为制度性因素。首先是户籍政策和乡村集体土地所有制,尽管城市对乡村人口部分开放了户籍,但乡村集体土地所有制依然构成了城市人口进入乡村的障碍。其次是城乡二元土地市场,只有城市国有土地才能进入交易市场,乡村集体土地和乡村农宅无法进入市场。最后是公共服务配置,政府掌控的公共服务投入以行政等级为准则进行配置,导致了城乡公共服务水平差异,在地方自治加强的情况下,地方自治团体在公共设施配置方面具有更多的灵活性以缩小城乡之间的公共服务差异。

随着社会的日益多元化,提供多样化的居住方式选择和自由定居的权利将成为未来趋势。作为开放型国际大都市,上海应为未来各种不同需求的人口提供多样化的居住方式和生活环境选择,使得城市居民、乡村居民、外来务工人员、老年人口、中产阶层等在城市、乡村间自由选择合适的居住地。

适居性影响的人口集聚也将改变经济增长的方式。迄今为止,我国的经济增长主要注重外生发展,致力于通过招商引资、吸引政府投资等方式引入外来产业,较少考虑培育内生型产业。关于人口和产业的关系,目前的总体观点是通过产业引导人口集聚,但随着人力资本的不断提升,未来的发展路径有可能是通过人口集聚催生内生产业,这种产业发展方式将更加根植于地方社会环境,从而实现与人口分布相匹配的均衡发展。

综之,将我国的人口—产业集聚机制从基于就业的经济引导型转为基于适居性的人口引导型,将会有助于创造更为均衡的人口—经济系统。

参 考 文 献

[1] 郑大华. 民国乡村建设运动[M]. 北京:社会科学文献出版社,2000.

[2] 费尔南·布罗代尔. 15 至 18 世纪的物质生产和资本主义[M]. 顾良,施康强,译. 北京:三联书店,2002.

[3] LIU T, QI Y, CAO G, el al. Spatial patterns, driving forces, and urbanization effects of China's internal migration: county-level analysis based on the 2000 and 2010 censuses[J]. Journal of geographical science, 2015, 25 (6): 236-256.

[4] 陆希刚,王德,庞磊. 半城市地区空间模式初探:基于"六普"数据的上海市嘉定区案例研究[J]. 城市规划学刊,2020(6):72-78.

[5] DOXIADIS C A. Ecology and ekistics [M]. London: Paul Elek Ltd. , 1977.

[6] 白羡汉. 人生地理学[M]. 张其昀,等,译. 上海:商务印书馆,1930.

[7] 金其铭. 我国农村聚落地理研究历史及其近今趋向[J]. 地理学报,1988,43 (4):311-317.

[8] 葛学溥. 华南的乡村生活:广东凤凰村的家族主义社会学研究[M]. 周大鸣,译. 北京:知识产权出版社,2012.

[9] 林耀华. 义序的宗族研究[M]. 北京:三联书店,2000.

[10] 费孝通. 江村经济:中国农民的生活[M]. 北京:商务印书馆,2001.

[11] 林耀华. 金翼[M]. 庄孔韶,林宗成,译. 北京:三联书店,2008.

[12] 杨懋春. 一个中国村庄:山东台头[M]. 张雄,沈炜,秦美珠,译. 南京:江苏人民出版社,2001.

[13] 弗里曼,毕克伟,塞尔登. 中国乡村,社会主义国家[M]. 陶鹤山,译. 北京:社会科学文献出版社,2002.

[14] PRINTZ P, STEINLE P. Commue: the life in rural China[M]. New York: Dodd, Mead & Company, 1973.

[15] 费孝通,吴晗,等. 皇权与绅权[M]. 上海:上海书店,1948.

[16] 杜赞奇. 文化、权力和国家:1900—1942 年的华北农村[M]. 王福明,译. 南京:江苏人民出版社,1996.

[17] 白凯. 长江中下游地区的地租、赋税与农民的反抗斗争:1840—1950[M]. 林枫,译. 上海:上海书店出版社,2005.

[18] 弗里德曼. 中国东南的宗族组织[M]. 刘晓春,译. 上海:上海人民出版社,2000.

[19] 施坚雅. 中国农村的市场和社会结构[M]. 史建云,徐秀丽,译. 北京:社会科学文献出版社,1998.

[20] 常建华. 日本八十年代以来的明清地域社会研究综述[J]. 中国社会经济史研究,1998(2):72-83.

[21] 吴良镛. 中国人居史[M]. 北京:中国建筑工业出版社,2014.

[22] 邓大才. 超越村庄的四种范式:方法论视角——以施坚雅、黄宗智、弗里德曼、杜赞奇为例[J]. 社会科学研究,2010(2):130-136.

[23] 马克斯·韦伯. 儒教与道教[M]. 洪天富,译. 南京:江苏人民出版社,2005.

[24] 张仲礼. 中国绅士:关于其在十九世纪中国社会中的作用[M]. 李荣昌,译. 上海:上海社会科学院出版社,1991.

[25] 瞿同祖. 清代地方政府[M]. 范忠信,译. 北京:法律出版社,2003.

[26] PARSONS T. The social system [M]. New York:The Free Press,1951.

[27] 安东尼·吉登斯. 社会的构成:结构化理论大纲[M]. 李康,李猛,译. 北京:中国人民大学出版社,2016.

[28] WEBSTER D, MULLER L. Challenges of peri-urbanization in the lower-Yangzi region: the case of Hangzhou-Ningbo corridor[R]. Stanford:Stanford University,2002.

[29] 孙胤社. 大都市区的定义及其空间界定——以北京为例[J]. 地理学报,1992(6):553-560.

[30] 胡序威,周一星,顾朝林. 中国沿海城镇密集地区空间聚居与扩散研究[M]. 北京:科学出版社,2000.

［31］谢守红，宁越敏. 中国大城市的发展和都市区的形成［J］. 城市问题，2005
    （1）：11-15.

［32］RUSWURM L H. The development of a urban corridor system：Toronto
    to Stanford area 1944—1966 ［D］. University of Watterloo，1970.

［33］顾朝林，陈田，丁金宏，等. 中国大城市边缘区特性研究［J］. 地理学报，1998，
    38（4）：317-328.

［34］陈贝贝. 半城市化地区的识别方法及其驱动机制研究进展［J］. 地理科学进
    展，2012，31（2）：210-220.

［35］DUTTA I, DAS A. Modelling dynamics of peri-urban interface based on
    principal component analysis （PCA） and cluster analysis （CA）：a study of
    English Bazar Urban Agglomeration，West Bengal［J］. Modelling Earth
    Systems and Environment，2019（5）：613-626.

［36］LI Y J, CHONG S M. Parallel bisecting k-means with prediction
    clustering algorithm［J］. The Journal of Supercomputing，2007，39（1）：
    19-37.

［37］LI T, GE B Q, LI Y F. Impacts of state-led and bottom-up urbanization
    on land use change in the peri-urban areas of Shanghai：Planned growth or
    uncontrolled sprawl? ［J］ Cities，2017（60）：276-286.

［38］柯林·罗. 拼贴城市［M］. 童明，译. 北京：中国建筑工业出版社，2003.

［39］田莉，戈壁青. 转型经济中的半城市化地区土地利用特征和形成机制研究
    ［J］. 城市规划学刊，2011（3）：66-73.

［40］鲁西奇. 散村与集村：传统中国的乡村聚落形态及其演变［J］. 华中师范大学
    学报（社会科学版），2013，52（4）：113-130.

［41］李京生. 上海江南水乡建筑元素普查和提炼研究［R］. 上海城市规划管理局
    咨询项目，2019.

［42］赵晖，张燕，陈玲，等. 说清小城镇［M］. 北京：中国建筑工业出版社，2017.

［43］李凤章. 宅基地资格权的判定和实现——以上海实践为基础的考察［J］. 广
    东社会科学，2019（1）：231-238.

［44］周振鹤. 上海历史地图集［M］. 上海：上海人民出版社，1999.

[45] 武敏. 2000—2010 年上海人口空间结构变化研究[D]. 上海:同济大学,2016.

[46] 陆希刚. 从农村居民意愿看"迁村并点"中的利益博弈[J]. 城市规划学刊, 2008(2):45-47.

[47] 蒋丹群. 乡村振兴背景下上海市农民集中居住模式分析——以松江区为例 [J]. 上海城市规划,2019(11):96-100.

[48] 茅冠隽. 迎难而上、勇往直前,古镇南翔实现全面转型,小美南翔华丽转身、焕发新活力[N]. 解放日报 2017-01-10.

[49] J TURNER. Housing priorities, settlement patterns and urban development in modernizing countries[J]. Journal of the American institute of planners, 1968,34:354-363.

[50] 桑德斯. 落脚城市:最后的人类大迁移与我们的未来[M]. 陈信宏,译. 上海: 上海译文出版社,2012.

[51] HIRSE S O. West African uncontrolled settlements and the intra-urban mobility model:a case study of secondary city, Jos , Nigeria[D]. University of Salford, Landes,1984.

[52] 斯科特. 国家的视角:那些试图改善人类状况的项目是如何失败的[M]. 王晓毅,译. 北京:社会科学文献出版社,2004.

[53] 赵冈. 论中国历史上的市镇[J]. 中国社会经济史研究,1992(2):5-18.

[54] 滨岛敦俊. 明清江南农村社会与民间信仰[M]. 朱海滨,译. 厦门:厦门大学出版社,2008.

[55] 张鸣. 乡村社会权力与文化结构的变迁(1903—1953)[M]. 西安:陕西人民出版社,2008.

[56] 黄宗智. 长江三角洲小农家庭与乡村发展[M]. 北京:中华书局. 2000.

[57] 恰亚诺夫. 农民组织经济[M]. 萧正洪,译. 北京:中央编译出版社,1996.

[58] 范芝芬. 流动中国:迁移、国家和家庭[M]. 邱幼云,黄河,译. 北京:社会科学文献出版社,2013.

[59] FUKUYAMA F. Trust:the social virtues and the creation of prosperity [M]. New York:Free Press,1996.

附录 调研村庄人居环境评价结果

附表 a-1 调研村庄的适居性评价结果

所在镇	村名	适居性	居住条件	公共服务	生态环境	社会文化
廊下镇	山塘村	0.85	0.12	0.05	0.22	0.46
三星镇	海洪港村	0.82	0.11	0.05	0.32	0.34
朱家角镇	张马村	0.64	0.12	0.05	0.13	0.34
朱家角镇	王金村	0.63	0.10	0.06	0.13	0.34
朱家角镇	淀峰村	0.59	0.07	0.05	0.29	0.18
三星镇	大平村	0.56	0.12	0.05	0.23	0.17
大团镇	赵桥村	0.55	0.11	0.04	0.07	0.34
三星镇	邻江村	0.55	0.08	0.05	0.08	0.34
大团镇	金石村	0.51	0.06	0.03	0.08	0.34
廊下镇	勇敢村	0.44	0.10	0.05	0.13	0.17
南翔镇	新裕村	0.44	0.11	0.06	0.11	0.17
三星镇	育德村	0.43	0.10	0.04	0.12	0.17
廊下镇	景展社区	0.42	0.09	0.04	0.13	0.17
三星镇	育新村	0.42	0.06	0.05	0.14	0.18
廊下镇	万春村	0.42	0.07	0.05	0.13	0.17
南翔镇	永乐村	0.40	0.10	0.06	0.08	0.17
朱家角镇	安庄村	0.38	0.08	0.05	0.08	0.17
南翔镇	曙光村	0.35	0.12	0.05	0.18	0.00
大团镇	金园村	0.33	0.05	0.05	0.07	0.17
大团镇	团新村	0.31	0.10	0.05	0.15	0.00
大团镇	周埠村	0.27	0.10	0.05	0.12	0.00
南翔镇	永丰村	0.26	0.10	0.05	0.10	0.00
大团镇	车站村	0.24	0.05	0.06	0.13	0.00
南翔镇	静华村	0.21	0.11	0.04	0.06	0.00
南翔镇	红翔村	0.17	0.11	0.05	0.02	0.00
南翔镇	新丰村	0.11	0.04	0.06	0.02	0.00
南翔镇	浏翔村	0.10	0.03	0.05	0.02	0.00

附表 a-2　村庄经济机会评估

所在镇	村名	经济机会	区域经济	收入产业	资本投入	社会资本
南翔镇	永乐村	0.728	1	0.44	0.67	0.81
大团镇	赵桥村	0.620	0.64	0.92	0.33	0.53
南翔镇	红翔村	0.571	1	0.29	0.62	0.38
南翔镇	浏翔村	0.567	1	0.29	0.19	0.74
南翔镇	永丰村	0.565	1	0.29	0.18	0.75
南翔镇	静华村	0.559	1	0.29	0.49	0.45
朱家角镇	张马村	0.520	0.39	0.78	0.15	0.75
大团镇	金园村	0.514	0.64	0.28	0.40	0.73
大团镇	金石村	0.514	0.64	0.20	0.37	0.84
大团镇	周埠村	0.511	0.64	0.76	0.37	0.23
廊下镇	勇敢村	0.500	0.44	0.76	0.54	0.24
廊下镇	山塘村	0.468	0.44	0.76	0.37	0.27
南翔镇	新裕村	0.442	1	0.29	0.18	0.25
南翔镇	曙光村	0.439	1	0.29	0.17	0.25
大团镇	团新村	0.423	0.64	0.34	0.42	0.29
南翔镇	新丰村	0.400	1	0.23	0.13	0.19
三星镇	育德村	0.369	0	0.71	0.28	0.46
朱家角镇	安庄村	0.366	0.39	0.25	0.66	0.21
大团镇	车站村	0.361	0.64	0.19	0.31	0.30
廊下镇	景展社区	0.345	0.39	0.17	0.60	0.26
三星镇	海洪港村	0.340	0	0.42	0.19	0.74
朱家角镇	王金村	0.302	0.39	0.14	0.54	0.17
廊下镇	万春村	0.299	0.44	0.17	0.28	0.31
朱家角镇	淀峰村	0.259	0.39	0.16	0.20	0.27
三星镇	育新村	0.218	0	0.11	0.18	0.60
三星镇	邻江村	0.126	0	0.31	0.15	0.04
三星镇	大平村	0.089	0	0.07	0.21	0.10

附表 a-3　调研村庄人居环境评价

序号	村名	人居环境质量	适居性加权值	经济机会加权值
廊下镇	山塘村	0.69	0.49	0.20
三星镇	海洪港村	0.61	0.47	0.15
朱家角镇	张马村	0.59	0.37	0.22
大团镇	赵桥村	0.58	0.32	0.27
南翔镇	永乐村	0.55	0.24	0.31
三星镇	育德村	0.50	0.34	0.16
朱家角镇	王金村	0.49	0.36	0.13
大团镇	金石村	0.47	0.25	0.22
廊下镇	勇敢村	0.44	0.23	0.21
南翔镇	新裕村	0.44	0.25	0.19
朱家角镇	淀峰村	0.43	0.32	0.11
大团镇	金园村	0.42	0.20	0.22
南翔镇	永丰村	0.40	0.16	0.24
廊下镇	景展社区	0.40	0.25	0.15
朱家角镇	安庄村	0.39	0.24	0.16
南翔镇	红翔村	0.38	0.14	0.25
南翔镇	曙光村	0.38	0.19	0.19
廊下镇	万春村	0.37	0.24	0.13
大团镇	周埠村	0.37	0.15	0.22
南翔镇	静华村	0.36	0.12	0.24
大团镇	团新村	0.36	0.18	0.18
三星镇	大平村	0.35	0.31	0.04
三星镇	邻江村	0.35	0.29	0.05
三星镇	育新村	0.31	0.22	0.09
南翔镇	浏翔村	0.30	0.06	0.24
大团镇	车站村	0.25	0.10	0.16
南翔镇	新丰村	0.24	0.06	0.17

附表 a-4　适居性满意度评价

所在镇	村名	适居性	居住条件	公共服务	生态环境	社会环境
三星镇	大平村	0.89	0.26	0.09	0.21	0.33
廊下镇	景展村	0.81	0.24	0.09	0.22	0.26
朱家角镇	张马村	0.78	0.22	0.11	0.22	0.22
大团镇	金石村	0.76	0.24	0.09	0.15	0.29
廊下镇	山塘村	0.75	0.21	0.09	0.22	0.23
大团镇	周埠村	0.75	0.20	0.08	0.13	0.34
三星镇	海洪港村	0.74	0.23	0.08	0.16	0.27
廊下镇	勇敢村	0.74	0.18	0.10	0.22	0.25
三星镇	育德村	0.68	0.24	0.06	0.16	0.23
南翔镇	浏翔村	0.67	0.17	0.10	0.11	0.29
南翔镇	静华村	0.65	0.24	0.07	0.11	0.23
朱家角镇	安庄村	0.65	0.18	0.10	0.21	0.16
廊下镇	万春村	0.64	0.17	0.09	0.22	0.17
三星镇	邻江村	0.63	0.17	0.06	0.16	0.24
大团镇	车站村	0.60	0.20	0.08	0.06	0.26
大团镇	赵桥村	0.59	0.16	0.07	0.14	0.22
南翔镇	新裕村	0.58	0.13	0.07	0.20	0.18
朱家角镇	淀峰村	0.57	0.16	0.11	0.22	0.08
南翔镇	永乐村	0.53	0.14	0.07	0.12	0.21
南翔镇	曙光村	0.51	0.15	0.10	0.16	0.11
三星镇	育新村	0.50	0.11	0.07	0.22	0.10
大团镇	金园村	0.46	0.18	0.05	0.13	0.11
大团镇	团新村	0.45	0.12	0.09	0.12	0.11
朱家角镇	王金村	0.44	0.14	0.08	0.08	0.12
南翔镇	新丰村	0.40	0.04	0.11	0.12	0.13
南翔镇	红翔村	0.35	0.05	0.12	0.13	0.04
南翔镇	永丰村	0.24	0.03	0.09	0.11	0.01

附表 a-5　经济机会满意度评价

镇街	村名	发展信心	经济发展	项目实施	经济满意度
三星镇	海洪港村	1.00	1.00	1.00	1.00
南翔镇	新裕村	1.00	1.00	0.75	0.90
大团镇	车站村	1.00	0.79	0.75	0.81
朱家角镇	淀峰村	1.00	0.52	1.00	0.79
南翔镇	永乐村	1.00	0.44	1.00	0.75
三星镇	邻江村	1.00	0.64	0.75	0.74
三星镇	育新村	1.00	0.36	1.00	0.71
三星镇	育德村	1.00	0.57	0.75	0.71
大团镇	金石村	1.00	0.57	0.75	0.71
南翔镇	曙光村	1.00	0.57	0.75	0.71
南翔镇	浏翔村	1.00	1.00	0.25	0.71
廊下镇	景展社区	1.00	0.52	0.75	0.69
廊下镇	万春村	1.00	0.52	0.75	0.69
南翔镇	红翔村	1.00	0.42	0.75	0.64
大团镇	赵桥村	1.00	0.37	0.75	0.62
三星镇	大平村	0.00	0.64	0.75	0.58
廊下镇	山塘村	0.00	0.52	0.75	0.53
廊下镇	勇敢村	0.00	0.52	0.75	0.53
朱家角镇	安庄村	0.00	0.52	0.75	0.53
南翔镇	静华村	0.00	0.49	0.75	0.51
朱家角镇	张马村	1.00	0.52	0.25	0.49
大团镇	金园村	1.00	0.00	0.75	0.46
南翔镇	永丰村	1.00	0.00	0.75	0.46
大团镇	团新村	0.00	0.29	0.75	0.42
大团镇	周埠村	0.00	0.64	0.25	0.38
朱家角镇	王金村	0.00	0.52	0.00	0.23
南翔镇	新丰村	0.00	0.14	0.25	0.16

附表 a-6　人居环境满意度评价

镇街	村名	人居环境满意度	适居性分值	经济机会分值
三星镇	海洪港村	0.91	0.28	0.63
南翔镇	新裕村	0.81	0.21	0.59
廊下镇	景展社区	0.80	0.30	0.50
大团镇	金石村	0.79	0.28	0.51
大团镇	车站村	0.78	0.22	0.55
三星镇	育德村	0.76	0.25	0.51
南翔镇	浏翔村	0.76	0.25	0.52
三星镇	邻江村	0.76	0.23	0.52
朱家角镇	淀峰村	0.75	0.21	0.54
廊下镇	万春村	0.74	0.24	0.50
南翔镇	永乐村	0.72	0.20	0.53
朱家角镇	张马村	0.72	0.29	0.43
南翔镇	曙光村	0.70	0.19	0.51
三星镇	育新村	0.69	0.18	0.51
大团镇	赵桥村	0.69	0.22	0.47
南翔镇	红翔村	0.61	0.13	0.48
大团镇	金园村	0.57	0.17	0.40
三星镇	大平村	0.57	0.33	0.23
南翔镇	永丰村	0.49	0.09	0.40
廊下镇	山塘村	0.49	0.28	0.21
廊下镇	勇敢村	0.49	0.27	0.21
朱家角镇	安庄村	0.45	0.24	0.21
南翔镇	静华村	0.45	0.24	0.21
大团镇	周埠村	0.44	0.28	0.16
大团镇	团新村	0.33	0.17	0.17
朱家角镇	王金村	0.26	0.16	0.10
南翔镇	新丰村	0.21	0.15	0.06

附表 a-7　人居环境实效评价

乡镇	村名	人居环境	流动系数	定居意愿	子女定居意愿
南翔镇	新裕村	0.86	0.95	0.81	1.00
南翔镇	新丰村	0.72	1.00	0.41	0.65
南翔镇	浏翔村	0.47	0.43	0.74	0.50
南翔镇	永乐村	0.47	0.69	0.00	0.54
南翔镇	曙光村	0.46	0.55	0.23	0.63
朱家角镇	安庄村	0.38	0.17	0.90	0.44
廊下镇	万春村	0.37	0.20	0.91	0.44
大团镇	赵桥村	0.35	0.17	0.68	0.60
朱家角镇	张马村	0.34	0.17	0.80	0.44
廊下镇	山塘村	0.33	0.15	0.81	0.44
朱家角镇	王金村	0.32	0.13	0.79	0.44
大团镇	团新村	0.31	0.17	0.87	0.26
朱家角镇	淀峰村	0.31	0.16	0.69	0.44
三星镇	邻江村	0.31	0.10	0.92	0.36
三星镇	育新村	0.31	0.10	0.87	0.38
南翔镇	永丰村	0.30	0.15	0.04	0.93
三星镇	育德村	0.30	0.16	0.65	0.41
大团镇	金石村	0.30	0.16	0.94	0.18
南翔镇	静华村	0.30	0.01	0.54	0.80
廊下镇	勇敢村	0.30	0.00	1.00	0.44
大团镇	车站村	0.30	0.22	0.94	0.04
南翔镇	红翔村	0.29	0.00	0.47	0.84
大团镇	周埠村	0.28	0.19	0.51	0.38
三星镇	大平村	0.27	0.14	0.80	0.18
大团镇	金园村	0.24	0.16	0.81	0.04
廊下镇	景展村	0.23	0.00	0.65	0.44
三星镇	海洪港村	0.23	0.10	0.94	0.00

后　记

书写完后,照例是要写个后记,主要是谈谈写作过程中的感悟吧。

从 19 世纪末明恩溥为代表西方学者、传教士,到 20 世纪以费孝通为代表的国内人类社会学者,直至当代以"三农问题"为主题的众多乡村研究者,样本村庄调查范式以其细致的观察体验和经典理论解释,形成了一座座经典案例研究的丰碑。其在世界上的巨大反响,固然有西方社会对东方社会的猎奇心理,也有着对中国这个体量巨大的古老农业文明现代化转型的迫切关注。但是,中国乡村绝非丛林中的"孤岛",而是高度成熟和组织化的社会地域。村庄的发展,既受长期人地关系适应调整的影响,也受国家政策制度的改造,更因地方社会经济生活形成了密切互动的组织化地域。因此,在写作过程中,如何将样本村庄置于极其复杂的特定时空场景下展开论述,成为本书写作的主要挑战。

书是人写出来的,不可避免地带有个人印记,反映了作者本人的价值偏好或者说偏见,为此仍需赘述一下作者本人对乡村的感知历程,以期有助于读者理解。

尽管离开苏北村庄故乡已 30 多年,故乡也早已物是人非,但总有一个心灵故乡挥之不去,溪鱼、林鸟、蝉噪、蛙鸣承载了对乡村的美好记忆。大略言之,幼时和如今的故乡主要存在以下差异:一是生态环境的退化,苇塘、菱芡、水鸟、古树多已消失,楼房越盖越高,具有野趣的池塘、河滩越来越少,村庄在景观风貌上正日益"城市化",蝉鸣、蛙鸣、鸟鸣之盛况不再;二是传统习俗的消失,香会、烧田等习俗已经消失,露天电影放映也基本取消,公共活动基本消失,村干部除完成税款征收任务(以及以前的计划生育)外,很少组织公共活动,村民生活更加原子化;三是不断加深的城市影响,村中年轻人甚至成年人多常年在外打工,以至暑假回家很难碰到熟人,外出务工者多在县城和附近镇上购房以备子女成亲。由于邻近镇区,中学的校舍和教师宿舍占有了大量的耕地,由于拆迁的传闻,村民纷纷将原有的平房改为楼房以在拆迁时获得更多的补偿。

这仅是个人所能亲见的 30 多年之间的变化,我常在思考,这种变化在历史长河中的意义何在？是十分重大还是不值一哂？由于缺乏历史的厚度，对此问题很难给出答案。这些思考对于本书的撰写也形成了作者本人的价值偏好，即尝试从生态变迁、国家政权和城乡空间关系等角度反思乡村的长期变化，将以样本调查为主的乡村研究置于具体的时空场景下进行。但是，要将自然生态和社会经济文化的各方面纳入时空背景中进行分析，其任务肯定超过了本人的能力，因此在撰写中有针对地选择生态—生计变迁、国家政区组织—社会聚落组织等内容作为样本乡村研究的时空背景，力求从生态适应、国家干预和内生组织三个角度阐述乡村发展的背景及其对乡村人居环境的影响。

　　短短的一本小书，肯定很难将前述问题阐述清楚。我想，本书若有些价值的话，或许在于使乡村研究稍微拓宽一些视野，使后来者研究乡村时稍微能够关注下乡村聚落发展的具体时空背景，并致力于从历史、地理的角度进行探讨。如此则可使本书免于覆瓿之厄，则作者之幸也。

陆希刚

2021 年 5 月 13 日于同济大学南校区